KB168196

상상하는 공학 진화하는 인간

KAIST 기계공학과 교수들이 들려주는

첨단 기술의 오늘과 내일

상상하는

진화하는

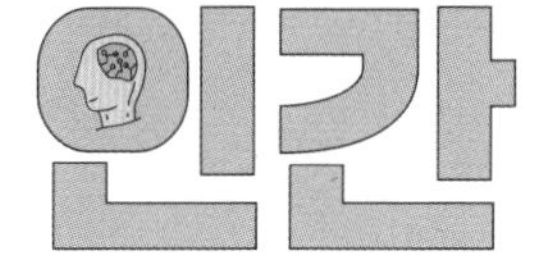

KAIST 기계공학과 지음

미래는 무엇으로 만들어지는가? 나는 이 질문에 답하기 위해 인간과 환경의 상호작용, 그리고 융합을 주목한다. 환경 변화는 곧 기술의 변화로, 로봇과 모빌리티부터 인체공학까지 현대의 기술들은 빠르게 변화하고 있다. 또한 이 책의 제목처럼 공학적 상상력을 통해 인간 역시 진화하고 있다. 기계공학은 이를 위한 융합의 중심에 있는 학문이라 할 수 있다. 기계공학이 다루는 광범위한 분야와 첨단 기술을 총망라한 이 책은 기술 혁명 시대를 살아가는 사람들을 위한 필독서다. 공학자를 꿈꾸는 청년들뿐 아니라 미래를 준비하고자 하는 이들에게 강력히 추천한다.

이광형 | KAIST 총장

우리의 미래 세대에게 기계공학의 가치와 비전을 알려야 한다는 소명을 지니고 있던 참에 카이스트의 기계공학자들이 쓴 본 도서가 내 소명의 짐을 덜어줘서 무척이나 반가웠다. 인공지능 및 반도체 등 첨단 기술이 하루가 다르게 발전하고 있는 이 시점에 왠지 기계공학자는 이 본류에 탑승하지 못하고 있다는 불편한 시각을 접하고 있다. 그러나 기계공학은 첨단 기술 발전을 선도하는 학문으로서 그 다양성은 어떤 공학 분야보다 더 크다. 사회의 난제를 해결하고 이를 제품화할 수 있는 분야는 기계공학이 유일하다. 인공지능, 로봇, 차세대 에너지, 바이오, 우주 항공, 미래 모빌리티 등 기계공학은 움직이는 모든 것을 연구하고 그에 참여한다. 본 도서는 미래 세대에게 '열정과 비전으로 세상을 움직여보지 않겠냐?'고 묻고 있는 듯하다. 이 질문에 응답하는 이들이 미래를 창조할 수 있을 것이다. 본 도서가 기계공학으로의 첫걸음을 내딛는 새로운 세대에게 든든한 동행자가 되어주리라 확신한다.

김동환 | 대한기계학회 회장, 서울과학기술대학교 총장

국내 최초의 인간형 로봇인 휴보를 개발한 지 20년이 되었다. 그사이 인공지능을 비롯한 첨단 기술들의 진화 속도는 우리의 예측을 넘어서는 수준에 이르렀다. 여전히 막연한 두려움을 불러오기도 하는 이러한 변화에 대비하기 위해 개인에게 필요한 첫 번째는 관심과 학습이다. 오늘날 공학적 교양이 모든 이들에게 필요한 이유이다. 기계공학은 가장 오랫동안, 다양한 분야에서 공학 기술을 통해 세상의 변화를 이끌어왔고 그 추세는 더욱 가팔라질 것이다. 기계공학 분야의 명실상부 글로벌 리더인 카이스

트 교수진들이 집필한 본 도서가 미래를 향한 친절한 길잡이가 되어주리라 믿는다.

오준호 | KAIST 기계공학과 석좌교수 겸 명예교수, 레인보우로보틱스 CTO

카이스트 기계공학과는 세계적으로도 유례를 찾기 힘들 정도로 혁신적인 학과다. '기계 없는 기계공학과를 지향한다'는 어느 교수님의 말처럼, 기계공학과가 통상 다루지 않는 심장, 뇌, 소음, 태양광, 인공지능, 로봇, 자율주행 자동차 등 '세상의 모든 작동하는 것들'이 이 책 안에는 기계의 관점에서 흥미롭게 서술돼 있다. 하나의 세포도 '생명을 만들어내는 기계'라는 관점을 상기해 본다면, 기계 없는 기계공학과란 전통적인 기계를 넘어 생명과 도시를 살리고 지구를 구하는 모든 것들을 다루겠다는 강력한 비전이다. 카이스트 기계공학과 교수들과 학생들이 어떤 연구를 하고 있는지 그 최전선의 지형도를 가늠해 볼 수 있는 이 책에서 청소년과 젊은이들이 혁신적인 기계공학의 미래 비전을 배우길 희망해 본다.

정재승 | KAIST 뇌인지과학과·융합인재학부 교수

공학에서 새로운 해법은 결코 과거의 답습에서 나오지 않는다. 현재를 당연하게 받아들이지 않는 공학적 상상력이 필요하다. 그렇게 탄생한 신기술들이 우리 삶에 실질적인 도움을 주며 일상을 자연스럽게 변화시킬 수 있다. 이 책에 담긴 오늘날의 기계공학도 그렇게 일상을 비트는 상상으로부터 탄생해 일상을 변화시키는 것을 종착역으로 삼는다. 이 책은 첨단기술을 통해 세상이 어떻게 변해갈지에 대해 카이스트 교수진들이 제작한 지도이기도 하다. 기술 분야의 현장, 그리고 일상의 미래를 궁금해하는 이들에게 권하고 싶다.

석상옥 | 네이버랩스 대표

기계공학, 세상을 움직이다

김정
카이스트 기계공학과 학과장

공학이란 무엇일까요? 공학자는 어떤 역할을 하는 사람일까요? 대부분의 사람들에게 과학자와 공학자의 차이란 그다지 크게 느껴지지 않을 것 같습니다. 그럼에도 과학 시간에 배운 위대한 발명이나 기술은 대개 과학자의 업적으로 인식하기 쉽고, 반면 공학자는 과학자의 사고로 정립된 이론에 따라 현실 속 문제를 해결하는 사람으로만 여겨지곤 합니다. 하지만 공학자의 역할과 업적은 과학자 못지않습니다. 미국의 공학자 윌리스 하빌랜드 캐리어Willis Haviland Carrier는 온도, 습도, 공기 순환의 원리를 바탕으로 에어컨을 발명해 무더위에 지친 사람들의 생존에 기여했습니다. 또한 기계공학을 공부했던 독일의 카를 프리드리히 벤츠Karl Friedrich Benz는 열역학의 원리에서 최초로 가솔린 자동차를 발명해 세상을 변화시켰습니다. 오늘날 현대 문명은 공학과 기술이 만들어낸 혁신의 결과라고 할 수 있습니다. 지금도 수많은 공학자들이 인류가 직면한 어려운 문제들에 대한 해결 방법을 찾아 나가고 있으며, 인류가 존재하는 한 이러한 노력은 계속될 것입니다.

융합과 혁신의 중심, 기계공학을 말하다

이러한 공학 분야에서도 기계공학은 가장 오래된 학문입니다. 인류는 석기시대를 거쳐 청동기시대, 철기시대로 발전하였고, 그 다음 기계의 시대가 도래했습니다. 기계란 동력을 변환하고 전달하는 다수의 부품으로 이루어진 물체를 일컫습니다. 18세기 증기기관의 발명과 대중화로부터 기계공학은 본격적으로 시작되었습니다. 이후 오늘날까지 기계공학은 새로운 아이디어와 이론을 바탕으로 제품과 생산 공정을 설계하고 이를 시장에 출시하는 역할을 도맡아왔습니다.

기계공학은 오랜 역사를 갖고 있는 학문이기에 대중에게 언뜻 아날로그적인 이미지로만 비치는 경향이 있습니다. 그러나 기계공학은 현대 문명의 발전과 함께 빠르게 변화해 왔으며, 여러 공학 분야 중에서 가장 다양하고 넓은 응용 분야를 자랑합니다. 전통적인 학문인 역학과 설계는 데이터 기반의 인공지능과 결합하였으며, 내연기관 기술은 2차 전지와 친환경에너지로 진화했습니다. 또한 스마트 기계나 지능 로봇과 같이 새로운 수식어가 달리기도 합니다. 가속화된 디지털 대전환의 흐름 속에서 전통적인 기계공학의 패러다임도 새로운 혁신 기술인 메타버스, 로봇, 나노, 양자컴퓨팅 등을 수용해 진화하고 있습니다.

이처럼 기계공학의 본질은 각 시대에 가장 중요한 도구, 기계, 혹은 장치의 설계, 제조, 응용을 통해 새로운 가치를 창출하는 것입니다. 그 결과 전통적인 설계, 구조, 재료, 유동 등에서 나아가 나노 스케일의 반도체 공정과 가상 공간으로 진출했고, 헬스케어는 물론 심리학까지 그 범위를 확장하고 있습니다.

수술 로봇으로 사람의 배를 크게 절제하지 않고도 작은 구멍을 통해 수술할 수 있으며, 환자는 2~3일만 병원에 입원하면 되는 등 기계공학은 의료 현장을 변화시키고 있습니다. 또한 인간과 로봇의 공존을 연구하는 인간-로봇 상호작용Human-Robot Interaction이라는 분야는 심리학과의 접목을 통해 사람이 어떻게 로봇을 받아들이는지 탐구 중입니다. 또다른 예로 초정밀제조nano manufacturing라는 분야는 새로운 개념의 나노 구조물을 어떻게 대량생산하고 제품을 만드는지 고민하는 기계공학의 한 분야로 정착했습니다. 물리적 지능physical intelligence 분야는 생물체나 로봇의 운동과 지능과의 상호작용에 대해 연구하는 기계공학의 새로운 분야입니다.

이쯤 되면 영국 기계학회의 슬로건인 "Nothing moves without mechanical engineers.(기계공학자 없이는 아무것도 움직일 수 없다.)"라는 말이 결코 과언이 아님을 알 수 있습니다. 저는 이 문장이 기계공학이 인류에게 기여한 바를 잘 설명하는 말이라고 생각합니다.

세계 시장을 선도하기 위한 공학자들의 노력

대한민국이 산업 국가로 성장하기까지 그 중심에는 치열한 기술 개발과 혁신이 있었고, 공학은 이 혁신의 주요한 원동력이었습니다. 공학은 과학적 원리를 그 시대에 필요한 실용적인 요구와 통합하여 새로운 지식과 가치를 창출하는 과정과 플랫폼을 제공합니다. 이 통합은 한두 명의 탁월한 천재에 의해서만이 아니라 수많은 단계에서 높은 수준의 책임감과 전문 지식을 지닌 수많은 공학자들에 의해 이루어져 왔습니다.

이를 위해 대학과 산업계가 유기적으로 노력을 기울였습니다. 실제 한국 대학이 도맡아온 공학 분야의 발전과 인재 양성은 우리나라가 21세기 세계 시장에서 주요한 기술혁신국이 되는 데 큰 역할을 했습니다. 그 과정에서 기계공학은 산업화의 초기 단계에는 선진국의 제품을 분석해 원리를 알아내고 이를 바탕으로 가성비 좋은 제품을 만들어 냈으며, 주요 산업 국가로 도약한 지금은 우리 고유의 설계와 제품으로 세계 시장에서 경쟁하고 있습니다.

우리나라는 섬유 산업에서부터 조선, 자동차를 거쳐 반도체, 2차전지 등 당대를 대표하는 산업에 빠르게 참여하고 선도적인 위치에 올랐습니다. 이를 통해 산업계는 대학에서 배출되는 석·박사 연구 인력을 적극적으로 채용하고, 대학과의 공동 연구개발을 통해 공대의 역량 발전에 기여했습니다. 그 결과 우리나라의 공대 소속 학과들은 QS 세계 대학 랭킹에서 매년 다른 어떤 분야보다 높은 순위를 달성하고 있습니다.

이 책의 새로운 장을 채워갈 미래 세대를 위해

지금의 시대를 흔히 '기술 패권 시대'라고 합니다. 즉 기술을 무기로 한 강력한 산업과 제조업을 가진 나라가 앞으로의 경쟁에서 주도권을 가진다는 것입니다. 우리나라의 대중, 특히 미래 세대들이 다소 어렵더라도 공학의 원리와 기술에 대해 알아야 하는 이유라고 할 수 있겠습니다.

공학도를 꿈꾸는 청년들과 최신 기술 동향에 관심이 있는 일반인들을 위해 카이스트 기계공학과에서는 1년에 걸쳐 소속 교수들이 각자의 전공 분야를 쉽게 소개하는 작업을 시작했습니다. 그 결과물인 이 책에는 기계공학의 다양한 세부 전공 분야의 기본 개념과 이를 토대로 발전한 첨단 기술, 그 기술들의 현대적 사용 등이 흥미롭게 소개되어 있습니다.

1부 '세상을 바꾸는 공학'에서는 기계공학의 토대와 상상력이 만나 세상을 변화시키는 다양한 기술을 소개합니다. 영화나 소설 속의 로봇이 이제는 공장을 떠나 우리 삶의 일상적 공간에서 공존하고 있음을 보여줍니다. 이어 기후 위기의 시대, 미래 에너지로의 변화를 시도하며 인류의 번영과 지구를 동시에 지키는 방법을 연구 중인 사례를 소개합니다. 또한 지속가능하고 더 풍요로운 세상을 위한 다양한 첨단 생산 제조 기술에 대해서도 안내합니다.

2부 '인간을 진화시키는 공학'에서는 공학을 통해 인간의 능력을 확장하고 인간과 기계가 공존하는 세상을 꿈꾸는 연구를 소개합니다. 눈에 안 보일 정도로 미세한 기계를 설계하고 제작함으로써 인간을 이롭게 하고, 인간의 건강한 삶을 지원하는 의료 기술에 사용되는 기계공학의 연구, 그리고 기계 기술로 인간의 각종 능력을 보존하고 증강시키는 연구도 들여다봅니다. 특히 카이스트 기계공학과의 슬로건인 "기계 없는 기계공학"이 구현되는 현장이 생생하게 소개되어 있습니다.

각자의 분야에서 세계 최고의 전문성과 명성을 가진 교수진들이 집필했기에 이 한 권의 책만으로도 기계공학의 넓은 범위와 앞으로의 전망을 잘 파악할 수 있을 것입니다. 연구와 교육으로 바쁘신 중에 본 도서 집필에 참여해 주신 모든 분들께 진심으로 감사드립니다. 특히 본 도서의 기획부터 진행까지 리더십을 발휘해 주신 유홍기, 이강택 교수님께 감사드립니다.

지금까지 인류의 태동과 번영의 중심에는 기계공학이 있었습니다. 새로운 기술과 혁신이 꽃피고 자라는 곳은 기계공학의 품이었습니다. 기계공학의 역할은 인류가 서로의 손을 잡고 살아가는 동안 앞으로도 계속될 것입니다. 다음 세대들이 넓고 다양한 분야에서 꿈을 펼치고 세계를 선도하고 이롭게 하는 데 이 책이 작으나마 도움이 되기를 바랍니다. 이 책의 마지막에는 결론이 존재하지 않습니다. 이 책의 새로운 장들은 여러분들이 후일 추가해 주셨으면 합니다.

차례

2장 내일의 생존을 위한 에너지 혁신

3장 미래를 그리는 첨단 생산 기술

2부 인간을 진화시키는 공학

4장 눈에 보이지 않지만 항상 우리 곁에 있는 기계

5장 새로운 의료 패러다임을 이끄는 공학

6장 기계와 함께 진화하는 인간

1부

세상을 바꾸는 공학

새로운 역사를 쓰는 로봇 기술과 모빌리티

기계는 우리와 함께 삶을 나누는 존재로 진화하고 있습니다. 스스로 외부 환경을 인식하고, 판단하고, 행동하는 역량이 고도화·정교해지면서 기계와 인간 사이의 거리도 점점 좁혀지고 있죠. 이러한 변화를 가장 가까이에서 직관적으로 체감하게 해주는 로봇과 모빌리티. 자동차는 자율주행 능력을 탑재하면서 로봇과 점점 흡사해지고 로봇은 자동차만큼 일상에서 익숙한 존재가 되고 있습니다. 더 많은 기계들이 자연스럽고 민첩하게 움직이면서, 인간의 든든한 동반자로서 우리를 돕게 될 세상을 만들기 위해 기계공학은 어떤 일을 하고 있는지 알아봅시다.

로봇이란 무엇인가

_ 로봇의 원리와 구성 요소

황보제민

보행 로봇, 로봇 학습 및 로봇 동역학 연구

필자는 어릴 때 스티븐 스필버그 감독의 〈에이 아이〉, 알렉스 프로야스 감독의 〈아이, 로봇〉과 같은 영화를 통해 로봇을 처음 접했다. 이러한 영화에는 대부분 엄청나게 높은 수준의 '인간형 로봇(휴머노이드 로봇)'이 등장해, 인간과 흡사한 외모를 한 채 인간과 자유롭게 대화하고 판단하며 행동한다. 물론 영화 속 로봇과 현실 속 로봇은 큰 차이가 있지만 공통점도 있다. '인지·판단·행동'을 한다는 점이다.

요즘 주목받는 인공지능 기술들은 인지와 판단은 가능하나, 물리적 행동은 할 수 없다. 반면 자동화 장비나 공장의 설비들은 움직일(행동할) 수는 있지만 스스로의 판단 없이 인간의 명령을 따를 뿐이다. 필자는 인지·판단·행동을 통해 자율적으로 작업을 수행할 수 있는 기계를 로봇이라고 정의한다.

자율주행차도 이런 맥락에서 보면 어엿한 로봇이다. 자율주행차는 라이다lidar, 레이다radar, 카메라, 초음파 센서 등으로 보행자, 주변 자동차, 신호등, 안내판 등을 '인지'한다. 이러한 정보는 차량의 주행 알고리즘으로 전달되고 자율주행차는 이를 바탕으로 언제 멈추고 어느 정도의 속도로 주행할지 '판단'한다. 그리고 인간의 개입 없이도 바퀴의 속력과 핸들을 제어하는 '행동'을 하게 된다.

로봇은 이런 기능을 수행하는 소프트웨어와 하드웨어가 결합된 시스템이다. 챗GPT와 같은 생성형 인공지능을 로봇이라고 부르는 이도 있지만 챗GPT는 로봇이 아니다. 챗GPT 같은 소프트웨어가 하드웨어와 접목되어 특정 행동을 할 수 있는 개별 시스템이 됐을 때, 비로소 로봇이라 할 수 있다. 이처럼 독립된 하드웨어는 행동을 위해 필수적이며 인공지능과 물리적 환경을 잇는 다리 역할을 한다. 기계공학과에서 로봇이 활발히 연구되는 이유도 이 때문이다.

로봇은 어떻게 인지하는가

다양한 센서들은 로봇의 눈과 귀가 되어 주변 환경이나 스스로 생성한 에너지를 감지하고 이를 로봇이 이해할 수 있는 전기신호로 변환해 주는 역할을 한다. 이렇게 인지된 정보들을 통해 로봇은 상황에 맞는 판단을 내리게 된다. 예를 들어 휴머노이드 로봇의 경우 카메라, 라이다, 레이다, 열화상 카메라 등을 통해 주변을 인식한다. 원치 않은 물체에 걸렸다면 사람의 반고리관 같은 역할을 하는 관성측정장비IMU, Inertial Measurement Unit를 통해 평형감각을 회복하고 다시금 원하는 위치로 이동한다. 이때 앞서 얻은 환경 정보를 통해 지형의 모양을 유추하고 발 디딜 곳을 결정하게 된다. 로봇이 보행을 할 때 다리의 위치나 속도는 인코더라는 센서에 의해 결정되는데 이는 정확한 발 위치를 제어하는 데 필수적이다.

사람의 감각기관과 마찬가지로 로봇의 센서도 물리적·기술적 제한에 따라 한정된 정보만 제공한다. 이런 센서들을 조합하여 가능한 한 많은 정보를 얻어야만 올바른 판단으로 이어지기에, 좋은 로봇을 만들기 위해서는 다양한 센서의 장단점을 이해하고 목적에 맞게 조합할 수 있어야 한다. 로봇에 쓰이는 센서 중 몇 가지 중요한 타입을 알아보자.

관성측정장비(IMU)

로봇에 흔히 쓰이는 센서 중 하나다. 가속도 센서, 각속도 센서, 자기력 센서로 구성되는데 이름대로 가속도, 각속도, 자기력을 재는 센서들이다.

고급 각속도계의 경우 긴 광섬유에 빛이 통과하는 시간을 재는데, 매우 높은 정확도로 잴 수 있어 미사일 같은 고가의 군용 장비에 많이 쓰인다. 반면 우리가 사용하는 핸드폰에는 일반적인 반도체 공정을 통해서 대량생산이 가능한 저가의 초미세전자기계시스템MEMS, Mirco-Electro Mechanical Systems 기반의 관성측정장비가 들어간다.

인코더(encoder)

로봇은 보통 여러 개의 링크가 관절을 통해 연결된 형태를 취한다. 예를 들어 바퀴 로봇의 경우 본체와 바퀴라는 각 링크들이 차축axle을 통해 서로 연결된 채 어느 정도 독립적으로 운동을 한다. 이때 본체에

MEMS 기반 관성측정장비(왼쪽, ©Analog Devices Inc)와 광학 기반 회전 센서(오른쪽, ©iXblue.com)

는 바퀴의 운동 상태를 정확히 인지하기 위해 '인코더'라는 것을 장착한다. 인코더란 관절의 위치 상태를 재는 센서로 운동에너지를 전기신호로 변환하여 모션 제어를 가능하게 해주는 필수적인 센서이다.

인코더의 종류는 다양한데, 대부분 광학식이나 자기식을 사용한다. 두 타입 모두 원판에 패턴을 새기고 그 패턴의 위치를 읽는 방식으로 각도를 측정한다. 가장 단순한 패턴은 숫자인데, 사람이 읽는 숫자가 아니라 기계가 읽을 수 있는 이진법 숫자를 표시한다. 원판이 회전하면 숫자가 계속 바뀌니 이 변화를 통해 각도 변화를 인지한다.

광학식 인코더는 빛을 통과시켜 정보를 읽기 때문에 빛 생성 소자, 패턴, 센서가 순서대로 배치되어야 한다. 반면 자기식은 자기 패턴판과 센서만 있으면 되기에 광학식처럼 자기를 생성하는 소자는 필요 없다. 그만큼 가격이 저렴하지만, 외부 자기파에 취약하다는 단점이 있다.

인코더는 앱솔루트absolute 타입과 인크리멘털incremental 타입으로도 분류된다. 전자는 센서를 껐다가 다시 켜도 원점으로부터의 절대 각도를 알 수 있지만, 후자는 센서를 켰을 때의 위치부터 상대 각도만 잴 수 있다.

지금까지 얘기한 센서들은 시스템의 내부 상태를 측정하는 센서이다. 이와 달리 외부 상태를 측정하는 센서도 있는데 라이다, 레이다, 카메라 등이 대표적이다. 라이다는 직접 빛에너지를 발생시켜 반사되는 에너지를 재고, 카메라는 외부에서 발생한 에너지를 측정하기만 한다. 이런 다양한 외부 환경 인지 센서를 통해 외부 물체의 거리, 온도, 소리, 형상 등 다양한 정보를 알아낼 수 있다.

센서들로 측정된 정보는 로봇 혹은 인간이 이해하기 쉬운 형태로 변환되어야 한다. 온도나 거리 같은 저차원적 정보도 필요하지만 환경 지도와 같이 고차원적인 정보도 필요하다. 이런 정보의 수집과 편집이 원활해질수록 로봇의 판단도 더욱더 효율적으로 이루어질 수 있기에, 많은 로봇 연구자들이 단순한 물리적 정보를 작업에 필요한 고차원적 정보로 변환하는 방법을 연구 중이다.

로봇은 어떻게 판단하는가

센서를 통해 얻은 현재나 과거의 정보들은 로봇에 내장된 지식과 결합하여 미래를 유추하게 해준다. 여기서 지식이란 로봇을 둘러싼 주변 환경의 특징을 구조적으로 정리한 환경 모델을 뜻한다. 로봇의 판단이란 이런 예측을 활용하여 로봇이 다음 행동을 찾아가는 일련의 과정이다. 예를 들어 휴머노이드 로봇의 경우 라이다를 통해 얻은 지형정보로 지형의 각도, 재질, 거리 등을 유추하고 이에 맞는 속도를 결정한다. 우리에게는 너무 쉽고 당연한 일인 것 같지만, 사실 인간도 지식이 부족한 어린 나이에는 이런 판단을 잘 내리지 못해서 넘어지거나 다치기 십상이다.

로봇은 앞으로 일어날 일들을 예측하기 위해 많은 양의 계산을 해야 한다. 보통 먼 미래의 일을 예측할 때는 간단한 방법으로, 가까운 미래를 예측할 때는 좀더 정교한 방법으로 계산을 수행한다. 필자는 전자를 경로계획, 후자를 제어로 분류한다. 물론 이 분류법은 로봇이 앞으로의 경로를 미리 결정하고 이를 따라가는 오래된 패러다임에서 비롯된 것으로, 최근의 강화학습이나 모델예측제어 방법론에서는 둘의 경계가 모호할 수 있다.

판단 방법에는 여러 가지가 있다. 가장 단순한 방법은 휴리스틱heuristics이다. 이는 수학적 이론 없이 사람의 직관이나 경험에서 나온 노하우를 바탕으로 판단하는 방법이다. 언뜻 비효율적으로 보일 수 있지만 수학적으로 표현하기 너무 어려운 문제에서는 오히려 좋은 성과를 내기도 한다.

가령 미국의 세계적인 로봇 전문 기업인 보스턴 다이내믹스의 창립자 마크 레이버트Marc Raibert 박사의 논문 「*Dynamically Stable Legged Locomotion*」을 보면 보행 로봇 제어에 다양한 휴리스틱이 활용됨을 알 수 있다. 다리 운동을 계산할 때, 사람의 직관에 의해 설계된 계산식을 통해 다리를 얼마나 뻗을지, 어떤 방향으로 뻗을지 계산하는 것이다. 로봇이 원하는 속도보다 빠르거나 느리게 움직여서 동작이 불안정해졌다고 가정해 보자. (사람도 내리막길로 달려갈 때 다리가 속도를 따라가지 못하면 넘어진다.) 이때 적정 속도보다 빠르면 다리를 더 앞으로 내밀어 보폭을 키우고, 반대로 적정 속도보다 느리면 보폭을 줄이는 식이다. 이렇게 하면 속도와 보폭의 불일치로 움직임이 불안정해지는 것을 제어할 수 있다. 이런 간단한 방법으로도 높은 수준의 제어가 가능하다.

휴리스틱과 반대 위치에 있는 방법이 수학적 최적화이다. 판단의 목적을 하나의 함수로 나타내고 그 함수를 최적화하는 수학적 알고리즘을 활용해 가장 적합한 행동을 찾는 방법이다. 이를 위해 로봇과 환경에 대한 모델을 정의해야 하는데, 이 모델의 정확도에 따라 판단 성능이 갈리게 된다.

예를 들어 휴머노이드 로봇의 경우 머리와 팔, 다리 등 각 파트를 정확히 모델링하면 로봇 전체의 힘과 움직임의 관계를 수학적으로 표현할 수 있다. 즉, 이 모델을 통해 로봇이 미래에 얻을 목적들을 하나의 수식으로 나타낼 수 있고, 로봇의 행동이라는 변수가 입력되면 다른 값을 내놓을 수 있게 된다. 휴리스틱의 경우 사람의 직관으로 다리를 얼마나 뻗어야 하는지 결정했다면, 최적화 방법의 경우 알고리즘이 이를 자동으로 설정하는 것이다. 물론 이때도 목적 함수는 사람이 설정하므로 사람의 결정이 아예 빠졌다고는 할 수 없다.

로봇과 환경 모델을 정의하지 않고 데이터를 기반으로 성능을 향상하는 학습 기반 방법도 있는데, 흔히 딥러닝으로 불리는 방법이 여기에 속한다. 위에 설명했던 휴머노이드 로봇을 다시 예로 들어보자. 학습 기반 제어의 경우 로봇은 여러 번 걷고 발을 디디면서 최적의 위치를 찾게 된다. 이 과정에서 넘어지기도 하고 속도가 과도하게 느려지기도 할 것이다. 이런 데이터들은 단순히 축적되거나 인공신경망 같은 장치로 압축되어 저장되고, 로봇은 이를 기반으로 더 좋은 판단을 내리게 된다.

학습 기반 판단법은 모델을 정의하지 않았기 때문에 모델이 틀릴 걱정을 할 필요가 없고 모델을 만드는 데 들어가는 시간도 아낄 수 있다. 하지만 양질의 데이터를 대량으로 얻는 과정이 매우 힘들 수 있어 학습 기반 판단법이라고 해서 항상 유리한 것은 아니다.

로봇은 어떻게 행동하는가

판단을 내린 후에는 목표를 정확하게 달성하기 위한 행동이 뒤따라야 한다. 아이들이 걸음마를 배우거나 그림을 그리고 장난감을 가지고 놀 때, 자기 의도대로 되지 않으면 종종 짜증을 낸다. 자신의 판단대로 정확하게 행동할 수 있는 근육이 아직 덜 발달했기 때문이다. 로봇도 판단과 행동의 수준을 일치시키기는 힘들다.

로봇의 행동에는 어떤 것들이 있을까? 로봇은 주변 사물의 위치를 바꾸거나 자신의 위치를 바꾸기 위해 행동한다. 우리는 전자를 '조작', 후자를 '이동'이라고 부른다.

로봇의 조작 기술은 4차 산업혁명을 이끈 주역이다. 조작 기술은 대체로 로봇과 조작되는 물체 두 가지만 고려하면 되므로 단순 작업에 많이 사용되어 비교적 일찍부터 산업에 적용될 수 있었고 정형화된 공장 환경에서는 이미 높은 수준으로 사용되고 있다. 물론 조작하고 싶은 물체에 대해 미리 알지 못하는 경우엔 높은 수준의 지능이 필요하다. 또한 다양한 물체 조작이 가능한 '손end-effector'의 디자인도 정말 어려운 과제이다. 이것은 여전히 활발히 연구되는 분야이며 산업적으로 큰 가치가 있는 기술이다.

이동 기술은 로봇의 이동 매질medium(파동이나 물리적 작용을 옮겨주는 매개물)에 따라 다양하다. 하지만 어떤 기술이든 뉴턴의 운동 제3법칙인 작용과 반작용의 원리에 따라 다른 물체를 밀어서 이동한다는 점은 똑같다.

하늘에서는 로봇의 이동을 위해 프로펠러나 제트엔진이 주로 사용된다. 프로펠러는 주변에 있는 공기를 밀어내고, 제트엔진은 싣고 다니는 연료를 배출하며 힘을 얻는다. 대부분의 로봇은 고속으로 날지 않기 때문에 저속에서 효율적인 프로펠러를 기반으로 이동한다. 프로펠러도 크기에 따라 효율이 아주 다른데, 큰 프로펠러가 저속에서도 많은 양의 공기를 밀어낼 수 있어 효율이 높다. 헬리콥터에 몸집보다 거대한 프로펠러를 장착하는 것도 이런 이유에서다.

로봇의 지상 이동을 위해서는 다리, 바퀴, 무한궤도 등이 흔히 사용된다. 다리는 로봇과 지형의 접촉 지점을 쉽게 정할 수 있다는 장점이 있다. 지반이 무너져 생긴 틈을 뛰어넘을 수 있고 언덕이 있다면 다리와 손을 이용하여 기어오를 수도 있다. 하지만 관절이 많아 가격이 비싸고 쉽게 고장 난다는 단점이 있다. 바퀴는 평평한 지형에서 굉장히 높은 효율을 보이며 최고 속도 역시 무척 빠르다. 가장 단순한 이동 형태라서 가격이 낮고 고장이 적지만 험지에서는 전복의 위험이 있고 큰 장애물을 극복하기 어렵다. 무한궤도는 다리보다는 제어가 쉽고 바퀴보다는 험지에 강하다. 또한 무게를 더 넓게 분산시켜 로봇이 늪지나 모래에 빠지는 것을 방지한다. 하지만 무한궤도는 기계적으로 매우 복잡해 고장이 자주 나고 가격도 높다. 평지에서 바퀴보다 에너지 효율이 낮다는 점도 큰 단점이다.

다양한 지상 이동 기술의 예시. 보행 로봇(위쪽, ©카이스트 로봇지능연구실), 무한궤도와 바퀴(각각 아래쪽 좌우, ©셔터스톡)

기계공학과를 택한 로봇공학자

인공지능의 발전으로 로봇은 더욱 빠르게 발전하고 있으며, 이는 곧 로봇의 대중화로 이어질 것이다. 사회 곳곳에서 로봇을 흔하게 보게 될 것이며 로봇 산업은 스마트폰 산업만큼 중요한 위치를 차지하게 될 것이다. 로봇은 더 자주 사람 대신 산업 현장에서 검사를 하고, 자연재해 현장에서 인명을 구조하며, 공사 현장에서 무거운 짐을 옮길 것이다. 사실 이런 변화는 이미 일어나고 있다.

앞서 언급한 것과 같이 로봇을 공부하기 위해서는 다양한 분야에 대해 깊게 이해할 필요가 있다. 물론 로봇 학자들 다수가 로봇의 모든 분야를 알 수는 없고 자신의 분야에 대해서만 깊은 지식을 갖고 있는 게 현실이다. 그러나 로봇 시스템 전체를 이해하는 사람만이 팀을 이끌 수 있으며 성공적인 로봇 개발이 가능하다.

이것이 바로 필자가 기계공학을 공부한 이유이다. 학부 과정에서 기계에 대한 전반적인 이해도를 높였고 대학원에서는 로봇에 특화된 이론과 설계를 공부하였다. 다른 학과에서도 로봇에 중요한 인공지능이나 제어 기술 등을 심도 있게 가르치지만 로봇 전체에 대한 이해도를 높일 수 있는 곳은 기계공학과가 유일하다고 생각한다. 이런 이유에서 필자도 자부심을 가지고 학생들을 가르친다. 카이스트 기계공학과에서 세계 최고의 로봇공학자들이 나오기를 기대한다.

현재와 미래를 달리는 보행 로봇

__ 재난 현장을 비롯해 어디든 이동 가능한 로봇 기술

박해원

사족보행 로봇, 휴머노이드 로봇 연구

2011년 3월 11일, 일본 도호쿠 지역에서 강도 7의 지진이 발생했습니다. 이 지진이 유발한 거대한 쓰나미는 높이가 15m에 달했고, 곧이어 후쿠시마 원자력발전소를 강타했습니다. 원자력발전소에는 원래 5m 높이의 방파제가 있었지만, 쓰나미의 높이가 그것의 세 배나 되자 원자력발전소를 보호할 수 없었습니다. 쓰나미가 덮치자 냉각 시스템이 망가졌고 이에 원자로에서 대량의 방사능이 유출될 수 있는 위험천만한 상황이 되었습니다.

사람이 들어가기엔 너무 위험할 만큼 상황이 악화되자 일본 정부와 도쿄전력은 로봇을 투입하기로 합니다. 당시 일본의 로봇 기술은 세계 최고라고 알려져 있었지만 그 어떤 로봇도 이 정도의 재난 상황에 대처하기란 어려웠습니다. 첫 번째 문제는 로봇이 방사능으로부터 자신

을 보호할 수 없다는 점이었습니다. 사고 현장에 투입된 로봇은 내부의 전자부품이 방사능에 망가지면서 얼마 지나지 않아 작동을 멈추어 버렸습니다. 두 번째 문제는 쓰나미로 발전소 내부가 파괴되며 생긴 잔해였습니다. 바퀴나 무한궤도 등을 장착한 로봇은 건물의 잔해가 사방에 쌓인 환경에서 자유롭게 이동할 수 없었습니다.

후쿠시마 원자력발전소 사태는 당시의 로봇 기술이 재난 상황에 얼마나 무력한지 여실히 보여주었습니다. 그리고 이를 주시했던 미국의 국방고등연구계획국DARPA은 사고 발생으로부터 4년이 지난 2015년에 로봇 기술을 발전시킬 목적으로 재난구조로봇대회DARPA ROBOTICS Challenge를 개최합니다.

다르파 재난구조로봇대회가 안겨준 숙제

다르파의 재난구조로봇대회에 출전한 로봇들은 가정된 여러 가지 재난 상황에서 많은 과제를 수행해야 했습니다. 첫 번째 과제는 자동차를 운전해서 지정된 장소로 이동하는 것이었습니다. 도착한 후에는 차에서 내려 닫혀 있는 문을 열고 건물에 들어가야 했습니다. 그다음으로는 드릴 같은 도구를 사용해 벽을 뚫거나 밸브를 돌리는 작업이 이어졌습니다. 이후 잔해가 널린 장애물을 통과하고 마지막으로는 계단을 올라가야 했습니다. 바퀴나 무한궤도를 장착한 로봇은 이러한 임무 완수에 필수적인 이동 성능과 물체 조작 성능이 부족하기 때문에, 대부분의 팀이 휴머노이드 형태의 보행 로봇으로 대회에 출전하였습니다.

하지만 대회가 제시한 임무는 당시의 보행 로봇 기술로는 달성하기가 매우 어려웠습니다. 세계에서 내로라하는 로봇 연구 기관들이 참가했으나, 로봇들은 실수를 연발하였습니다. 조그마한 장애물에도 넘어지기 일쑤였으며, 카메라의 사물 인식 실패로 밸브조차 잡지 못하는 일도 빈번했습니다.

그런데 이 어려운 대회에서 카이스트 팀은 우승했습니다. 국내 기술로 제작된 DRC-휴보 로봇을 이끌고 참여한 카이스트 팀은 모든 임무를 44분 28초 만에 완수하면서 MIT, NASA, 카네기멜런대학교, 도쿄대학교, 본대학교 등 유수의 로봇 연구 기관을 전부 제치고 한국의 로봇 기술을 세계에 보여주었습니다.

2015년 대회는 로봇공학자들에게 숙제를 안겨주었습니다. 재난 상황에서 사용되어야 할 로봇이 민첩하지 못하고, 자율성과 안정성도 떨어졌던 것입니다. 재난구조 로봇이 가야 할 길은 여전히 멀었지만, 이 대회 이후 보행 로봇은 기술적으로 엄청나게 발전했습니다.

보행 로봇 기술의 시작

다리가 4개 달린 사족보행 로봇은 가격이 여전히 부담스럽지만, 일반인도 인터넷에서 쉽게 구매할 수 있도록 상품화되었습니다. 제한된 용도이긴 하지만 경찰이나 군대에서, 혹은 공장이나 발전소 같은 곳에서 이런 로봇들을 활용하고 있습니다. 이렇듯 보행 로봇 기술은 최근에야 빠르게 발전했지만, 그 시작은 꽤 오래전으로 거슬러 올라갑니다.

1960년대 초반, 미국의 제너럴일렉트릭은 네 다리를 가진 '워킹 트

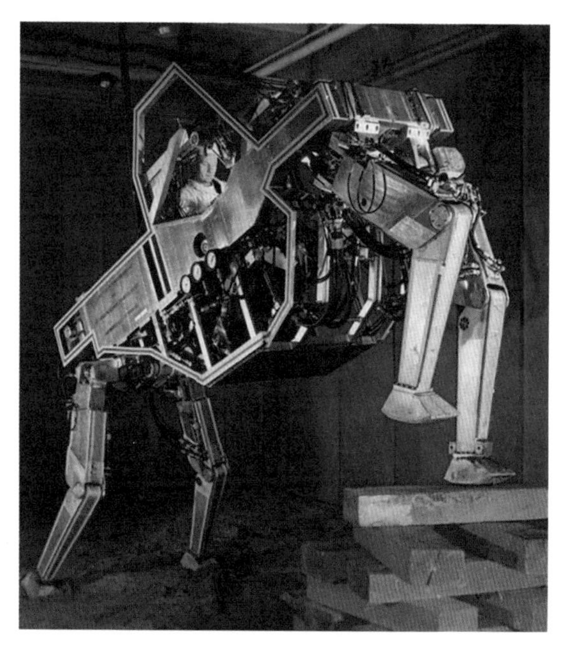

제너럴일렉트릭의 로봇 워킹 트럭. 당시로서는 놀라운 기술이었지만 컴퓨터 제어 기술의 한계로 인해 로봇의 모든 관절을 인간이 일일이 조종해야만 했다.

럭Walking Truck'이라는 로봇을 만들었습니다. 이 로봇은 무게 500kg을 버틸 수 있었고, 진흙이나 가혹한 지형을 거닐 수 있을 만큼 하드웨어 능력도 훌륭했습니다. 그러나 당시에는 복잡한 로봇을 자동으로 조종할 수 있는 컴퓨터 시스템이 없었습니다. 즉, 로봇의 모든 관절을 사람이 일일이 조종해야만 가동됐던 것입니다.

미국과 달리 일본은 사람처럼 두 다리로 걷는 '휴머노이드' 로봇 개발에 집중하고 있었습니다. 1973년에 와세다대학교에서 개발한 WABOT-1은 세계 최초의 인간형 로봇으로 이족보행이 가능했습니다. 비록 속도는 느렸지만, 로봇의 이족보행은 대단한 혁신이었습니다.

그러나 워킹 트럭이나 WABOT-1 모두 로봇을 다리로 걷게 만들 수 있음을 보여주는 것 이상으로 나아가지는 못했습니다. 사실 그들의 걷기 능력은 사람들의 기대보다 한참 모자랐습니다.

보행 로봇의 발전을 더디게 만든 첫 번째 기술 요소는 당시 컴퓨터의 부족한 계산 성능이었습니다. 다리로 움직이는 보행 로봇은 바퀴나 무한궤도(캐터필러) 장착 로봇보다 움직이는 관절의 수가 많을 수밖에 없습니다. 보통 사족보행 로봇은 다리 하나에 3개씩 총 12개의 관절을 가지며, 이족보행 로봇은 다리 하나에 6개씩 12개의 관절을 가집니다. 이렇게 많은 관절을 움직여 원하는 동작을 구현하려면 바퀴나 무한궤도 장착 로봇보다 훨씬 복잡한 계산 과정을 거쳐야 합니다. 이 복잡한 계산을 성능이 현대 스마트폰의 10만 분의 1 수준도 안 되는 1970~80년대의 컴퓨터로 수행하기란 무리였습니다.

또 다른 문제는 로봇의 관절을 움직이는 구동기의 성능이었습니다. 구동기는 사람의 근육과 같은 역할을 하는데, 로봇에서는 전기모터나 유압 시스템이 주로 이용됩니다. 그런데 당시만 해도 전기모터의 출력은 로봇을 뛰거나 빨리 걷게 할 정도가 되지 못했고, 그나마 출력이 충분한 유압 시스템은 외부 펌프를 이용해야 하는 한계가 있었습니다.

레그랩 로봇, 보행 로봇에 민첩성을 더하다

미국 카네기멜런대학교와 MIT의 교수였다가 후에 보스턴 다이내믹스를 만들었던 마크 레이버트가 창립한 레그랩Leg Lab은 보행 로봇의 역사에서 빼놓을 수 없는 연구를 많이 수행했습니다. 1980년대 초, 레

레그랩의 호핑 로봇. 호핑 동작을 통해 안정적이면서도 민첩한 움직임이 가능해졌다.

그랩에서 만든 '한 발 뛰기 호핑 로봇3D One-Leg Hopper'은 이전의 보행 로봇과 다른 방식을 써서 빠르고 민첩한 움직임을 구현했습니다.

기존의 로봇은 로봇의 질량 중심이 매 순간 로봇의 발바닥 위에 위치하게 만들어서 균형을 잡는 방식으로 걸었습니다. 따라서, 로봇은 느리게 걸을 수밖에 없었습니다. 그런데 매우 작은 발에 다리도 하나뿐인 호핑 로봇은 균형을 잡으려면 외다리로 점프를 계속해야만 했습니다. 이런 방식을 '동적 균형dynamic stability'이라고 합니다.

레이버트는 단순하고 직관적인 방법으로 로봇이 동적 균형을 유지하면서 빠르게 움직이도록 만들었습니다. 이 방식에서는 로봇의 속도 조절을 위해 내딛는 발의 위치를 조정하고, 상체의 안정성을 유지하기 위해 골반hip의 힘을 제어하였습니다. 이렇게 단순한 호핑 동작으로 로봇은 안정적이면서도 민첩하게 움직일 수 있었습니다. 이런 방식을 제안자 레이버트의 이름을 따서 '레이버트 휴리스틱'이라고 부르는데, 나중에는 사족보행 로봇이나 휴머노이드 로봇을 제어하는 방식으로까지 확장되었습니다.

발전하는 전기모터 성능과 로봇, 아시모 그리고 MIT 치타

레그랩의 호핑 로봇에는 한 가지 큰 문제가 있었습니다. 로봇을 움직이는 유압 시스템의 작동에 외부 펌프가 필요하다는 것이었습니다. 이 펌프는 출력이 아주 컸지만, 너무 크고 무거워서 로봇 안에 넣을 수 없었습니다. 그래서 호핑 로봇에는 항상 외부 펌프와 연결된 긴 호스가 달려 있어야 했고, 이 때문에 실험실 밖으로 가져갈 수 없었습니다. 로봇다운 로봇으로 기능하려면 구동기를 내장하는 것이 필수였습니다.

그런데 1990년대로 접어들면서 이 문제가 점차 해결됩니다. 특히 일본의 혼다가 전기모터를 이용하여 P-시리즈 휴머노이드 로봇을 내놓았습니다. 이 로봇은 전기모터 구동을 위한 배터리는 물론이고 알고리즘 계산용 컴퓨터까지 내부에 장착해서 외부 연결 없이 독립적으로 동작할 수 있었습니다. 2000년에 공개된 이 로봇의 다음 버전이 바로 휴머노이드 로봇의 아이콘처럼 여겨지는 아시모ASIMO입니다. 하지만 P-시리즈 계열에도 단점은 있었습니다. 걷는 속도가 시속 2km로 사람보다 한참 느리다는 것입니다. 또한 이 로봇이 움직일 수 있는 시간도 대략 몇십 분 정도밖에 되지 않았습니다.

문제는 전기모터의 성능이었습니다. 전기모터는 큰 힘을 내기 어려워서 로봇이 빠르게 움직이거나 오래 움직이기가 쉽지 않았습니다.

1983년에 나온 네오디뮴 희토류 자석이 전기모터의 성능을 크게 향상하기는 했지만, 여전히 모터의 힘이 모자라 그것을 로봇에 적용하려면 큰 기어비의 감속기를 붙여줘야 했습니다. 마찰이 크고 무거운 이 감속기 때문에 로봇의 움직임도 제한될 수밖에 없었습니다.

전기모터 구동기의 이런 한계는 2013년에 MIT가 발표한 '치타Cheetah'에 이르러서야 극복됩니다. 기존의 전기모터는 길고 날씬한 모양으로 고속 회전에 적합했습니다. 그러나 로봇에게는 고속 회전 능력이 아니라, 강력한 힘이 필요합니다. 그래서 MIT 팀은 납작하고 지름이 긴 피자 모양의 모터를 만들었습니다. 이 모터는 회전 속도는 느리지만, 센 힘(토크)을 낼 수 있습니다. 이 덕분에 MIT 치타 로봇은 시속 22km로 빠르게 달릴 수 있었고, 달리는 도중에 장애물을 뛰어넘는 등 기존에는 볼 수 없었던 움직임을 보여주었습니다.

장애물을 뛰어넘고 있는 MIT 치타 로봇. 전기모터 구동기의 한계를 극복한 성과를 보여주었다.

MIT 팀은 후속작인 '미니 치타'의 설계도와 제어 코드를 모두 공개해서 보행 로봇 기술의 빠른 확산에 기여했습니다. MIT 팀이 치타 로봇을 만든 후로, 유니트리의 라이카고, 고스트 로보틱스의 비전60, 보스턴 다이내믹스의 스팟 등 전기모터를 이용한 사족보행 로봇이 속속 개발되었습니다.

인공지능과 결합된 보행 로봇

로봇의 하드웨어가 발전하는 동시에, 로봇의 움직임을 제어하는 알고리즘에도 큰 변화가 있었습니다. 스위스 취리히연방공과대학교에서는 로봇이 스스로 학습하는 '강화학습' 기법을 보행 로봇에 적용하였습니다. 이를 위해 연구팀은 강화학습을 딥러닝과 결합한 '심층 강화학습Deep Reinforcement Learning' 방식을 사용했습니다. 강화학습의 핵심 아이디어는 로봇이 스스로 여러 차례 시도를 해보고, 그중 가장 성공적인 방식에 높은 점수를 부여하여 행동을 강화하는 것입니다. 이런 시도를 수천수만 번 반복하면, 높은 점수를 받은 움직임들이 로봇의 행동에 누적 반영되어 결국은 최적의 보행 능력을 얻게 됩니다.

강화학습의 주요 문제는 사람이 걷는 법을 배우는 데 몇 달이 걸리듯이, 로봇 학습에도 긴 시간이 필요하다는 것입니다. 또 실수를 연발하는 학습 과정에서 로봇이 손상될 수도 있습니다. 이런 문제를 해결하기 위해 연구자들은 컴퓨터 시뮬레이션을 사용하여 가상환경에서 로봇을 학습시킵니다. 가상환경은 뉴턴의 운동법칙에 따라 구현되므로, 로봇은 실제 세계와 유사한 환경에서 여러 가지 장애물을 만나거나 넘어지는 등의 상황을 경험하게 됩니다. 또한 병렬 컴퓨팅 기술을 사용하면 수천 개, 수만 개의 가상환경을 동시에 만들어 로봇을 빠르게 학습시킬 수도 있습니다.

이렇게 가상환경에서 학습한 결과를 실제 로봇에 적용하면, 로봇은 짧은 시간 안에 걷는 법을 배울 수 있습니다. 취리히연방공과대학교에서 개발한 '애니멀ANYmal'이 이런 방법으로 학습한 로봇의 대표격이라 할 수 있습니다. 연구팀은 로봇에 카메라와 같은 다양한 센서를 추가함으로써 주변 지형을 실시간으로 파악하고 보행 전략을 적절히 조정할 수 있게 만들었습니다. 이런 방식으로 보강된 시각지능 덕분에 애니멀은 스위스의 험난한 등산로를 사람과 함께 성공적으로 이동할 수 있었습니다.

강화학습은 더 빠르게 달릴 수 있는 로봇의 제작에도 이용될 수 있습니다. 카이스트 기계공학과 소속인 필자의 연구팀은 강화학습을 이용하여, 카이스트의 하운드 로봇을 기존 보행 로봇들보다 더 빠른 속도로 뛸 수 있게 만들었습니다. 이 강화학습 로봇은 100m를 19.87초에 주파했고, 러닝머신 위에서는 시속 23.4km의 주행속도를 기록하였습니다. 시속 23.4km라는 기록은 전기모터로 구동하는 보행 로봇 중에서는 가장 빠른 속도입니다.

보행 로봇의 미래

보행 로봇의 기술은 빠르게 발전하고 있으며, 이러한 추세는 앞으로도 계속될 것으로 보입니다. 센서, 구동기, 컴퓨터 및 인공지능 기술 등

카이스트에서 개발한 하운드 로봇. 하운드 로봇의 100m 주파 기록은 기네스 세계 기록으로 인정받았다.

다양한 분야에서 혁신이 이루어지고 있고 그러한 기술들이 신속히 적용되고 있기 때문입니다. 계속해서 발전 중인 센서 기술을 통해 로봇은 주변 환경을 더욱 정확하게 인식하고 파악할 수 있게 되며, 이는 로봇이 다양하고 복잡한 환경에서 더욱 안정적으로 움직이게 해줍니다. 또한 구동기 기술의 발전으로 로봇은 멀지 않은 시점에 사람이나 동물보다 더 강한 힘을 내고 빠른 속도로 움직일 수 있게 될 것입니다. 컴퓨터와 인공지능 기술의 발전은 로봇이 더 똑똑하게, 그리고 더욱 빠르게 학습하고 결정을 내릴 수 있도록 해줍니다. 이러한 기술의 진보 덕분에 생명체와 같이 민첩하고 안정적으로 장애물을 극복하며 다양한 환경을 탐색하는 보행 로봇이 등장하게 될 것입니다.

보행 로봇 기술의 발전은 우리의 삶에 큰 변화를 가져올 것입니다. 위험하거나 더러운 작업 환경, 또는 접근이 어려운 장소에서의 작업은 이제 사람이 직접 수행할 필요가 없게 될 것입니다. 이에 적합한 보행 로봇이 그런 역할을 대신 수행하게 될 것이며, 이는 생명을 위협하고 건강에 해로운 작업 환경으로부터 인간을 해방시켜 줄 것입니다.

우리나라의 인력난 해소에도 보행 로봇 기술은 보탬이 될 것입니다. 저출산 및 인구 노령화, 그리고 위험하고 단순한 노동 작업의 기피 현상으로 인해, 중공업, 조선 등 산업 현장의 인력난은 갈수록 심각해지고 있습니다. 로봇과의 협업을 통해 이런 난제를 극복한다면 산업 생산성은 높아지고 인력 부족 문제도 완화될 것입니다.

더 나아가 보행 로봇 기술은 우리의 일상생활 속으로, 우주 탐사 활동 등으로 확산될 것입니다. 인간 친화적인 인터페이스로 개발된 보행 로봇이 식당이나 요양원, 병원 등에서 고객을 맞이하게 될 것이고, 우주 공간에서 인간 작업자를 보조하고 보호할 것입니다. 이처럼 사람의 활동 범위를 확장하고 새로운 가능성을 열어줄 보행 로봇 기술의 발전과 미래를 기대해 봅니다.

사람이 로봇을 '입다'

__ 웨어러블 로봇 기술의 진화

공경철

로봇, 제어 연구

로봇 하면 보통 떠오르는 건 사람의 모습을 닮은 휴머노이드 로봇이나 사족보행 로봇, 아니면 최근 택배 회사에서 사용되는 물류 로봇 등이 있을 것이다. 기능은 다르더라도 이들 모두 혼자 돌아다니며 주어진 일을 수행한다. 그런데 아주 예전에 색다른 관점의 로봇 개념이 태동했다. 바로 웨어러블 로봇wearable robot, 말 그대로 '입을 수 있는' 로봇이다. 갑각을 입은 듯하다고 해서 '외골격 로봇exoskeleton robot'이라고도 한다. 연구자들 사이에서만 알려져 있던 이 로봇은 기술이 발달하며 다양한 제품이 출시되고, SF영화에도 자주 등장하며 대중들에게 알려졌다. 영화 속에서 웨어러블 로봇은 인간 신체로는 불가능한 힘과 능력을 발휘하게 함으로써 극적인 장면들을 연출하는 수단으로 사용된다.

웨어러블 로봇의 시작과 좌절

그렇다면 현실에서 굳이 사람이 로봇을 '입어야' 하는 이유는 무엇일까? 또 우리는 언제쯤 입어볼 수 있을까? 이 질문에 답하기 위해 웨어러블 로봇의 역사에서 시작해 다른 로봇들과의 차이점은 무엇인지, 현재까지 어떤 기술이 개발되었으며 가까운 미래에 웨어러블 로봇 기술이 맡게 될 역할은 무엇일지 알아보자.

웨어러블 로봇이 처음 등장한 것은 1960년 무렵이다. 1965년 미국의 제너럴일렉트릭에서 개발한 근력 증강 웨어러블 로봇, 하디맨 Hardiman이 웨어러블 로봇의 시초로 알려져 있다.

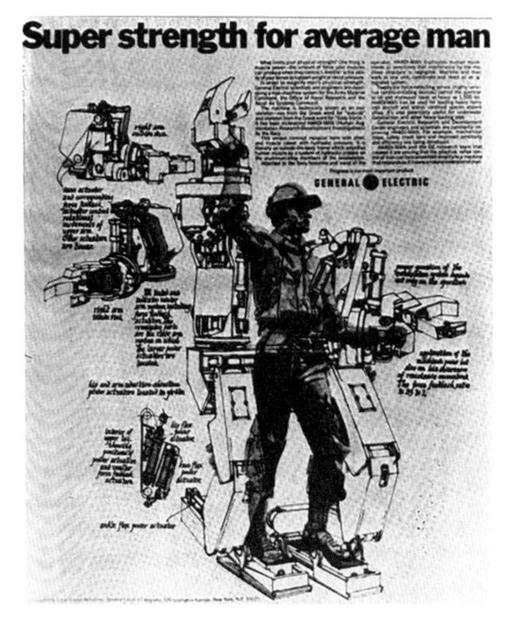

하디맨은 당시 노동자의 근력을 증강시키기 위해 개발되었다. 하지만 거대한 집게발 등 그 외양을 살펴보면 실제로 사용되었을 거라고는 생각하기 어렵다.

한편 사람의 보행을 돕는 웨어러블 로봇은 1960년대 말(세르비아)과 1970년대 초(미국의 위스콘신-매디슨대학교)에 개발되었다. 그러나 컴퓨터 성능을 비롯한 당시의 기술적 한계와 함께 '사람이 입는 로봇'이라는 개념 자체가 여전히 낯설었던 탓에, 기술적 완성도를 갖춘 웨어러블 로봇이 시장에 나오기까지는 수십 년을 더 기다려야 했다.

웨어러블 로봇이기에 일반 로봇과 달라야 하는 부품들

웨어러블 로봇 역시 일반적인 로봇과 마찬가지로 물리학에 기초를 두고 있다. 웨어러블 로봇의 주요 부품들도 일반 로봇의 그것과 크게 다르지 않다. 대다수 로봇과 마찬가지로 웨어러블 로봇도 전기를 에너지원으로 사용하고 그 전기에너지를 동력으로 전환하는, 즉 '구동'하는 데는 대부분 전기모터가 사용된다. 그렇다면 웨어러블 로봇과 다른 로봇의 차이는 무엇일까? 거의 웨어러블 로봇에만 쓰이는 독특한 기술과 부품은 무엇일까? 이는 바로 사람과 로봇을 연결하는 기술들이다.

너무 무거워도, 그렇다고 너무 약해도 안 되는 구동기

현재 개발되고 있는 전동식 착용 로봇은 영화 속 아이언맨의 모습과는 달리 대부분 크고 투박하다. 아이언맨처럼 날씬하고 강력한 웨어러블 로봇을 만들지 못하는 이유는 구동기의 특성 때문이다. 구동기란 컴퓨터가 제어하는 신호에 따라 물리적인 힘을 만들어내는 장치이다. 웨어러블 로봇을 비롯한 대부분의 로봇에는 뛰어난 제어 성능과 응답성을 갖춘 전기모터가 주로 사용되는데, 최근에는 폭발적인 힘을 순간적으로 내기 위해 유압 구동기가 사용되기도 한다. 이외에도 형상기억 합금이나 폴리머 등의 신소재 구동기도 연구개발 중이다.

구동기에 연결된 프레임에 가볍고 강성이 좋은 재료를 쓰면 로봇을 작게 만들 수 있지만 구동기는 보통 크기가 줄어들면 고출력을 내기 힘들다. 사람 무게를 지탱하는 동시에 우리 몸보다 큰 힘을 내야 하는 전동형 착용 로봇의 구동기는 그만큼 커야 한다. 또 인체의 관절을 재현하기 위해선 수많은 구동기가 필요한데, 그러면 늘어난 무게를 감당할 수 있는 더 큰 출력의 구동기가 요구된다.

이런 악순환을 극복하고, 덩치가 너무 크지 않으며 미적으로도 괜찮은 웨어러블 로봇을 만들기란 쉽지 않다. 무엇보다 웨어러블 로봇이 일상에서 널리 사용되려면, '입어도 안 입은 듯한(입안입)' 스타일로 디자인되어야 한다.

그럼 구동기의 크기는 줄이되 동일한 출력을 낼 수는 없을까? 구동기를 구성하는 전기모터의 출력은 들어가는 전자석의 세기가 결정하니까, 전자석에 감긴 코일에 더 큰 전류를 흘려 보내면 되지 않을까? 하지만 도로 위의 차량 속력이 빨라지고 차량 수가 급증하면 대형 사고가 터지듯이, 이 경우 전자석 코일의 자체 저항에 의해 큰 열이 발생하고 모터가 망가질 수 있다. 매우 가벼우면서도 큰 힘을 낼 수 있는 인공근육 섬유가 개발된다면 문제가 해결되리라 예상되지만, 아직까지는 전기모터만큼 높은 효율과 정밀한 제어력을 가진 기술은 찾아보기 어렵다.

너무 무거워도, 너무 용량이 작아서도 안 되는 배터리

'테슬라' 전까지만 해도 전기차는 배터리의 효율 문제로 상용화가 어렵다는 의견이 지배적이었다. 친환경 차가 아무리 좋아도 장거리 운행이 불가능하다면 쓸 사람이 없을 테니까 말이다. 웨어러블 로봇도 마찬가지이다. 배터리가 방전된 웨어러블 로봇은 무거운 짐 그 이상도 이하도 아니다. 그렇다고 배터리를 키우자니 전체 무게도 동시에 늘어서 곤란하다. 때문에 고성능 및 고효율의 배터리는 웨어러블 로봇 개발의 또 다른 중요 과제이다.

현재는 리튬 이온과 리튬 폴리머 계열의 배터리가 효율이 가장 높지만, 미래에는 개발 경쟁이 뜨거운 전고체 배터리 등 더 좋은 배터리가 개발될 것이다. 또한 웨어러블 로봇을 착용하고 움직일 때 발생하는 에너지를 배터리에 공급하여 재활용하는 방법도 개발될 것이다.

로봇이 내 의도를 알 수 있을까, 첨단 의도 인식 기술

웨어러블 로봇과 일반 로봇의 결정적인 차이점은 사람이 로봇과 함께 움직인다는 것이다. 즉, 나의 동작 의도가 실시간으로 웨어러블 로봇에게 전달되어야 하고 그에 맞춰 동작이 제어될 수 있어야 한다. 그렇다면 로봇은 내 의도를 어떻게 파악할까? 착용자의 동작 의도는 3차원 각도를 측정하는 IMUInertial Measurement Unit 센서, 근육의 전기신호를 읽는 EMGelectromyography 센서, 힘을 측정하는 센서 등을 통해 감지되고 전달된다.

여기서 가장 큰 난제는 사용자의 동작이 선행되고 로봇은 이를 뒤따라갈 수밖에 없다는 점이다. 마비 장애의 경우에는 착용자의 동작이 선행될 수 없으니, 센서를 통한 동작 의도 인식이 애초에 불가능하다. 이 경우 버튼 컨트롤러로 명령하는 방식을 대신 쓰고 있지만 동작이 자연스럽지 못하고 손의 자유를 빼앗긴다.

그래서 시도되는 것이 뇌파를 읽는 방식이다. 눈으로 보는 영상을 인공신경망을 이용해 뇌파 신호로 재현하는 기술이 개발된 덕분이다. 뇌과학의 발전으로 두뇌의 복잡미묘한 사고 영역과 외부 장치가 연결되기 시작하면서, 이제 생각만으로 로봇을 제어하는 시대가 다가온 것이다. 걷기, 뛰기, 앉기 등의 동작 의도나 보폭, 보행 속도 등을 컨트롤러 조작 같은 중간 과정의 개입 없이 바로 읽어내고 구현할 수 있게 될지도 모른다.

로봇이 사람에게 힘을 전달하는 통로, 착용부

웨어러블 로봇에서 특히 신경 써야 할 것은 착용부이다. 로봇과 사람이 함께 움직이기 위해서는 로봇을 사람에게, 사람을 로봇에게 잘 고정해야 한다. 이를 위해 착용부가 필요하다. 사람의 살과 닿는 부분이라는 점에서 일반 옷과 비슷한 것 같지만, 착용부는 로봇의 보조력이 사람에게 전달되는 통로라는 점에서 완전히 다르다. 사용자에게 최대한의 동작 범위와 편안함을 보장하기 위해 가볍고 신축성이 좋으며, 저자극성에 통풍이 잘되는 소재를 사용해야 한다. 또 유연한 구조를 갖춰야 하고, 사람의 신체 부위와 밀착되어 로봇의 보조력을 온전히 신체에 전달할 수 있어야 한다.

마치 길들이지 않은 구두를 오래 신으면 발뒤꿈치가 까지듯이, 착용부가 제 성능을 제대로 내지 못하면 사람과 로봇 사이에 마찰이 발생하여 착용자에게 상처를 낼 수 있고, 장시간 착용이 불가능하다. 고정을 위해서 착용부로 신체를 강하게 조이는 경우, 착용자의 혈액순환을 방해하고 착용감이 나빠진다. 그렇기에 웨어러블 로봇에 있어서 착용부의 설계는 매우 중요하다.

착용부 설계는 맞춤 양복처럼 개인의 몸에 딱 맞게 재단하는 것이 필수적이다. 사용자의 신체 외형은 물론이고, 근육의 움직임까지 정밀 측정하여 착용부를 설계해야 한다. 개인의 피부 특성에 최적화한 소재로 착용부 표면을 마감하는 것도 중요하다. 이때 인공지능 기반 설계 기술과 3D스캐너는 큰 도움이 될 것이다.

웨어러블 로봇으로 국방력을 강화한다면

〈아이언맨〉에서 보듯 웨어러블 로봇은 '사람을 로봇으로' 만드는 것이기에, 착용자의 안전이 최우선으로 고려되어야 한다. 그래서 정말 까다로운 조건을 모두 만족하는 기술이 집약되어야만 비로소 하나의 제품으로 탄생할 수 있다. 세계의 수많은 연구 기관과 기업에서 앞다투어 시간과 노력을 쏟아부었지만, 21세기에 들어서야 그럴듯한 프로토타입이 세상에 드러날 수밖에 없었던 이유가 여기에 있다. 개발의 물꼬가 트인 이후로는 사람의 몸에 위협이 가해지는 전장, 산업 현장, 재난 현장 등에서 쓸 수 있는 제품들이 활발히 개발되고 있다.

2000년대 초 미국의 방위산업체인 록히드마틴은 사람이 무거운 가방을 짊어질 수 있도록 보조하는 헐크HULC, Human Universal Load Carrier를, 그리고 또다른 군수업체인 레이시온Raytheon은 몸 전체의 힘을 증가시키는 엑소스XOS를 제안했다. 지금 보면 그저 개념 제시에 가까운 프로토타입일 뿐이지만, 이를 시작으로 중장비 운반이나 이동 중 피로 감소 등을 통해 군인의 역량을 강화하는 웨어러블 로봇이 꾸준히 개발되면서 실용성을 높여가고 있다.

미국의 국방고등연구계획국은 군사용 웨어러블 사업인 워리어웹 프로그램Warrior Web Program을 통해 스파이더맨 슈트처럼 몸에 달라붙는 로봇, 수퍼플렉스Superflex를 개발하고 있다. 수퍼플렉스는 군인들이 오래 입어도 불편하지 않고, 부상 예방 및 감소와 회복력 증강에 가장 큰 목적을 두고 있다. 또 거미줄web 모양의 인공근육을 통해 군인의 근력을 향상시켜 공격력도 강화할 수 있다.

러시아도 군용 웨어러블 슈트, 라트니크-3Ratnik-3를 개발 중이며 2025년 공식 출시할 예정이다. 라트니크-3는 방어력을 대폭 강화해 주는 로봇으로, 얼굴 전체를 보호하는 방탄 헬멧과 방탄·방염·방수 기능을 갖춘 슈트가 군인의 신체를 보호한다. 또한 열 차단 기능을 통해 착용자가 적외선 센서에 식별되지 않도록 할 수 있으며, 적은 힘으로 더 빠르게 달리고 더 높게 뛸 수 있도록 신체 능력도 강화할 수 있다.

중국도 국유 군수 기업인 노린코Norinco를 필두로 군용 웨어러블 로봇 개발에 뛰어들었다. 중국의 웨어러블 로봇은 무거운 짐의 무게를 바닥으로 분산하고, 군인의 근력을 보조하여 공격력을 강화하는 데 초점을 맞췄다. 개발자들의 주장에 따르면, 25kg의 군장을 메고 걸을 때는 5~10%, 서 있을 때는 70~80%만큼 에너지 소모를 줄여준다고 한다.

국내에서도 국방용 웨어러블 로봇의 개발은 활발히 진행되고 있다. 2020년 아부다비에서 열린 국제 무인 방어 시스템 전시회에서, 국내 방산기업인 LIG 넥스원이 군사용 웨어러블 로봇 렉소LEXO를 선보였다. 렉소는 군인의 근력 강화와 기동성 향상을 통해 공격력을 강화해 주는 로봇으로, 40kg의 군장을 메고도 일반 병사 두 배의 속도로 기동하게 보조해 준다.

이 외에도 프랑스의 에르퀼Hercule Exoskeleton, 캐나다의 업라이즈

Uprise, 일본의 고기동 외골격 로봇High Mobility Powered Exoskeleton 등 군용 웨어러블 로봇은 세계 곳곳에서 활발히 연구 및 개발되고 있다. 조만간 웨어러블 로봇은 군사력의 한 축으로 자리 잡게 될 것이다.

일상을 돕고 장애를 극복하게 해주는 웨어러블 로봇

누구나 하루아침에 장애를 갖게 될 수 있다. 그렇다면 버스를 타고, 계단을 올라 직장과 학교에 가던 일상은 어떻게 달라질까? 누군가의 도움 없이는 일상을 영위할 수 없게 된다면, 심리적으로도 힘들어지고 사회생활에 큰 제약이 발생할 것이다. 착용자의 신체를 강화하는 웨어러블 로봇은 그러한 장애 극복에 유용하다.

2010년 하반신 마비 장애인의 보행과 앉고 서는 등의 동작을 보조하는 리워크Rewalk와 인디고Indego가 발표된 것을 시작으로, 전 세계적으로 마비된 하반신 근력을 대체하는 웨어러블 로봇 기술들이 속속 등장해 왔다. 2016년 취리히연방공과대학교가 처음 개최한 사이배슬론Cybathlon 대회는 장애를 가진 이들이 웨어러블 로봇과 같은 최첨단 장치를 통해 경기를 하는 대회이다. 사이배슬론이란 말은 사이보그cyborg, 인조인간와 라틴어 애슬론athlon, 경기의 합성어이다. 4년마다 개최되는 이 대회는 장애인을 보조하는 로봇 기술의 발전을 앞당기기 위해 노력하고 있다. 대회에서는 세계 유수의 연구진들이 출품한 외골격 로봇을 착용한 선수들이 각종 장애물을 돌파하며 기술력을 선보인다. 우리나라도 첫 대회에서 엔젤로보틱스가 제작한 워크온WalkON이 동메달을 수상했다. 2020년에 열린 제2회 대회에서는 한층 더 진화한 제

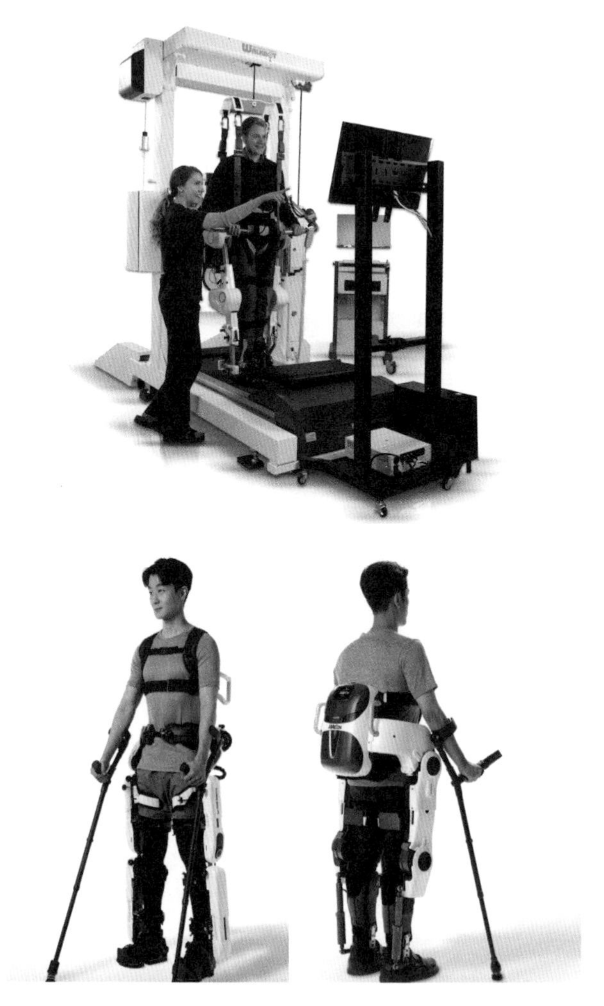

장애를 극복하게 돕고 나아가 치료를 목적으로 하는 웨어러블 로봇. 병원에서 사용하는 고정형 재활 로봇(위쪽, ©(주)피앤에스미캐닉스)과 이동형 재활 로봇(아래쪽, ©ANGEL ROBOTICS) 등이 있다.

품으로 금메달과 동메달을 목에 거는 쾌거를 이루었다.

웨어러블 로봇은 뇌졸중, 소아마비, 척수손상 마비 장애에도 큰 도움을 주고 있다. 걷거나 앉고 서는 것과 같은 동작은 착용자의 의도에 따라 정확히 오랫동안 반복하면 근력과 신경이 회복될 수 있다.

자랑스럽게도 재활을 보조하는 웨어러블 로봇 기술은 우리나라가 세계를 선도하고 있다. 러닝머신 위에서 움직일 수 있게 기계장치를 붙인 고정형 재활 로봇과 평지를 걷거나 계단을 오를 수 있는 완전한 이동형 웨어러블 로봇 등이 개발되어 재활 병원, 그리고 일상생활에서 활발하게 사용되고 있다.

웨어러블 로봇이 재활 후 일상을 보조하는 경우, 보행 장애의 수준과 증상에 따라 그 형상이나 보조 방식이 달라진다. 예를 들어 스스로 힘을 제법 낼 수 있는 경증 환자를 위한 로봇은 착용성과 사회적 수용성을 중시하여 가볍고 눈에 잘 띄지 않는 형태로 제작한다. 이를 고려하여 개발된 것이 가볍게 옷 안에 입을 수 있는 케이블 구동 방식의 웨어러블 로봇이다.

산업 현장에서 신체를 보호하기 위한 웨어러블 로봇

요즘 택배 서비스가 많아지면서 배송 노동자가 해야 하는 일이 엄청나게 늘었다. 이때 별다른 도구 없이 무거운 상품을 운반하면 몸에 큰 부담이 가고, 부상 위험도 늘어나게 된다. 이런 부담은 만성적인 관절 질환이나 근육 질환으로 이어지기에 치명적이다. 웨어러블 로봇은 바로 이런 이유로 택배 노동자의 보조 수단으로 고려되고 있다.

택배 노동자를 위한 웨어러블 로봇은 입기 쉽고 가벼우며 무거운 물건을 들 때 힘이 덜 들게끔 도와준다. 이를 통해 작업자들의 부상을 예방할 수 있고 작업 효율도 높일 수 있다. 종류도 다양해서 강성이 큰 스프링 등을 사용한 가볍고 저렴한 웨어러블 로봇부터, 모터의 도움으로 아주 무거운 물건도 운반할 수 있도록 큰 힘을 내주는 웨어러블 로봇까지 다양한 기종이 운반작업을 돕고 있다.

제조업 분야의 자동차 제조 라인 같은 곳에서도 웨어러블 로봇은 작업자를 보호하고 작업 효율을 향상한다. 예를 들어, 작업자가 자동차 아래쪽에 들어갈 부품을 조립하기 위해 머리 위까지 드릴을 들어 올려야 한다고 생각해 보자. 계속해서 무거운 물건을 들어야 하니 어깨나 허리에 힘이 많이 들어가지 않겠는가? 웨어러블 로봇은 작업자의 팔다리 등을 지지해 주기에 오랜 시간 동작을 취할 때 가해지는 부담을 줄여주고, 의자와 같은 보조 도구를 두지 않아도 되니 동선을 바꿀 필요도 없다.

농촌 지역에서도 웨어러블 로봇은 큰 기대를 받고 있다. 농업 종사자의 상당 부분을 차지하는 노인들은 근육과 관절이 약하고 근골격계 질환에 취약하다. 이미 몇몇 로봇 전문 기업에서 개발한 웨어러블 로봇은 농업 현장에서 작업자들이 안전하면서도 효율적으로 일할 수 있게 도와주고 있다. 한국 농업의 고질적인 문제인 낮은 생산성도 이런 방식으로 해결해 갈 수 있을 것이다.

우리 몸의 가능성을 확장하는 상상력

웨어러블 로봇은 우리 몸의 가능성을 확장하는 기술이다. 보행 장애 등은 물론, 고령화, 건강 수명, 헬스케어 등 웨어러블 로봇 기술의 필요성과 대중 수요는 늘어나고 있다. 신체 동작이나 작업을 보조할 뿐만 아니라 각종 익스트림 스포츠 등으로도 확장하여 이전에는 상상하지 못했던 즐거움을 누릴 수도 있다.

웨어러블 로봇은 몸으로 표현되는 사람의 욕망과 로봇공학 기술의 환상적인 융합이다. 옷을 입고 신을 신고 모자를 쓰고 다니던 사람들이 조만간 스마트폰처럼 웨어러블 로봇을 걸치고 일상생활을 영위하게 될지 모른다.

기계공학의 힘은 상상에서 나온다. 웨어러블 로봇은 인간과의 기반이라 할 몸과 가장 친밀한 기계인 만큼 자유로운 상상의 나래를 펼치기에 가장 적합한 분야라고 할 수 있다. 그러나 동시에 로봇과 인간의 '안전한 동행'에 대한 많은 고민이 필요한 분야이기도 하다. 우리나라의 웨어러블 로봇 기술은 이제 막 개화하기 시작했고 그 미래는 밝다. 그 중심에 있는 카이스트 기계공학과, 즉 필자의 연구팀과 졸업생들, 창업과 취업으로 나아간 많은 이들은 긍정적으로 사회에 기여하기 위해 더욱 노력할 것이다. 많은 청년 공학도들의 새로운 상상력과 도전을 기대해 본다.

무엇이 우리를 움직이게 만드는가?

_ 모빌리티 기술의 현재와 미래

김진환

이동 로봇, 무인 시스템 연구

인간은 생명체 가운데 가장 호기심이 왕성한 존재라고 한다. 세상에 대한 호기심은 지적 욕구로 이어져 인간으로 하여금 더 많은 지식과 경험을 흡수할 기회를 찾아 끊임없이 새로운 공간으로 이동하게 만든다. 신체적 조건만 따지면 인간에 비해 월등한 이동 능력을 가진 동물들이 많지만, 그럼에도 인간만큼 지구상 어디에나 골고루 존재하는 생명체가 없다는 사실만 봐도 이동은 인간에게 단순한 욕구를 넘어 본능에 가깝다고 할 수 있을 것이다.

이동이란 한 지점에서 다른 지점으로 움직이는 행위다. 우리는 이동의 과정 자체를 즐기기도 하지만, 이동이라는 행위의 궁극적 목적은 도착 지점에 빠른 시간 내에 도달하는 것이다. 그래서인지 〈스타트렉〉 같은 SF영화나 〈도깨비〉 같은 판타지 드라마에 나오듯 많은 사람들이 순간 이동에 대한 꿈을 꾸기도 한다. 그러나 이는 상상으로나 가능한 일일 뿐, 현실에서 인류는 일찍부터 다양한 이동 수단을 찾거나 만들어 활용해 왔다.

80시간 안에 지구 한 바퀴를 돌 수 있는 시대로

사람들이 빠른 이동을 위해 사용하는 대표적인 수단은 자동차, 배, 비행기 등이다. 영어로 이들을 포함한 다양한 이동 수단을 총칭하여 'vehicle'이라 부르는데 사실 이에 대응하는 우리말 표현이 마땅치 않다. 굳이 대체어를 찾자면 운송 수단, 이동체, 운동체 정도가 될 텐데, 원어의 의미를 충분히 전달하지는 못한다. 최근 각광받고 있는 용어인 '모빌리티mobility' 또한 새롭게 등장한 기술 용어이다 보니 우리말로 바꾸기엔 적당한 단어가 없다.

모빌리티는 move와 ability의 합성어로, '움직이는 능력'을 의미한다. vehicle이 단지 이동 수단을 의미한다면 모빌리티는 수단을 넘어서서 이동하는 능력까지 아우르는 포괄적 표현에 가깝다. 즉, 모빌리티 기술은 이동체의 설계와 제작에 필요한 기술은 물론 실제 한 지점에서 다른 지점으로 이동하는 데 필요한 운용 기술을 포함한 이동 능력 전체를 의미하는 것이다.

그렇다면 현대인 한 사람의 1년간 평균 이동 거리는 얼마일지 상상해 보자. 우리나라 승용차 보유자의 1년 평균 주행거리는 1만 5천km 정도로 가정할 수 있다. 자가용을 갖고 있지 않더라도 일상적인 생활을 위해 대중교통을 이용한다면 그와 비슷한 거리를 이동할 것이다. 여기에 간간이 해외여행까지 즐기는 경우라면 1년에 족히 3만km 정도 이동하지 않을까? 성인 남성이 걷는 속도를 시간당 4km 정도라고 가정하면 하루도 쉬지 않고 1시간씩 걸어도 1년에 고작 1천 5백km 정도 이동할 수 있다. 이를 감안하면 현대적인 이동 수단이 등장하며 사람들의 이동 반경이 과거보다 수십 배는 넓어진 셈이다.

거리의 차원뿐 아니라 시간의 차원에서도 우리는 과거와 다른 세상에 살고 있다. 조선시대만 하더라도 서울에서 제주도까지 가는 데 한 달 가까이 걸렸지만, 이제는 한 시간이면 이동할 수 있다. 기술의 발전 덕분에 대단한 모험가가 아닌 평범한 사람들도 마음만 먹으면 (80일이 아닌 80시간 안에) 지구를 한 바퀴 도는 것이 가능한, 대수롭지 않은 일로 여겨지는 시대에 살고 있다.

모빌리티 기술의 역사와 발전

운송 수단을 활용한 인류의 대규모 이동 행위는 바다에서 시작됐다. 즉, 가장 오래된 운송 수단은 선박인 것이다. 기원전 6천 년경, 나무를 묶어 만든 뗏목이 처음으로 물 위를 누빈 이래로 선박은 단순한 운송 수단의 차원을 넘어 인류 문명의 비약적 발전을 이끌어왔다. 도시와 도시 사이의 무역과 이주, 거대한 제국 간의 전쟁 등은 선박이 없었다면 불가능했을 것이다. 특히 바람에서 추진력을 얻는 범선은 오랜 시간 동안 인류와 함께하며 세계를 누볐고 과학·정치·문화·경제 전반에 영향을 끼쳤다.

지상에서의 대규모 이동은 바퀴가 발명된 뒤 가능해졌다. 바퀴는 선박보다 약 2천 년 정도 늦게 발명되었다. 범선은 바람만 잘 불면 물건과 사람을 빠르게 대량으로 실어 나를 수 있다는 장점이 있지만, 강과 바닷길이 어디에나 이어지진 않는다는 한계를 가진다. 반면 말이나 소를 동력원으로 사용하는 바퀴 달린 수레는 인간이 거주하는 곳이라면 거의 모든 곳에 물건과 사람을 실어 나를 수 있다. 땅 위에 제대로 된 도로가 만들어진 것은 바퀴 달린 운송 수단을 원활히 이용하기 위해서였다.

18세기가 되면 이동에 혁명적인 변화가 생긴다. 화석연료를 태우는 증기기관을 이용해 바퀴와 프로펠러를 움직일 수 있게 된 것이다. 기차와 동력선, 자동차는 크고 튼튼했으며 무엇보다 아주 빨랐다.

20세기에는 비행기와 로켓이 인류를 하늘과 우주로까지 이동시켰다. 1905년 하늘을 나는 라이트 형제에 환호했던 아이들은 60여 년 뒤 할아버지가 되어 달 위를 걷는 우주인을 보게 된다. 인류의 이동에 대한 본능은 무한의 공간인 우주로 뻗어나가 무인 탐사선을 태양계 바깥으로 보내기에 이르렀다.

이처럼 불과 100년 남짓한 짧은 기간에 인류의 이동 거리와 규모는 폭발적으로 늘어났다. 운송 수단이 급격히 발전한 이 시절을 우리는 '모빌리티 혁명의 시대'라 부를 수 있을 것이다. 그렇다면 무엇이 20세기의 보통 사람을 칭기즈칸의 몽골 기병보다 빠르게 달릴 수 있도록 해줬을까? 콜럼버스조차 목숨을 걸어야 했던 대서양을, 그보다 빨리, 파티까지 즐기며 건널 수 있게 만든 원동력은 어디서 나왔을까?

이러한 모빌리티 기술 혁명에 가장 결정적인 기여를 한 공학 분야가 바로 기계공학이다. 자동차, 선박, 잠수정, 항공기, 우주선을 망라하는 모든 이동체는 결국 기계machine 시스템이고, 이들을 만들고 운용하는

1900년 미국 뉴욕 거리의 모습(위쪽, ©U.S. National Archives)과 1913년에 같은 장소를 찍은 사진(아래쪽, ©George Grantham Bain Collection). 말과 마차로 가득하던 도로가 자동차로 채워지기까지 10여 년밖에 걸리지 않았다.

데 필요한 기술을 다루는 학문이 기계공학이기 때문이다. 조선공학이나 항공공학 역시 넓은 범위에서 기계공학의 범주 안에 포함시킬 수 있다.

기계공학의 근간을 이루는 핵심은 역학mechanics이다. 이동체의 효율적인 형상을 설계하는 유체역학, 운송 수단의 몸체를 튼튼하게 만드는 고체역학, 이동체의 움직임을 해석하고 제어하는 동역학, 이동체가 움직일 수 있도록 동력원을 만드는 데 핵심이 되는 열역학까지, 기계공학의 총합이 이동 수단을 설계하고 만드는 데 필요한 기술의 모체라 해도 과언이 아니다.

사람의 조종 능력이 불필요해지는 시대, 점점 똑똑해지는 자동차

지금 우리는 또 다른 모빌리티 기술 혁명을 목전에 두고 있다. 이전의 혁명이 동력원 기술의 발전에 힘입은 것이라면 새로운 모빌리티 혁명을 주도하는 기술은 인공지능과 디지털 기술이다. 오늘날 우리에게 가장 익숙한 모빌리티 시스템인 자동차를 예로 들어보자.

자동차는 다양한 기술의 집합체라 할 수 있으나 기본적으로는 기계 시스템이다. 내연기관 기반의 차량은 물론 최근 각광받는 전기차 역시 차량의 구성품 대부분은 기계 부품이며 핵심 장치인 모터 역시 배터리로부터 에너지를 공급받아 바퀴가 움직이게 만드는 회전기계 시스템이다.

전통적인 개념의 차량의 경우 시동을 켜고 출발한 뒤부터 목적지에 도착해서 시동을 끄는 순간까지의 모든 조작은 운전자의 몫이다. 브레이크와 가속페달을 밟는 일, 조향 장치를 조작하는 기본적인 운전 행위뿐만 아니라 차량 주변의 돌발 상황을 인지하고 조작의 필요성을 판단하는 모든 일을 운전자가 담당했다. 그러나 최근 들어 인간 운전자가 담당하던 역할 일부가 점차 자동화되면서 운전자의 역할과 필요성을 줄일 수 있게 되었다. 차선을 유지하거나 앞차와의 간격을 유지하는 자율주행보조장치ADAS, Advanced Driver Assistance System가 기본 사양으로 채택되고 있다. 또한 아직 완벽하진 않지만, 출발부터 주행, 주차까지의 전 과정을 사람의 개입 없이 스스로 판단하고 제어하는 자율주행 자동차의 사례도 찾아볼 수 있다.

자율주행에 관해 이야기하기 앞서 우리가 자동차를 운전하는 과정을 떠올려보자. 보통의 경우 운전을 시작하기 전에 목적지까지 가는 길을 찾아본다. 차에 장착된 내비게이션 시스템이나 휴대전화의 지도 앱이 목적지까지의 경로를 상세히 알려준다. 추천 경로가 주어지면 운전자는 핸들과 가속페달, 브레이크페달을 조작하며 본격적인 운전을 시작한다. 내비게이션 시스템은 우리의 현재 위치를 실시간으로 알려주며, 운전자는 전방과 주변 차량이나 장애물, 보행자 등의 위치와 운동을 꾸준히 파악하고 예측함으로써 위험 상황이 발생하지 않도록 주의해 가며 차의 속도와 진로를 조정한다.

결국 운전하는 데 필요한 기술 요소를 크게 다음의 세 가지로 구분할 수 있다. 1) 현재 위치로부터 목적지까지의 길을 결정하는 경로 계획path planning 기술, 2) 설정된 경로를 따라가게 만드는 제어control 기술, 3) 이동 과정에서 내 차량과 주변 물체의 위치와 움직임을 파악하는 인식perception 기술이 그것이다. 선박 운항이나 항공기 조종의 경우에도 차량 운전에 비해 훨씬 전문적인 교육과 자격증이 요구되기는 하나 근본적으로 동일한 기술을 요구한다.

이와 같은 기술들은 불과 10여 년 전까지만 해도 전적으로 사람의 능력에 의존했다. 특히 도심에서의 주행이나 연안에서의 선박 운항과

자율주행 자동차(위쪽, ©셔터스톡)와 자율운항 선박(아래쪽, ©자율운항선박기술개발사업 통합사업단)의 실현을 위해서는 기계 스스로 주변 상황을 인식하는 기술이 필수적이다.

같이 주변에 다양한 장애물이 존재하는 복잡한 공간에서 주변 상황을 인식하는 기술은 경로 계획 기술이나 제어 기술에 비해 훨씬 더 어려운 요소로 여겨졌다. 인식해야 하는 대상의 범위가 너무 넓고 다양해서 기존의 알고리즘 구현 방식으로는 기대하는 결과를 얻기 힘들었기 때문이다.

특히 인간의 시각 정보에 해당하는 카메라 영상 정보를 컴퓨터가 이해할 수 있는 형태로 변환하는 것이 쉽지 않았다. 그러나 불과 10여 년 사이에 인공지능 기술이 급격하게 발전하면서 우리는 얼마 전까지도 상상하기 힘들었던 이러한 능력을 고성능 연산장치와 학습 알고리즘을 통해 구현할 수 있게 되었다. 이를 바탕으로 아직은 완벽하지 않지만 자동차를 운전하거나 배를 운항하는 사람의 역할을 기계가 상당 부분 대체하기에 이르렀다.

미래 모빌리티 분야에서 기계공학의 과제와 도전

기술의 발전과 미래를 예측하기란 쉽지 않지만 소위 4차 산업혁명이라는 용어가 상징하듯 지금 우리가 기술 발전의 특이점에 접근하고 있다는 점에 대해서는 많은 이들이 공감하고 있다. 최근 생성형 인공지능의 급속한 발전에서 보듯 인공지능 기술이 오롯이 적용되는 가상 공간의 기술 발전 속도와 변화는 놀라운 수준이다.

그렇다면 이제 인공지능 기술의 혁명적 발전을 발판 삼아 모빌리티 혁명이 완수되거나 본질적인 과제가 해결된 것으로 볼 수 있을까? 답은 '아니오'이다. 모빌리티 시스템은 가상 공간에서 정의되는 것이 아니라 물리적 실체를 갖는 기계 시스템이며, 기술의 효용 역시 물리적 공간에서의 이동을 전제로 하기 때문이다. 기존의 기계 기술이 혁명을 주도하지는 않을지라도, 혁명적인 인공지능 기술은 '전통의' 기계 시스템 위에 실려야만 물리적 공간을 누빌 수 있다.

기존 시스템이 지능화, 디지털화되며 우리는 종종 착각에 빠지기도 한다. 운전자가 필요 없는 자율자동차, 선원이 필요 없는 자율선박, 조종사가 필요 없는 도심항공모빌리티UAM, Urban Air Mobility의 도래가 코앞으로 다가왔다고 말이다. 하지만 인공지능 기술이 사람을 대체하기 위해서는 사람이 직접 조종할 때는 크게 고민하지 않았거나 상상할 필요도 없던 문제를 따져봐야 할지도 모른다.

문제의 핵심은 극한에 가까운 신뢰성의 문제이다. 인간이 안전한 이동을 위해 100년 가까운 세월 동안 만들고 바꿔온 규제와 규약에 현재의 자동차, 비행기, 선박은 완벽하게 부응하고 있다. 반면 인공지능에 의한 자율주행 시스템은 어떠한가. 인공지능은 때때로 엉뚱하거나 비합리적인 답을 제시하기도 하며 이를 근본적으로 피할 수는 없다. 가상환경에서는 엉뚱한 답이 주는 피해와 부정적 영향이 제한적일 수 있으나 모빌리티 시스템이 실현되는 물리 환경에서는 그렇지 않다. 물리적 공간에서의 인공지능 시스템의 이상 행동은 엄청난 비용과 심각한 인명 피해를 유발할 수 있기 때문이다. 따라서 모빌리티 시스템의 자율화에 사용되는 소프트웨어는 일반적인 인공지능 응용에서 필요로 하는 기술과 다른 차원의 신뢰성이 요구된다.

인공지능과 모빌리티의 결합으로 생겨날 이런 문제들은, 기술의 근본까지 파고들며 고민해야만 해법의 실마리를 찾아낼 수 있을 것이다. 카이스트가 신입생 무학과 제도로 전공 구분의 장벽을 낮추고 학과 간 교류를 장려하는 학풍을 고수하는 이유가 여기에 있다. 융합과 시너지는 수박 겉핥기로는 불가능하다. 근본까지 파고들려는 이들이 만나야 새로운 문제에 대한 융합적인 해결 전략이 나올 수 있다. 카이스트에서는 국내 어느 대학과 비교해도 뒤지지 않을 효과적인 협력이 가능하다고 확신한다.

기술의 근본까지 파고든다는 것은 매우 험난한 여정이다. 특히 인공지능과 디지털 기술은 코드 공유가 일반화되어 누구나 손쉽게 접근할 수 있는 범용 기술이 되어가고 있는 반면, 물리적인 실체를 갖는 기계 시스템은 복제가 어렵다는 것을 기억해야 한다. 특히 기계공학에서는 하나의 기계를 둘러싸고 한 사람, 한 사람이 직접 만지며 체득한, 개인적이고 암묵적인 경험적 지식이 여전히 높은 비중을 차지한다. 생산현장의 많은 부분이 매뉴얼로, 전산 데이터로 축적돼 있지만 장인에 가까운 현장 엔지니어만이 다룰 수 있는 영역이 존재하는 것이다.

그렇기에 기계공학에 대한 이해를 갖춘 연구자가 인공지능 기술을 익히는 것에 비해 인공지능 전문가가 기계공학을 이해하는 것은 훨씬 어렵고 힘들다. 미래 모빌리티 기술 발전에 있어 인공지능에 대한 이해를 갖춘 기계 시스템 전문가의 역할이 훨씬 중요하고 현실적으로 기대되는 것도 그러한 이유라 하겠다.

미래 모빌리티, 새로운 사회적 논의가 필요하다

모든 이동 수단이 그렇듯 미래의 모빌리티 역시 먼 거리를 짧은 시간 내에 이동하는 능력이 충족되어야 한다. 동시에 소요 시간 외에 이동 과정에서 사용자의 만족도, 즉 안전성과 편의성 등을 충족시키는 것도 매우 중요하다. 시간을 획기적으로 단축할 수 있지만 동시에 사고 확률도 높아지는 이동 수단이라면 대중의 선택을 받기 힘들 것이다.

자율주행은 사용자의 개입을 필요로 하지 않으므로 이동 과정에서 사용자가 휴식을 취하거나 다른 업무를 처리할 수 있다는 점에서 편리하다. 그렇다면 안전성은 어떨까? 당장 우리나라에서는 매년 약 20만

건의 교통사고와 3천 명에 가까운 교통사고 사망자가 발생한다. 이 가운데 상당 부분이 사람의 과실에 의한 것으로, 특히 졸음과 음주운전이 가장 치명적인 사고를 발생시키는 것으로 알려져 있다. 자율주행 기술의 도입을 통해 이러한 사고를 줄일 수 있으므로 안전성 측면에서도 큰 유익을 기대할 수 있다.

그러나 단순히 사망자가 줄어든다고 해서 사회가 새로운 기술을 수용해야 할 것인가는 생각보다 복잡한 문제이다. 예를 들어 기존에는 한 해에 3천 명의 교통사고 사망자가 발생하던 것이 자율주행 기술의 도입 이후 2천 명으로 줄어들었다고 가정해 보자. 전체 사망자 숫자는 줄어들었으나 1년에 2천 명이 사망하는 원인이 다름 아닌 자율주행 알고리즘의 결함 때문이라면, 우리는 자율주행 시스템의 사용을 순순히 용인할 수 있을까? 그 사고에 대한 책임은 누가 져야 하는 것일까? 굳이 '트롤리 문제(선로에 고장난 트롤리 기차가 달리고 있는 상황을 가정하고 다수를 구하기 위해 소수를 희생해도 좋은지에 대한 판단을 묻는 윤리학 사고 실험)'의 예를 들지 않더라도, 미래 모빌리티의 도입 과정에서는 새로운 사회적 합의가 필요한 여러 첨예한 이슈들이 제기될 수 있다.

미래 모빌리티가 우리의 기대보다 아직 멀리 있는 기술인 이유는 단순히 기술적 난제 때문만이 아니다. 위에서 언급한 신뢰성과 책임의 문제, 기존 유인 시스템과 자율 무인 시스템이 교통 인프라를 공유하면서 발생하는 문제 등 여러 복잡한 이슈들에 대한 사회적 합의가 필요하기 때문이다. 이를 앞당기기 위해서라도 많은 연구자들의 고민과 노력이 요구된다고 하겠다.

박쥐와 자율주행 자동차는 어떻게 공간을 인식할까?

__ 자율주행의 '눈' 3D 라이다

박용화

진동음향, 헬스 모니터링 및 3D 인식 연구

어두컴컴한 동굴 속을 박쥐들이 날아다닌다. 한 줄의 빛도 없는 공간을 날아다니면서도 서로 부딪치지 않고 소리를 내며 공간을 휘젓고 다닌다. 그 안에서 먹이를 찾아내고 새끼들을 먹이고 자기 자리로 돌아간다. 이에 영감을 얻은 과학자는 자율주행의 '눈'을 만들어서 자동차도 운전자 없이 낮이건, 밤이건 도로를 질주할 수 있게 만들었다. 덕분에 자율주행 자동차는 빌딩 숲을 헤치며 가야 할 길을 찾아 목적지에 도달한다. 레스토랑 안을 자유자재로 돌아다니는 로봇은 사람이 다가오면 멈추었다가 손님이 기다리는 테이블에 부드럽게 정지하고는 갖고 있던 음식을 전달한다. 자율주행 자동차도, 로봇도 박쥐처럼 복잡한 공간에서 자연스럽게 움직인다. 바로 3차원 공간을 인식하는 라이다Lidar라는 기술이 있기 때문이다.

박쥐의 청각기관이 어떻게 라이다에 영감을 주었나?

박쥐는 어두운 공간에서 초음파를 이용하여 물체를 순식간에 인식한다. 박쥐가 목청을 통해 발산하는 초음파는 물체에 반사되어 되돌아오고 청각기관이 이 메아리를 인지하여 물체의 위치와 형상을 알아내게 된다. 박쥐는 초음파를 두 가지 형태로 혼합해서 사용한다. 먼저, 단일 주파수의 초음파를 발산해서 멀리 있는 물체의 대략적인 거리를 알아낸다. 다음으로 그 물체가 가까워지면 주파수를 바꿔가며 1초에 200번 가깝게 초음파를 발사하여 초음파가 되돌아오기까지의 반사시간을 정밀하게 감지한다. 이렇게 하면 거리뿐만 아니라 물체의 정확한 형상까지 인지하게 된다. 즉, 칠흑 같은 어둠 속에서도 먹잇감을 알아보게 되는 것이다.

라이다는 이러한 자연계의 원리를 정확하게 응용한 기술로 초음파 대신 사람이 볼 수 없는 레이저 광선(빛)을 사용한다. 그래서 박쥐보다 더 정밀하게 물체 인식이 가능하고 수 미터에서 수백 킬로미터까지 넓은 범위의 물체를 인지할 수 있다. 인류 문명의 규모는 박쥐가 지내는 동굴에 비할 수 없을 만큼 광대하지만, 라이다의 원리는 동굴 속 박쥐의 지혜에서 크게 벗어나지 않는다. 라이다도 단일한 레이저 주파수를 이용해 간단한 물체를 인지하고, 복잡한 물체의 경우 여러 주파수를 바꿔가며 물체의 형상을 인지한다. 다만 레이저 광선은 공기 중에서 1초에 340m 남짓을 이동하는 초음파와 비교할 수 없을 만큼 빠르다.

라이다는 1930년대에 광선을 통해 대기의 성분을 관측하는 도구로 개발되었다. 원하는 공간에 빛을 쏘고, 떨어진 위치에서 센서로 감지하면 대기 중에 수분이나 이산화탄소, 미세먼지가 얼마나 있는지 알아낼 수 있다. 1960년대에 레이저가 발명되어 강하고 집중된 빛을 더 멀리까지 발사할 수 있게 되자, 인공위성이나 해양에서도 대기를 관측하고 연구할 수 있게 됐다. 2차 세계대전 당시 전파를 이용한 레이다가 최초로 개발되었는데, 라이다는 이를 대체하는 물체 탐지 기술로 재발견되면서, 1990년대에 본격적으로 거리 측정기로 사용하기 위한 연구가 진행되었다. 라이다Lidar, Light Detection And Ranging라는 이름은 그렇게 탄생하였다.

라이다Lidar와 레이다Radar는 이름이 비슷하지 않은가. 라이다는 레이저를, 레이다는 전파를 사용하지만 반사파를 이용한 측정 기술이라는 점에서 유사한, 사촌 같은 기술이라 할 수 있다. 라이다는 오늘날 자율주행의 눈에 해당하는 핵심 기술로 발전하여 정밀한 3차원 지도를 그리고 보행자와 장애물을 인지하는 첨단 기술로 활용되고 있다.

라이다는 어떻게 3차원을 인지하나?

3차원 공간을 인지하려는 노력은 인류 문명 초기부터 시작됐다. 오늘날의 기술 혁명에 이르기까지 인류는 수천 년 전부터 공간을 측량하는 기술을 발전시켜 왔다. 고대 이집트의 거대한 피라미드는 삼각측량 기술이 없었다면 건설할 엄두도 내지 못했을 것이다. 고대 그리스의 철학자 에라토스테네스는 한여름 날 서로 다른 곳의 우물에 비친 그림자 길이로 지구의 크기를 예측했다. 라이다는 가장 최근에 개발된 3차원 공간 인식 기술이다.

라이다의 원리는 빛을 공간에 발사하고 물체에서부터 빛이 반사되어 돌아오는 시간을 측정하는 것이다. 빛의 속도는 물리학자들의 수고로 이미 알고 있으므로 빛의 왕복 비행시간, 전문용어로 Time-of-Flight를 측정하면 물체까지의 거리를 알게 되는 셈이다. 이렇게 간단하게 설명할 수 있긴 하지만, 이러한 측정을 위해서는 빛을 발사하는 레이저 소자가 있어야 하고, 돌아오는 빛을 감지하는 반도체 센서도 필요하다. 최근 반도체 기술의 발전이 라이다의 발전을 촉진하고 있다.

또 한 가지 라이다에서 중요한 부품이 있는데, 공간에 빛을 뿌려주는 장치다. 레이저 소자는 한 방향으로 빛을 보내지만 우리는 여러 방향에 놓인 물체를 인식해야 하기 때문이다. 그래서 나온 것이 광학 스캐너이다. 광학 스캐너는 회전하는 거울로 레이저 빛을 넓은 공간에 뿌려주어 우리가 공간의 형상을 온전하게 파악하도록 해준다.

라이다가 그려주는 3차원 지도는 마치 19세기 프랑스 화가 조르주 쇠라의 점묘화와 같다. 광학 스캐너를 통해 사방에 뿌려진 레이저 빛은 공간 속에서 부딪친 곳마다 점을 찍고 돌아온다. 빛이 돌아온 순서대로 하나씩 점을 찍어주면 찍힌 곳의 위치가 측정되고 이것을 반복하면 거대한 3차원 점들의 집합이 형성된다. 우리는 이것을 점구름Point Cloud이라고 부른다. 3차원의 점구름은 인공지능에 입력되어 어느 위치의 점구름이 사람인지 차인지 인지하게 되는데, 이것이 자율주행 자동차가 안전하게 운전하는 원리이다.

자율주행의 핵심 기술 라이다를 둘러싼 기업들의 경쟁

최근 반도체 기술의 발전으로 직진성이 강하고 높은 출력의 레이저

라이다가 그려준 다리의 3차원 점구름(출처: 현대자동차그룹 공식 블로그)

뿐 아니라 고감도 반도체 센서까지 개발되면서 라이더의 성능은 더욱 향상되고 가격은 낮아지게 되었다.

그런데 3차원 점구름을 만드는 광학 스캐너는 회전하는 거울을 사용하므로 크고 가격이 비싸서 라이다의 상용화에 병목현상을 일으키고 있다. 방송 등에서 자율주행 자동차가 머리에 큰 물체를 어색하게 이고 있는 모습을 본 적 있을 것이다. 그것이 라이다이다. 차량에 '카툭튀'(툭 튀어나온 카메라의 약자)가 달린 셈이다. 테슬라의 창업자 일론 머스크는 이런 이유로 자율주행 자동차에 라이다를 사용하지 않겠다고 선언했다. 휴대전화의 발전 과정을 보면 좋은 화질을 얻기 위해 카메라 화소를 늘려가고 큰 렌즈를 여러 개 장착하는 경향이 있다. 이때 기업들은 어떻게든 렌즈를 얇게 만들어서 소비자의 선택을 받으려고 치열하게 경쟁한다. 자율주행 시장도 마찬가지다. 어떻게든 라이다의 크기를 줄이고 가격을 낮춰야 자율주행 시장의 병목이 풀린다.

이러한 문제를 극복하여 자율주행 시장을 선점하기 위한 기업 간의 경쟁은 치열하다. 특히 큰 회전 거울을 사용하는 현재의 광학 스캐너를 반도체 기술로 대체하려는 혁신적인 시도가 계속되고 있다. 값이 많이 저렴해진 레이저를 여기저기 많이 붙이는 물량 공세로 아예 스캐너의 필요성을 없애버리는 방법도 시도되고 있다. 이렇게 하면 '카툭튀'를 차량 내부로 숨길 수 있게 된다. 그러나 아직 이 모든 기술들은 완성 단계가 아니어서 자율주행을 위한 라이다 기술의 개발 경쟁은 당분간 지속될 전망이다.

로봇, 우주 개발, 남대문, 메타버스 그리고 라이다

인간은 3차원을 인지하는 능력이 탁월하다. 박쥐는 초음파를 이용하므로 공간 안에서 물체의 유무와 크기 등은 잘 파악하지만, 병원 초음파 영상과 같이 어슴푸레한 형상만을 인지한다. 반면 인간은 초음파보다 훨씬 파장이 짧은 가시광선을 사용하므로 형상을 정교하게 볼 수 있다.

마찬가지로 라이다는 레이저에서 나오는 빛을 사용하여 물체를 정교하게 인지한다. 더 나아가 수백 킬로미터까지 먼 거리도 감지할 수 있다. 사람은 볼 수 없는 근적외선 레이저를 사용하여 사람보다 더 먼 곳까지 볼 수 있는 것이다. 최근에는 깊이센서Depth Sensor가 라이다의 원리를 이용해 개발되어 근거리의 물체도 3차원으로 정교하게 볼 수 있게 됐고, 휴대전화에 들어갈 수 있을 정도로 작아졌다.

일과 생활 속으로 들어온 라이다

자율주행 자동차는 물론이고 인간의 작업을 대체하는 로봇에도 라이다가 활용되고 있다. 로봇의 종류는 다양한데 산업 로봇과 휴먼케어 서비스 로봇으로도 나눌 수 있다. 제조업 강국인 우리나라는 많은 공장에서 로봇이 제품을 조립한다. 이때 라이다는 조립 공정 중 부품 인식에 사용된다. 그리고 로봇은 공장에서 부품들을 여기저기 날라주기도 하는데 이때 라이다가 주변을 인식해서 길을 잘 살펴준다. 반도체 공정에서 웨이퍼를 날라주는 것도 라이다가 달린 로봇이다.

로봇은 인간이 하기 힘든 일을 대신하는 것을 목적으로 한다. '나를 도와주는' 로봇은 인간의 오랜 꿈이기도 하다. 최근에는 식당에 가면 음식을 가져다주는 친절한 로봇을 볼 수 있는데, 이들은 테이블 사이를 누비며 정확하게 손님에게 음식을 배달해 준다. 그리고 혼자 사는 어르신들에게 말도 걸고 위급한 일을 인지해서 119에 전화를 걸어주는 로봇도 개발되었다. 이 모든 로봇의 서비스에는 움직임과 공간 내의 이동이 존재하고, 이를 위한 3차원 정보 인식은 라이다가 담당한다.

탐험과 탐사의 필수품

미개척의 우주 지형 탐사에도 라이다가 필수적이다. 특히 화성의 지형은 라이다 기술 덕분에 거의 완벽하게 파악됐다. 2012년 8월부터 왕성하게 활동 중인 화성 탐사 로봇 큐리오시티Curiosity도 라이다 기술을 활용하여 화성의 3차원 지도와 여러 분석 결과를 우리에게 보내오고 있다. 다음 그림은 2001년 화성 오디세이 우주선의 탐사를 통해 얻어진 화성의 3차원 지도이다.

물론 라이다를 활용한 지형 탐사는 지구상에서도 위성과 항공 촬영 등 다양한 방식으로 이루어지고 있다. 이는 군사 목적으로 활용되기도 하고 자원 탐사와 자연보호, 때론 고고학적 목적으로 활용되기도 한

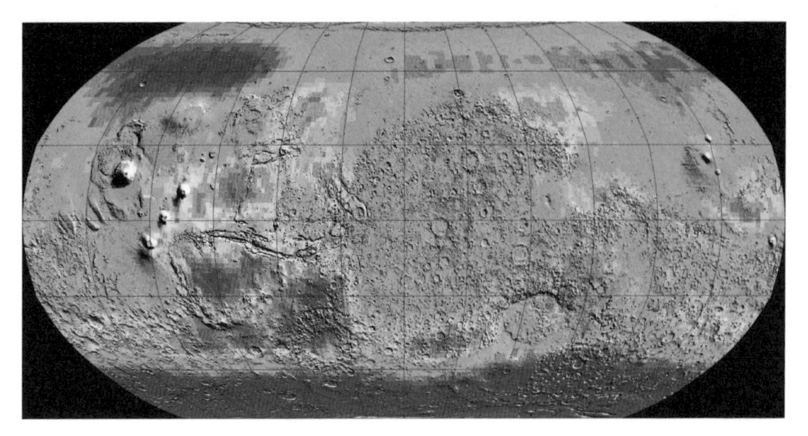

화성 탐사를 통해 얻어진 화성의 3차원 지도(©NASA/JPL/University of Arizona/Los Alamos National Laboratories)

다. 가령 독일 고고학연구소 연구팀은 항공 라이다를 이용해서 스페인이 남미를 침범하기 전에 지금의 아마존 지역에서 번성했다가 사라진 거대한 도시를 발견하고 이를 《네이처》에 보고하였다. 볼리비아의 목소스라 불리는 2만 ha에 달하는 평원 지역을 라이다로 분석한 결과인데, 1년 중 몇 달은 침수되는 아마존 저지대에서 고대의 도시가 발견된 것은 세계 최초라고 한다. 이 또한 넓은 지형을 순식간에 정밀 계측하여 분석할 수 있는 라이다 기술이 있어 가능했다. 자연적인 침식이나 지진 말고도 기후 변화와 전쟁 등으로 인해 고고학 유적지들이 빠르게 소실되고 있기 때문에 고고학 분야에서 라이다의 활용 가치는 더욱 높아지고 있다.

유적과 문화재의 보존과 복원

2008년 2월 화재로 소실된 국보 1호 숭례문의 디지털 복원 작업에도 라이다가 큰 역할을 했다. 천만다행으로 문화유산 전문 기업인 위

라이다로 스캔한 숭례문의 3차원 점구름 이미지(©위프코㈜)

프코에서 숭례문이 불타기 6년 전인 2002년에 숭례문 내외부의 3차원 정보를 3D스캔을 통해 디지털 기록화 하였다. 숭례문의 3차원 정보가 라이다 스캔을 이용해 위 그림과 같이 점구름 형태로 보존된 것이다. 이 정보는 숭례문을 복원하는 5년 동안 지속적으로 활용되었을 뿐만 아니라, 가상 세계에도 정보를 기록해 원본 형상이 영원히 보존될 수 있게 하였다.

문화재 당국은 숭례문 화재 이후 문화재 보존의 중요성을 절감해서 현재까지 창덕궁의 인정전, 자격루, 경주 안압지, 공주 갑사의 월인석보목판, 고려청자 등 무수한 국보급 유물의 3D스캔 작업을 진행했다.

농업을 바꾸는 라이다

농업에 접목된 라이다 기술은 토양 분석과 농작물 관리에 활용되고 있다. 미국과 남미 대규모 농장의 농업 전문가들은 드론에 라이다를 부착해서 광대한 농장과 가축을 관리하고 있으며 우리나라도 스마트

팜에 적극적으로 도입 중이다.

최근 국립산림과학원에서는 라이다를 활용해서 숲에서 자라나는 나무들을 3차원으로 스캔하여 나무의 높이, 지름, 분포를 파악한다. 심지어는 죽은 나무들까지 계측하여 산림의 건강 상태를 분석하고 관리에 활용한다고 한다. 기존에는 사람이 일일이 육안을 통해 측정하던 나무와 숲의 건강 상태를 라이다로 정확하고 손쉽게 측정해 디지털화할 수 있게 된 것이다. 이를 통해 가상 세계의 복제 산림을 만들어 삼림에 대해 연구하고 관리할 수도 있다.

시공간을 초월하는 경험을 선사하는 라이다

라이다는 멀리만 보는 것이 아니다. 최근에는 일상생활에서 카메라 렌즈의 형태로, 또는 우리 휴대전화에 내장되어 신기한 기술들을 구현해 내고 있다. 그 가운데 하나가 가상 세계 즉, 메타버스이다. 메타버스에는 실제와 비슷한 3차원의 물체들이 존재하고 사람들이 살아간다. 이를 위해 나와 상호작용을 할 일상의 물건들과 나의 몸을 라이다로 3차원 스캔하고 그 디지털 아바타를 가상 공간에 투입한다. 안경처럼 쓰고 보는 가상 복합현실의 메타버스에는 이를 위해 안경에 부착된 소형 라이다가 사용되고 있다.

게임 분야에는 이미 라이다 기술이 상용화되어 라이다가 설치된 화면 앞에서 여러 가지 스포츠 게임을 즐길 수 있다. 휴대전화로 통화하는 두 사람이 3D아바타를 동시에 만들면 마치 가상 공간에서 만나 이야기 나누는 것처럼 할 수도 있다. SF영화에서 보는 홀로그램으로 3D 아바타를 표시하게 되면 상대방은 내 앞에 존재해서 이야기를 나누게 된다. 이는 시공간을 초월하는 경험을 안겨준다. 라이다는 박쥐의 능력을 모사하는 것에서 시작되었지만 인간의 능력을 뛰어넘는 놀라운 기술로 발전 중이다.

라이다의 미래 전망과 과제

인류는 인간의 능력을 기계로 구현하는 데 큰 호기심과 열정을 품어 왔고, 이는 과학 기술 발전의 원동력 가운데 하나이다. 라이다는 인간의 능력 가운데 3차원으로 공간을 인지하는 능력을 구현하는 기계이다. 3차원 공간에서 살아가는 인간에겐 생존에 필수적 기능이라 할 수 있다. 하지만 고대부터 아주 오랫동안 연구하고 만들어왔음에도 아직은 인간의 눈과 뇌보다 정교하고 효율적인 기계는 만들어지지 못한 것 같다.

라이다는, 이 글을 쓰는 시점에도 여전히 크기가 커서 자율주행 차에 온전히 구현할 수 없고, 차 가격에 맞먹을 정도로 고가이다. 그러나 그 기능이 인간의 생명 유지에 필요한 능력을 대리 구현한다는 점에서 절대 포기할 수 없는 원천 기술 중 하나다. 끊임없는 노력이 뒤따른다면 이러한 문제들도 언젠가는 극복될 것이다.

그러나 좋은 기술도 과도한 욕망에 의해 우리를 해칠 수 있다는 점을 기억해야 한다. 인간처럼 공간을 인식하는 기술은 강력한 문명의 도구이지만 인간이 누려왔던 전통적인 행복, 가치를 앗아갈 수도 있다. 공학자들은 인류를 사랑하는 따뜻한 마음으로 그 활용과 사용의 범위도 신중하게 고민해 보아야 한다.

기계에 눈을 달다

_ 시각 인공지능, 그리고 우리에게 던져진 질문들

윤국진

컴퓨터 비전, 기계학습 연구

우리 인간은 눈을 통해 빛의 파동을 감지하여 주변 사물에 대해 세밀하고 풍부한 정보를 받아들입니다. 그리고 그 정보를 뇌로 전달하고, 현실 세계의 이미지를 볼 수 있습니다. 실제로 인간은 외부 환경 정보의 70~80% 정도를 시각에 의존하여 받아들입니다. 그렇기에 시각 정보는 인간의 생각과 행동을 크게 지배하며, 세상에 대한 이해를 형성하는 데 결정적인 역할을 합니다. 따라서 본다는 것, 더 나아가 본 것을 기록하고 활용하는 일은 인간의 역사와 함께 다양한 방식으로 발전해 왔습니다.

그래서인지 인간처럼 움직이고 생각하는 먼 미래의 기계를 상상하던 이들은 그 기계에 상징적으로 '눈'을 달았습니다. 가령 SF영화의 고전인 스탠리 큐브릭 감독의 〈2001 스페이스 오디세이〉에 등장하는 인공지능 컴퓨터 HAL 9000에도 커다랗고 위협적인 눈이 달려 있습니다. HAL은 이 눈으로 인간의 입 모양을 읽어서 대화 내용을 파악하기도 합니다. 그렇다면 이러한 '보는' 능력을 실제로 기계에게 부여한다면 과연 어떤 결과를 가져올까요? 기계는 어떻게 우리의 세상을 '보게' 될까요?

시각과 인공지능의 만남

이러한 질문에서 시작된 것이 바로 시각 인공지능visual artificial intelligence입니다. 인공지능은 인간이나 동물이 가지고 있는 자연지능과 달리 기계 혹은 컴퓨터 시스템을 통해 발현되는 지능을 의미합니다. 즉 인공지능으로 인해 기계나 컴퓨터 시스템이 인간처럼 생각하고 학습하며 문제를 해결하는 능력을 갖추게 되는 것입니다. 인공지능의 연구 분야는 인간의 어떠한 자연지능을 연구하느냐에 따라 나뉘는데, 기계학습machine learning은 배우는 능력을, 시각 인공지능은 시각 인지 능력을, 언어 인공지능은 언어를 이해하고 소통하는 능력을 모사하기 위한 연구 분야입니다.

인간처럼 생각하고 학습하는 기계를 개발하는 것은 과학자들이 오랫동안 추구해 온 목표였습니다. 당연히 인공지능에 대한 관심은 뜨거웠습니다. 물론 한때 '인공지능의 겨울'이라는 말이 나올 만큼 발전이 더딘 시기도 있었지만, 최근 오픈AI의 챗GPT나 구글의 제미나이Gemini 등과 같은 챗봇들, 그리고 테슬라의 오토파일럿Autopilot과 웨이모Waymo의 자율주행 자동차 등에서 보여지듯 인공지능은 인간의 능력을 뛰어넘을 정도로 매우 급격한 발전을 이루었고, 현대 사회 전반에 걸쳐 많은 혁신을 일으키고 있습니다.

그중에서도 시각 인공지능은 특히 주목해야 하는 분야입니다. 시각 인공지능은 기계에 '눈'을 제공하여 인간의 시각 인식 능력을 모방하는 데 초점을 맞춥니다. 즉 기계에게 이미지나 비디오를 인식·이해·분석하는 능력을 부여하는 기술로서, '컴퓨터 비전computer vision'이라고도 알려져 있습니다. 앞서 말했듯 인간은 외부 환경 정보의 상당 부분을 시각을 통해 받아들이기에, 시각 인공지능은 기계나 컴퓨터 시스템이 인간 수준의 지능을 구현하게 만드는 데 매우 중요한 역할을 담당합니다. '눈'을 얻은 기계는 인간과 더욱 정교하게 상호작용 함으로써 우리의 삶을 혁신적으로 바꿀 수 있습니다.

시각 인공지능은 최근 기계학습의 한 부류인 딥러닝deep learning 방법 덕분에 성능이 급격히 발전하고 있습니다. 딥러닝은 뇌의 뉴런이 서로 복잡하게 연결된 것을 모방한 방법으로, 이를 통해 기계는 대량의 이미지 데이터를 학습하여 이미지를 인식하고 해석하는 방법을 배워나갑니다. 이러한 학습 과정은 단순히 이미지를 '보는' 것을 넘어서, 이미지의 복잡한 패턴을 찾아내고, 이미지가 전달하려는 메시지나 의미를 이해하는 수준에까지 이릅니다. 이는 기본적으로 인간의 뇌가 사물을 보고 인식하고 이해하는 과정을 기계가 모방하는 것이며, 이로써 기계는 인간과 비슷한 방식으로 세상을 '보게' 되는 것입니다. 즉 기계에게 세상을 이해하고 이를 통해 문제를 해결하고, 미래를 예측하는 능력까지 부여하는 셈입니다.

결국 이러한 시각 인공지능 기술은 기계가 인간의 능력을 보완하거나 일을 대체할 수 있게 하며, 심지어 인간의 능력을 뛰어넘는 수준에 이르게 할 수도 있습니다. 이처럼 시각 인공지능은 강력한 영향력을 바탕으로 다른 분야의 혁신을 견인하는 중요한 역할을 합니다. 그렇기에 우리는 시각 인공지능 기술의 발전을 통해 미래의 변화 양상을 짚어볼 수 있을 것입니다.

기계에 눈을 달면 무엇이 가능해질까?

시각 인공지능의 큰 장점은 높은 정확도와 다양한 분야에서의 활용 가능성입니다. 기계에 눈을 달면, 우리는 기계에게 얼굴 및 사물 인식, 이미지 분석 등의 능력을 부여할 수 있습니다. 이러한 능력은 보안, 개인화 서비스, 객체 탐지, 자율주행차, 의료 이미지 분석 등 다양한 분야에서 기계의 활용도를 높일 수 있습니다. 즉 기계가 우리를 둘러싼 복잡하고 다양한 문제를 해결하는 파트너로 발전하게 되는 것입니다.

얼굴 인식 기술은 보안 시스템, 개인화 서비스, 소셜 네트워킹 등 다양한 분야에서 사용되고 있습니다. 보안 시스템에서 얼굴 인식 기술은 개인 식별의 핵심 도구로 활용됩니다. 기계가 특정 인간의 얼굴을 인식하고, 이를 통해 그의 신원을 확인하는 것입니다. 개인화 서비스에서는 사용자의 얼굴을 인식하여 사용자 맞춤형 경험과 서비스를 제공하는 데 활용됩니다. 소셜 네트워킹에서는 인간들의 얼굴을 인식하여 자동으로 태그를 추가하는 등의 기능을 제공하며, 이는 사용자의 편의성을 향상시킵니다.

이미지 분석 기술은 의료, 과학, 예술 등 여러 방면에서 활용될 수 있습니다. 병변의 탐지나 진단을 돕고, 과학적 연구와 정보 추출에 기여할 수 있습니다. 또 예술 분야에서는 이미지 분석 기술이 작품의 스타일이나 구성을 분석하는 데 활용될 수도 있습니다. 이미지 분석 기술이 이러한 분야들에서 구체적으로 어떻게 쓰이는지 좀더 자세히 설명하겠습니다.

보안 분야에서의 시각 인공지능

시각 인공지능은 보안 분야에서 특히 중요한 역할을 합니다. 앞서 언급했던 얼굴 인식 기술은 개인의 스마트폰이나 컴퓨터의 잠금 해제뿐만 아니라, 공공장소에서 특정 물체, 사람, 동물 또는 행동을 식별하고 이상행동이나 위험 상황을 감지하는 데 도움을 줍니다. 얼굴 인식, 홍체 스캔, 손 모양 인식 등의 바이오메트릭biometric 기술은 엑세스 제어에도 큰 기능을 합니다. 이러한 기술들은 주로 물리적 보안 시스템에서 사용되며, 이때 시각 인공지능은 정보를 분석하고 신뢰할 수 있는 인증 정보를 제공합니다.

보안 시스템에서 쓰이는 얼굴 인식 기술의 예시(©셔터스톡)

드론이나 로봇을 활용하여 사람이 감시하기 어려운 영역을 모니터링할 때도 시각 인공지능 기술은 필수적입니다. 특히 이들 장비는 사람의 감각이 포착할 수 없는 영역까지 탐지할 수 있어, 폭넓고 복합적인 보안 시스템을 구축할 수 있습니다.

의료 분야에서의 시각 인공지능

의료 분야에서의 시각 인공지능은 의료 전문가를 보조하거나 대체할 수 있습니다. 질병의 정밀 진단은 전문 지식과 경험을 요구하는데, 시각 인공지능은 빠르고 치밀하게 대량의 데이터를 처리할 수 있기에 의료 전문가들이 놓칠 수 있는 지점을 잡아내는 데 도움을 줍니다.

시각 인공지능은 분석해야 할 영상이 복잡하거나 분석 대상의 양이 많을수록 빛을 발합니다. 예를 들어, 자기공명영상MRI이나 컴퓨터단층촬영CT 스캔과 같은 3D이미지에서 암 종양을 감지하거나, 흉부 X선 영상에서 폐렴 등을 판단하는 데 사용될 수 있습니다.

병리학에서는 질병의 원인을 파악하기 위해 수많은 세포를 검토하느라 많은 인력이 긴 시간을 소모해야 했습니다. 이럴 때 시각 인공지능이 대량의 세포 이미지를 빠르게 분석하고, 이상 패턴을 먼저 식별해준다면 병리사는 의심되는 부분을 빠르게 확인할 수 있을 것입니다.

시각 인공지능을 활용한 비디오 분석은 환자와 의사가 멀리 떨어져 있는 상황에서도 안정적인 모니터링과 정밀한 판단을 가능하게 해줍니다. 가령 퇴원한 환자의 회복 과정을 원격으로 모니터링하면서 걸음걸이, 운동 능력, 통증 표현 등을 분석하여 재입원의 필요성을 판단할 수 있습니다. 로봇 수술에서는 컴퓨터 비전이 환자의 신체 내부를 실시간으로 명확하게 보여주고, 정밀한 조작을 가능하게 하여 수술의 정확성을 높이고 합병증 발병률을 감소시킵니다.

그러나 이러한 기술을 활용함에 있어 의료 데이터 및 개인정보보호에 각별히 주의해야 합니다. 환자의 의료 데이터는 매우 민감한 정보이므로 이를 잘못 사용할 경우 심각한 문제를 일으킬 수 있습니다. 그러므로 시각 인공지능을 이용한 치료 기술을 성공적으로 정착시키려면 개인정보보호 문제를 해결하는 것에도 주요한 노력이 필요할 것입니다.

자율주행 분야에서의 시각 인공지능

시각 인공지능 기술은 자율주행 분야에서 필수적인 요소입니다. 자동차가 스스로 주행하기 위해서는 인간 운전자처럼 주변 환경을 인지하고 그에 따라 적절한 판단과 행동을 할 수 있어야 합니다. 즉 차량, 보행자, 자전거, 동물, 신호등, 표지판 등의 다양한 객체를 실시간으로 식별하고 분류할 수 있어야 합니다. 이를 위해 시각 인공지능은 딥러닝 알고리즘 등을 활용하여 이미지 및 비디오에서 유용한 정보를 추출합니다.

시각 인공지능에 주어지는 이미지와 영상은 다양한 밝기와 색상의 픽셀들뿐입니다. 하지만 인공지능은 시멘틱 세그멘테이션semantic segmentation이라는 분류 과정을 거쳐 각 픽셀들이 어떤 객체에 속하는지 빠르게 판단하여 장면을 파악하고 이해합니다. 이를 통해 자율주행 자동차는 도로, 인도, 잔디밭, 건물 등의 지형적 특징을 정확하게 파악하게 됩니다. 또한 스테레오 비전stereo vision, 라이다lidar 등의 센서 데이터를 통해 객체의 위치와 거리를 정확하게 추정하고, 3D 환경을 구축하여 주변 환경을 공간적으로 이해하고 안전한 주행 경로를 계획합니다. 이후 보행자의 행동을 예측하고, 이에 대한 적절한 대응을 결정하는 과정을 지원합니다.

자율주행 자동차가 주변 환경을 인식하는 방법. 장면 분할, 객체 검출, 3차원 인지의 단계를 거친다.

예술 및 엔터테인먼트 분야에서의 시각 인공지능

시각 인공지능은 CGIComputer-Generated Imagery(컴퓨터를 통해 완전하게 제작된 2차원이나 3차원의 이미지)와 애니메이션 분야에서 엄청난 잠재력을 갖고 있습니다. 시각 인공지능은 사실적인 텍스처texture와 배경 이미지를 생성하는 데 사용되며 이는 매우 정교한 결과를 제공합니다. 또한 이미지와 비디오 내의 객체를 식별하고 분석할 수 있으며 이를 통해 사람의 움직임과 표정을 정확하게 모델링 하고 애니메이션에 실제감을 더할 수 있습니다. 사용자의 입력에 따라 독특하고 복잡한 패턴을 그리는 것, 이미지를 다른 스타일로 재해석하는 것, 심지어는 새로운 예술 작품을 생성하는 것 역시 가능합니다. 이는 디지털 아트, 그래픽 디자인, 패션 디자인 등 여러 분야에서 새로운 기회를 제공합니다.

시각 인공지능은 콘텐츠의 소비 방식도 바꾸고 있습니다. 영상을 빠르게 요약하여 문서로 작성해 줄 뿐 아니라, 시청 기록, 검색 기록에 의존하던 과거의 키워드 알고리즘을 넘어 시청자 개인별로 선호하는 스타일의 영상이나 미장센이 포함된 영화, TV 쇼, 뮤직비디오 등을 추천해 줄 수 있습니다.

시각 인공지능은 또한 뮤직비디오 제작에도 활용됩니다. 감독은 시각 인공지능을 사용하여 음악에 맞게 시각효과를 동기화하거나, 모든 프레임에 일관된 색상 팔레트를 유지하거나, 심지어는 CGI 요소를 쉽게 추가할 수 있습니다. 이제는 키워드나 줄거리를 입력하면 그에 맞춰 동영상까지 생성하는 대중용 인공지능도 속속 공개되고 있습니다.

기계 자동화의 미래, 균형 잡힌 '눈'이 필요하다

앞에서 기술한 바대로, 기계가 눈을 가지게 되면 이는 기계 자동화의 미래에 큰 영향을 미칠 것입니다. 즉, 기계는 이러한 '눈'을 통해 반복적인 작업 수행을 넘어서 고난도의 작업을 수행하게 됩니다. 시각 인공지능은 그만큼 다양한 분야에서 기계의 활용도를 크게 높일 것입니다.

기계가 인간처럼 눈으로 볼 수 있다면 가장 먼저 자동화 기술을 통해 인간의 노동을 대체하는 것이 가능해집니다. 이는 특히 물리적인 노동이 많이 필요한 직업에 큰 변화를 가져올 수 있습니다. 예를 들어 자동차 조립 라인, 창고 관리, 농업 등의 분야에서는 기계가 인간의 작업을 대체하게 되어, 인간은 더 복잡하고 창의적인 작업에 집중할 수 있게 될 것입니다.

그러나 이 모든 발전은 우리의 일상과 사회에 중대한 변화를 초래하게 됩니다. 기계가 인간의 일을 대체하면 그 결과 일자리가 줄어들게 될 것이며, 그에 따른 사회적·윤리적 문제도 해결해야만 합니다. 노동시장의 변화에 대비하기 위해 우리는 새로운 일자리를 창출하고, 사람들이 새로운 기술을 배우고 적응할 수 있도록 교육과 훈련을 강화해야 합니다. 이는 인간들이 기계와 인공지능이 대체할 수 없는 창의적인 업무나 고차원적인 문제 해결 능력을 갖출 수 있도록 돕는 것을 목표로 해야 합니다.

시각 인공지능의 발전에 따라 기술에 대한 규제를 섬세하게 들여다보는 태도도 중요합니다. 보안, 의료, 자율주행 분야에서의 인공지능 활용은 엔터테인먼트나 쇼핑 분야와 달리 인간에게 직접적인 악영향을 끼칠 가능성이 열려 있습니다. 즉, 인공지능의 작은 오류와 실수가 실제 인간의 안전과 생명에 치명적일 수 있는 것입니다. 이는 곧 법률적·도덕적 책임과 직결되는 일입니다.

또한 기계 자동화는 사회적 불평등 문제를 악화시킬 수도 있습니다. 기계와 로봇이 보다 저렴하고 효율적인 노동력을 제공하면 노동시장에서의 저소득층의 경쟁력이 약화될 수 있기 때문입니다. 이에 대한 해결책으로 기술 진보에 따른 이익을 더 공정하게 분배하는 정책이 필요할 것입니다. 인공지능과 기계는 윤리적 문제에 대해선 책임을 지지 않기 때문에, 누가 이에 대한 책임을 져야 하는지 사회적인 논의와 합의 역시 필요합니다. 또한 인공지능과 기계가 인간의 권리를 침해하지 않도록 하는 법적·제도적 보호 장치를 마련해야 합니다.

기술의 발전은 항상 책임감 있는 방식으로 이루어져야 합니다. 이는 사회적·경제적·환경적·윤리적 이슈에 대한 깊은 이해를 필요로 하며, 투명하고 공정한 정책 만들기를 요구합니다. 그러므로 오늘날과 같은 급격한 기술 혁명의 시대에 공학자들에게는 또 하나의 '눈'이 필요합니다. 나날이 첨단화되어 가는 기술에 대한 전문적 '눈'과 더불어, 앞서 설명한 대로 인간을 향한, 세상을 향한 지혜의 '눈'이 그것입니다. 이를 위해 인공지능에 대해 끊임없이 연구하고, 새로운 방식에 적응하고, 스스로를 혁신하는 것이 전제되어야 합니다. 카이스트는 기술 발전과 사회 발전이 서로 상호작용하며, 우리의 미래를 더욱 빛나게 만드는 데 단단한 토대를 구축하고자 합니다.

2장

내일의 생존을 위한 에너지 혁신

에너지가 없다면 기술과 문명은 존재할 수 없습니다. 당연히 인간의 생존도 불가능합니다. 하지만 인류는 급격한 산업 발전 과정에서 막대한 에너지를 소비해 왔고, 환경오염과 기후 위기라는 재앙을 불러왔습니다. 언뜻 환경오염과 상관 없어 보이는 디지털 기술도 알고 보면 엄청난 양의 에너지와 냉각수를 소모하며 환경을 파괴합니다. 우리는 당장 에너지 소비를 줄이고 탄소를 배출하지 않는 미래 에너지 시대로 넘어가야 합니다. 인류의 생존이 걸린 새로운 에너지 인프라 건설을 위해 기계공학이 어떤 일을 하고 있는지 알아봅시다.

지금 당장 시작해야 한다

__ 기후 위기를 극복하는 슬기로운 에너지 전환

장대준

액체수소 시스템, 대용량 에너지 저장 연구

오늘날 인류에게 가장 심각한 도전 과제는 기후 위기이다. 홍수, 이상 고온, 가뭄, 대형 산불, 해수면 상승, 생태계 변화 등 기후 변화로 인한 재해들이 세계 곳곳에서 증가하고 있다. 기후 위기는 심지어 새로운 팬데믹을 초래할 수도 있다. 지난 2016년에는, 시베리아 영구동토층에 갇혀 있던 대량의 탄저균 포자가 이상 고온 현상으로 노출되면서 인명 피해가 발생했다. 2100년경에는 기후 재난으로 직접적인 피해를 겪게 될 인구가 10억 명에 이를 것으로 추정된다. 자연히 거대 규모의 기후 피난민이 발생할 것이고, 전지구적인 물과 식량 부족 사태가 벌어질지도 모른다.

기후 위기의 가장 무서운 점은 비가역성이다. 컵에서 엎질러진 물이 스스로 다시 컵으로 들어가지 않듯이, 지구 온도도 다시는 낮아지지 않을 가능성이 높다. 가령 인류가 배출한 이산화탄소는 온실효과를 일으켜 지구의 온도를 높여왔고, 이 때문에 북극의 얼음과 시베리아 영구동토층이 매년 빠른 속도로 녹고 있다. 도미노가 무너지듯 얼음 속에 갇혀 있던 메탄가스와 이산화탄소가 대기로 방출되면 온실가스 농도는 더 높아지고, 설상가상으로 얼음과 빙하에 의한 태양광 반사 효과가 줄어든다. 지구의 온도를 올리는 악순환의 고리가 생겨나는 것이다. 최근 IPCC(UN 산하 기후 변화 정부 간 협의체)가 내놓은 6차 기후 위기보고서에 의하면, 기후 재앙을 극복할 수 있는 골든타임이 '앞으로 10년' 남았다고 한다. 시간이 얼마 남지 않았다.

기계공학으로 이룰 수 있는 온실가스 저감 기술

기후 위기 해결의 핵심은 온실가스를 줄이는 것이다. 온실가스 저감을 위한 마술적인 방법은 없다. 다양한 분야의 적극적인 협력과 노력을 바탕으로, 다양한 방법을 통해 달성되어야 한다. 가장 대표적인 온실가스 저감 기술을 살펴보자.

탄소 포집/활용/저장 기술

탄소 포집/활용/저장CCUS, Carbon Capture Utilization and Storage은 탄소 배출원에서 탄소를 회수하여 저장하거나 활용하는 기술이다. 예를 들어 발전소 배기가스에서 이산화탄소를 회수하고 지하(대개 개발이 끝난 유전)에 저장하는 식이다. 이 기술은 화석연료인 원유나 천연가스 산업에서 거의 100년 동안 사용돼 왔기 때문에 실행하는 데 큰 장애가 없다. 기존 기술과 인프라를 그대로 활용하여 단시간에 이산화탄소를 줄일 수 있다는 점이 장점이다.

이산화탄소는 일반적인 대기압에서는 고체인 드라이아이스가 되고, 액체로 만들기 위해서는 압력을 가해야 하는 특성이 있다. 포집한 이산화탄소를 대량으로 저장하고 수송하기 위해서는 액체로 만들어야 하며, 이렇게 액화시켜 저장하려면 대용량의 압력 탱크가 필요하다. 카이스트 기계공학과는 세계 최초로 자유 형상의 대용량 압력 탱크인 격자형 압력 탱크를 개발하여 액체 이산화탄소의 저장과 수송을 위한 새 지평을 열었다. 최근 들어 격자형 압력 탱크는 액체수소 저장용으로 소규모(1m^3 이하)부터 대규모(4만m^3 이상)까지 다양하게 개발되고 있다.

이산화탄소를 땅 속에 격리하지 않고 재활용하는 방법도 논의되고 있다. 가령 이산화탄소와 수소를 반응시켜 다시 화석연료로 만드는 것이다. 물론 여기서 쓸 수소는 재생에너지 기반의 그린 수소여야 한다. 꿈 같아 보이는 이 방법은 의외로 어렵지 않다. 정유화학공장에서 합성가스syngas로 다양한 연료나 원료를 만드는 방법을 약간 수정하기만

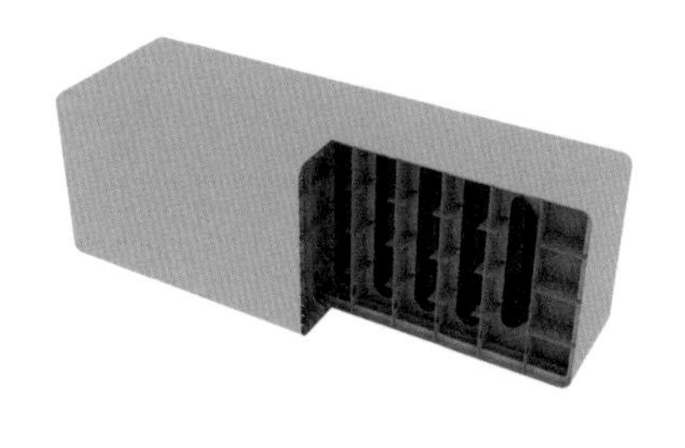
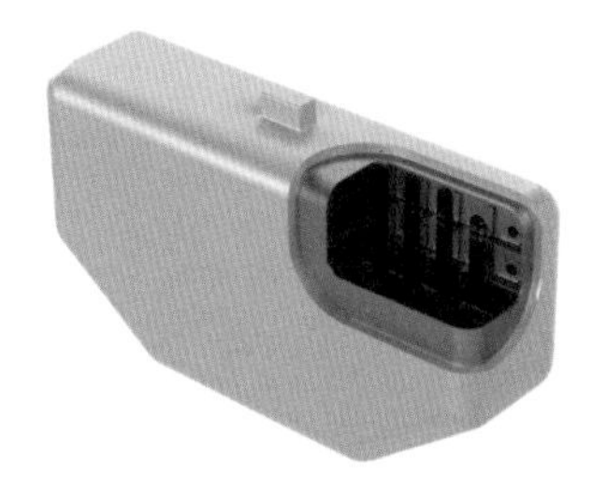

카이스트가 액체수소의 수송과 저장용으로 개발한 격자형 압력 탱크

하면 된다. 이렇게 만든 연료를 이퓨얼E-Fuel, Electro Fuel이라고 하는데, 'e'가 붙은 이유는 사용되는 수소가 전기 분해로 만들어진 친환경 수소이기 때문이다.

역설적이게도 이퓨얼의 가장 큰 도전은 '환경친화적인 이산화탄소'를 확보하는 것이다. 예를 들어 석탄화력발전소에서 포집한 이산화탄소로 만든 이퓨얼을 자동차에서 연소시키면 어떻게 될까. 결국 이산화탄소가 다시 대기 중에 배출되어 이산화탄소 저감 효과가 사라진다. 따라서 공기 중에서 직접 포집한 이산화탄소로 이퓨얼을 만들어야 진정한 탄소 중립을 달성할 수 있다. 이렇게 공기 중의 이산화탄소를 포집하는 기술을 탄소직접포집carbon direct capture이라고 한다. 그런데 공기 중의 이산화탄소 농도는 지구온난화를 유발하기에는 충분하지만, 직접 포집하기엔 부족한 수준이다. 이러한 한계를 극복할 수 있도록 이산화탄소 포집 기술을 개선하는 것도 기계공학의 중요한 과제 중 하나이다.

재생에너지와 에너지 저장

온실가스를 줄이는 가장 근본적인 방법은 재생에너지를 사용하는 것이다. 수력이나 지열과 같은 재생에너지도 있지만, 전체 지구 관점에서 의미가 있는 재생에너지는 태양광과 풍력이다. 문제는 태양광과 풍력 발전은 간헐성과 불확실성이라는 큰 단점을 갖고 있다는 것이다. 이들은 날씨의 영향을 받아 지속적인 생산이 불가능하며, 생산량 자체를 정확히 예측하기도 어렵다. 결국 수요와 공급을 맞추는 가장 간단한 방법은 재생에너지가 수요량 이상으로 생산되는 것을 막기 위해 생산을 중단하는 것이다. 이를 '출력제어'라 한다. 그러나 출력제어는 공급자의 에너지 생산을 강제적으로 중단시켜 자산 손실을 불러오고 법적·사회적 갈등을 일으킬 수도 있다. 탄소 중립을 달성하기 위해서는 재생에너지 비율을 더욱 높여야 하지만, 이에 따른 출력제어의 문제도 더욱 심각해진다는 점을 명심해야 한다.

출력제어를 줄이면서 재생에너지를 늘리는 가장 중요한 기술은 에너지저장기술ESS, Energy Storage System이다. 필요한 시점에 사용할 수 있도록 잉여에너지를 저장하는 것이다. 전기에너지를 저장하는 가장 대표적인 방법은 배터리이다. 배터리는 많은 장점을 지닌 매력적인 에너지 저장 장치이고 자동차나 소규모 설비에 적당하지만, 급속히 늘어나는 재생에너지를 감당하기에는 역부족이다.

또다른 대용량 에너지 저장 방식으로 열과 기계적 에너지 저장 시스템이 있다. 열 기반 에너지 저장 시스템은 잉여전력이나 폐열을 용융염molten salt(상온에서 고체 상태인 소금에 열을 가하여 융해시킨 것)과 같은 열 저장 매체에 저장한 후 필요할 때 열에너지를 방출하는 방식이다. 기계적 에너지 저장 시스템도 연구 중인데, 이는 잉여에너지를 사용하여 공기를 액화하거나 압축해 에너지를 저장하는 것이다.

수소의 형태로 재생에너지를 저장하는 방법도 있다. 남는 전기에너지로 물을 분해하여 수소를 생산하고, 이렇게 저장한 수소를 연료전지나 내연기관에 사용하는 것이다.

기체를 저장하는 가장 일반적인 방법은 이를 액체로 만들어(액화) 저장하는 것이다. 수소는 액화 온도가 -250℃ 정도로 매우 낮은데, 절대 최저온도인 -273℃보다 겨우 20℃ 정도 높은 수준이다. 공기는 -200℃ 부근에서 액화하므로, 액화수소 탱크의 단열층에 공기가 존재하면 액화된 공기에 의해 단열 효과가 떨어지고 여러 가지 안전 문제를 일으킨다. 따라서 액화수소 저장 탱크의 바깥에 진공용 재킷 탱크를 만들고, 그 사이 공간에 진공을 형성시키는 진공 단열이 필수이다. 이러한 구조적 특징으로 진공용 재킷 탱크는 내부 저장 탱크보다 훨씬 크고 무겁다. 액체수소로 추진되는 차량, 드론, 항공기, 선박 등에 사용되는 액체수소 연료 탱크는 연료 소모를 줄이기 위해 현재보다 더욱 경량화되어야 한다. 카이스트 기계공학과는 진공용 재킷 탱크 무게를 거의 10분의 1 이하로 줄이는 새로운 시스템을 개발하고 2024년에 실증을 계획하고 있다.

좀더 편리한 저장과 수송을 위하여 수소를 다른 물질로 전환시키는 방안도 연구 중이다. 대표적인 물질이 앞서 설명한 이퓨얼과 암모니아다. 수소와 공기 중의 질소를 반응시켜 얻을 수 있는 암모니아는 수소에 비해 액화와 저장이 쉽다. 하지만 암모니아는 독성이 높으며 연소성은 낮다. 높은 독성을 막는 근본적인 방법은 누설이 없는 저장 탱크를 만드는 것이다. 또한 연소성을 높이기 위해 수소 혼소(두 종류 이상의 연료를 동시 연소시키는 것) 등 다양한 방법들을 활용할 수 있다.

기후 위기에 대한 인류의 대응

인류는 기후 변화에 의한 재해들이 '자연재해'가 아니라 탄소 배출에 의한 '인위적 재해'임을 확실히 깨달은 이후로, 1992년 리우데자네이루 지구정상회의를 시작으로 국제적인 대응을 본격화했다. 1997년 일본 교토에서 개최된 기후변화협약 제3차 당사국 총회에선, 선진국들이 15년 이내에 1990년 온실가스 배출량의 5% 정도를 점진적으로 감축하자는 〈교토의정서〉를 채택했다. 〈교토의정서〉의 실현에 주요 국가들이 불참하면서 형평성 및 실효성에 대해 의문이 제기되자, 2015년에는 195개국이 모여 〈파리협정〉을 체결했다.

특히 〈파리협정〉은 종료 시점이 없는 협약으로, 지구 평균 온도가 산업화 이전에 비해 2℃ 이상 올라가는 것을 막고, 1.5℃ 이하로 기온 상승을 제한하게끔 노력한다는 구체적인 목표까지 설정돼 있다. 이를 위해 각국은 구체적이고 도전적인 목표인 '국가 결정 기여NDC, Nationally Determined Contributions' 또는 '국가 온실가스 감축 목표'를 자발적으로 제안하고 이행하며, 투명하게 주기적으로 점검하기로 합의하였다. 전세계 대부분의 국가가 참여하여 형식적인 약속을 넘어 이행을 위한 강제력까지 갖춘 셈이다. 그럼에도 불구하고 세계의 탄소 배출은 안타깝게도 해마다 증가하는 추세이다.

이러한 상황을 타개하기 위해 국제 협정 이외에도 다양한 온실가스 감축 규제들이 등장하고 있다. 그중 하나가 탄소세이다. 제품을 생산하는 과정에서 배출되는 탄소에 대해 세금을 부과하는 것이다. 이와 관련해 국가별로 탄소세가 달라(우리나라 탄소세는 유럽연합의 약 10분의 1), 국경을 통과하는 제품에 대한 탄소세를 조정하는 국경탄소세의 필요성이 대두되기도 했다. 탄소세가 상대적으로 높은 유럽연합은 철강·시멘트·비료·알루미늄·전기 등 5개 분야에 탄소국경세를 2026년부터 부과한다. 더 나아가 2024년부터는 유럽연합에 속한 항구에 입출항하는 모든 선박에도 탄소세가 부과된다. 머지않아 유럽연합이 국경탄소세 부과 대상 제품을 확대하고, 다른 국가들이 유사한 제도를 도입할 가능성이 높다.

이 외에도, 기업 활동에 필요한 전력의 100%를 태양광이나 풍력 같

기온

산업화 이전과 비교하여 평균기온 상승을 2℃보다 낮은 수준으로 유지

재원

2020년부터 부국은 매년 최소 1천억 달러를 지원

차별화

선진국은 온실가스 감축을 위해 지속적으로 앞장서고, 개도국은 노력을 늘려나갈 것

온실가스 배출 목표

가능한 빠르게 온실가스 배출을 감축할 것

책임 분담

선진국은 개도국 지원을 위해 재원 제공의 의무를 가짐

점검 방식

5년마다 이행 여부를 점검하며 매 점검마다 가입국에게 협약 갱신과 강화 통지

기후 변화 피해

기후 변화 취약국을 돕기 위해 그로 인한 손실을 피하거나 수치를 얻어야 함

<파리 협정>의 주요 내용

은 재생에너지로 사용하자는 'RE100Renewable Electricity 100%'도 이제 캠페인을 넘어서 글로벌 기업들의 표준이 되고 있다. '탄소 무역 장벽'이 급속하게 구축되고 있는 셈이다.

재생에너지 문명으로 신속하고 슬기롭게 전환하기

인류의 생존을 위해서는 화석 문명에서 재생에너지 문명으로 하루 빨리 전환해야 한다. 이러한 전환은 결코 단순하지 않기에, 기술과 정책적 대안은 물론이고 일상 속에서 우리의 슬기로운 대처가 필요하다. 예를 들어 온실가스를 줄이기 위해서 비닐봉지와 종이봉투 중에 어느 것을 써야 할까? 원료 측면에서만 보면 종이봉투가 좋다. 하지만 실제 제조 과정까지 들여다보면 종이봉투가 5배 이상의 에너지를 더 많이 소모하며 그만큼 더 많은 탄소를 배출한다. 이처럼 겉보기에는 친환경적이지만 본질적으론 반反환경적인 제품들이 많아지고 있다.

위의 예에서 보듯이, '겉보기 친환경성'과 '절대 친환경성'은 다르다. 최근 많은 기업이 친환경을 강조한 그린 마케팅을 시도하지만, 포장만 그럴듯한 '환경 세탁green washing'으로 소비자들이나 투자자들을 속이는 경우가 발생하고 있다. 이런 눈속임과 사기를 방지하려면 소비자들의 슬기로운 판단과 지속적인 감시가 절대적으로 필요하다. 이를 위해 절대 친환경성을 따지는, 즉 원료의 생산에서 유통과 제조, 제품의 사용, 그리고 사용 후 처리까지 전 과정을 살피는 시야를 가져야 한다.

현재까지 대부분의 탄소 저감 기술들은 시원치 않다. 가장 큰 이유는 오늘날의 인류 문명이 '화석연료 문명'이기 때문이다. 산업혁명 이후, 인류는 화석연료를 사용하면서 문명을 폭발적으로 성장시켰고 고도화해 왔다. 의식주부터 에너지까지 생활 속 모든 부분에서 화석연료를 직간접적으로 사용해 왔고, 이 과정에서 기후 위기를 불러 일으킨 막대한 양의 온실가스를 배출했다.

그러나 에너지 전환에 필요한 기술의 대부분은 사실상 고도로 발달한 화석연료 기술임을 인정해야 한다. 태양광 패널이나 풍력 날개도 모두 화석연료를 사용한 에너지로 만들어지고 있다. 현재 인류의 상황을 요약하자면, 고도로 발달한 화석연료 기술을 바탕으로 골든타임인 '앞으로 10년 이내'에 재생에너지 문명으로 전환해야 하는 것이다.

2030년까지 의미 있는 탄소 저감을 달성해야 하며, 2050년까지는 탄소 배출이 없는 탄소 중립을 달성해야 한다.

유감스럽게도 우리나라는 기후 위기 대응에 있어서는 후진국이다. 국제기관이 평가한 우리나라 기후 위기 대응 지표를 살펴보면, 매년 최하위를 기록하고 있다. 화석연료 사용이 주요 산업인 산유국과 맞먹는 수준이다. 화석연료를 지속적으로 사용하면서 탄소 배출을 늘려온 반면에 재생에너지 확대에는 게을렀다. 국제 사회 일원으로서 기후 위기 대응에 대한 기여는 차치하고, 수출 경쟁력 확보를 위해서라도 당장 국경탄소세나 RE100에 대응해야 할 상황이다. 전 세계에 비해 우리나라의 상황은 더 심각하고 시급하다. '앞으로 10년' 이내가 아니고 '지금 당장' 의미 있는 탄소 저감을 달성해야 한다. 개인, 기업, 사회, 그리고 국가 수준의 인식 전환과 실행이 '지금 당장' 필요하다. 기계공학 연구자들 또한 최적화된 기술 개발과 협업을 통해 이러한 인류의 실천에 적극 동참하고 있으며, 앞으로도 더욱 노력해 갈 것이다.

탄소 중립의 핵심, 수소에너지 기술

_ '게임 체인저' 수소에 주목해야 하는 이유

이강택

수소에너지, 연료전지, 배터리 및 디지털 트윈 연구

인류의 발전사는 기본적으로 에너지원의 변화와 밀접하게 연관되어 있습니다. 원시인의 불 사용에서부터 고대 문명의 농업 사회, 산업혁명을 이끈 석탄, 그리고 오늘날의 석유와 천연가스까지, 문명의 발전은 에너지원의 변화와 궤적을 함께해 왔습니다.

탄소 배출은 문명의 발전에 따른 필연적 대가?

원시시대, 인간은 불을 얻기 위해 첫 번째 에너지원으로 나무를 활용하였습니다. 이 당시 나무는 난방과 요리 등을 위한 생활필수품으로 활용되었죠. 나무의 주성분은 셀룰로스와 리그닌 등이며 화학적으로는 대부분 산소(43%)와 탄소(50%)로 이루어져 있습니다. 나무에 불을 붙이면 산소와 반응하여 섬유소 속에 저장된 화합물이 분해되어 열과 빛을 내고, 연소가 완료되면 나무는 탄소 덩어리인 숯으로 변합니다.

인류의 발전과 더불어, 더 넓은 영토의 개척과 더 많은 에너지 소비가 필요해지면서, 에너지원은 점차 나무에서 석탄으로 전환되었습니다. 석탄은 고대 로마시대부터 에너지원으로 사용되어 왔지만 특히 18세기에 이르러 그 채굴량이 기하급수적으로 늘어났습니다. 또한 석탄을 손쉽게 이동시키기 위하여 개발된 증기기관의 기술력이 더해져 석탄은 산업혁명의 원동력이 됐습니다. 비로소 인류는 기존 생산력의 한계를 뛰어넘을 수 있었죠.

그 후 20세기에 들어 석탄보다 에너지 밀도가 높은 석유의 대량 채굴이 가능해지면서 우리는 새로운 에너지원의 시대로 들어섰습니다. 석유는 자동차 연료, 플라스틱, 화학제품 등 다양한 분야에서 사용되며, 전 세계의 경제 성장을 이끌었습니다. 또한 석유는 저장과 운반이 상대적으로 쉬운 에너지원이기 때문에 자동차, 선박, 비행기를 통하여 본격적인 인간과 물류의 대륙 간 원거리 이동 시대를 열었습니다.

그런데 석탄과 석유 등의 화석연료가 산소와 결합하는 과정에서 분출한 에너지를 빛과 열의 형태로 활용하는 과정에서 대량의 이산화탄소가 방출됐고, 이것은 기후 위기의 주요 원인이 되었습니다. 어떻게든 탄소 배출을 줄이는 방향으로 에너지원을 전환하지 않는다면 돌이킬 수 없는 지경에 이르렀습니다.

물론 천연가스와 같은 에너지원은 석유나 석탄에 비해 탄소 대 수소의 비율이 낮아서 연소 시 배출되는 이산화탄소가 상대적으로 적은 편입니다. 하지만 전 지구적으로 사용되는 에너지양은 해마다 기하급수

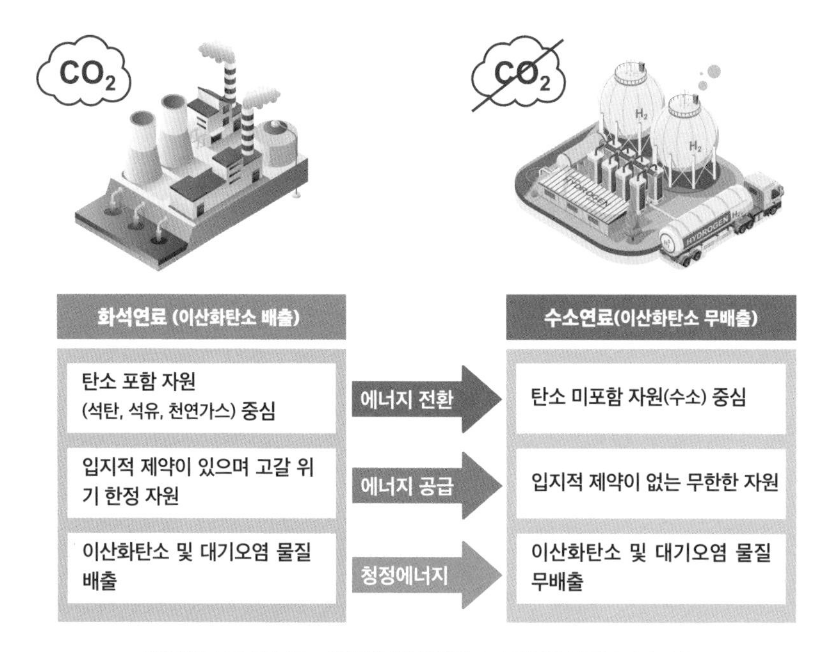

이산화탄소를 배출하는 화석연료와 친환경 수소연료의 비교(©셔터스톡)

적으로 증가하고 있으며 그만큼 발생하는 이산화탄소의 양도 빠르게 증가하고 있습니다. 기후 위기 문제가 더욱 심각해진 오늘날, 이제는 저탄소 에너지원이 아닌, 완전히 탄소 중립적인 에너지원의 사용만이 해결책이 될 수 있습니다.

이런 이유로 우리는 무탄소에너지인 '수소'에 대해 주목하고 있습니다. 수소는 가장 흔한 원소 가운데 하나이며, 원리적으로는 전기에너지로 변환해도 깨끗한 수증기만을 배출합니다. 수소에너지의 활용이 기후 위기 문제를 해결할 '게임 체인저'로 주목받는 이유입니다.

무한히 많지만 어디에도 없는 수소

수소H는 원소 주기율표에서 1번(1족 1주기)을 차지하고 있는 화학 원소로, 1766년 영국의 과학자 헨리 캐번디시Henry Cavendish에 의해 발견되었습니다. 수소 원자는 전자 하나에 양성자(프로톤) 하나로 구성된 가장 단순한 물질입니다. 무게도 원자 중 가장 가벼운데 탄소 원자의 12분의 1, 산소 원자의 16분의 1밖에 되지 않죠. 질량을 기준으로 하면, 무려 우주의 75%를 차지할 정도로 가장 많은 원소이기도 합니다.

그러나 아이러니하게도 지구의 대기에서는 수소 기체H_2를 찾기가 무척 어렵습니다. 가장 흔하지만 가장 찾기 힘든, 사실상 어디에도 없다시피 한 원소가 수소입니다. 우선 수소는 너무 가벼워서 먼 옛날 지구가 생성될 때 중력을 벗어나 우주로 많이 날아갔습니다. 현재 지구 대기의 대부분은 질소와 산소로 이루어져 있고 수소가 차지하는 비율은 0.000001% 정도입니다. 게다가 수소는 기체 상태로 혼자 있기보다는 다른 원소와 결합하여 화합물을 형성하는 특징이 있습니다. 즉, 지구 내에서 수소는 대부분 지각이나 물 그리고 생물체 내의 탄수화물, 지방, 단백질 등의 일부로 존재합니다.

순수 수소를 에너지로 활용하려면 우선 수소 기체를 다양한 화합물에서 분리해야 합니다. 예를 들어 석유나 천연가스는 탄소와 수소가 결합하여 이루어진 탄화수소 형태로 존재합니다. 수소를 에너지로 사용하려면 이 결합부터 분해해야 하는 것입니다. 이러한 수소를 기체 형태로 만들게 되면 연소 과정에서 대량의 에너지를 발산하지만 이때 생성되는 부산물은 물뿐입니다. 실제로 수소의 영어명인 Hydrogen은 라틴어로 물을 뜻하는 단어 'Hydro'와 '만들다'를 의미하는 접미사 '-gen'이 합쳐져서 '물을 생성한다'는 뜻을 갖습니다. 그만큼 수소는 매우 깨끗한 에너지원으로 환경 문제의 해결책이 될 수 있습니다. 수소를 에너지로 활용하는 가장 일반적인 방법은 연료전지fuel cell인데, 연료전지를 사용할 때 발생하는 부산물 역시 물뿐으로 매우 친환경적입니다. 그러나 수소를 적절하게 활용하기 위해서는 수소를 친환경적으로 생산하고 효율적으로 저장하며 활용하는 데 필요한 다양한 과학적·기술적 도전이 남아 있습니다

수소를 만들면 이산화탄소가 나온다고?

앞서 설명한 대로 수소를 에너지로 활용하려면 순수한 수소 기체가 반드시 있어야 합니다. 현재 상용화된, 즉 경제적으로 수소를 대량 생산하는 방법 중 가장 대표적인 것은 천연가스 개질reforming로 얻게 되는 '그레이 수소grey hydrogen'입니다. 난방연료 등으로 태우던 천연가스를 수증기와 반응시켜 수소와 이산화탄소로 분리하는 것입니다. 그러나 이 과정에서 온실가스인 이산화탄소가 방출되어 수소의 친환경성이 크게 훼손됩니다. 그렇다면 이 문제를 어떻게 해결할 수 있을까요? 과학자들이 내놓은 해결책 가운데 하나가 바로 '그린 수소green hydrogen' 생산입니다. 그린 수소란 전해전지electrolysis cell에 물을 넣고 전기를 가하여 산소와 수소로 분해하는 전해 반응을 통해 얻어지는 수소입니다. 전해 과정에서는 이산화탄소가 방출되지 않으므로 이는 완전히 친환경적인 수소 생산 방법이라 할 수 있습니다.

그런데 이러한 전해 과정은 많은 전기에너지를 필요로 합니다. 전해 과정을 통해 만들어진 수소의 에너지양이 수소 생산에 필요한 전기 에너지양보다 더 적다는 문제점이 생기죠. 따라서 이론적으로는 그린 수소를 만들수록 경제적 손해를 보게 됩니다. 하지만 이러한 한계도 극복 방안이 있습니다. 태양광, 풍력 등 재생에너지가 잉여로 발생할 때, 대량으로 저장하기 어려운 잉여 전기를 이용해 물을 전기 분해하여 그린 수소를 생산하는 것입니다. 이러한 과정을 거친다면 수소는 매우 지속가능한 친환경에너지 저장 매체로 사용될 수 있습니다.

이렇듯 전해 과정을 최적화하는 것은 수소 생산성을 높이고, 기술을 상용화하기 위해 매우 중요합니다. 이를 위해서 기계공학자들은 물을 쉽게 분해할 수 있는 전극 소재를 탐색하고, 전해전지 디자인을 개선하며, 전체 시스템 요소 간의 균형을 연구하여 생산 효율성을 높이는 방법을 개발하고 있습니다. 이를 통해 우리는 탄소 중립 사회로 나아가는 데 필수적인 수소에너지를 더 효율적으로 생산할 방법을 발견하게 될 것입니다.

가볍지만 너무 커요! 어떻게 하죠?

수소를 친환경적인 방법으로 대량생산만 하면 모든 문제가 끝날까요? 수소는 단위 무게(질량)당 142kJ/g그램당 킬로줄의 에너지가 들어 있고, 이는 같은 질량의 휘발유의 4배, 천연가스의 3배에 달합니다. 하지만 기체 상태의 수소는 작고 가벼워서, 같은 부피의 공기에 비해 밀도가 약 7%에 불과합니다. 이처럼 단위 체적(부피)당 에너지 밀도가 낮아 보관과 운송이 어렵다는 점이 수소의 활용에 큰 장벽이 되고 있습니다.

수소의 에너지 밀도를 높이는 방법 가운데 하나는 수소를 고압으로 눌러 압축하는 것입니다. 예를 들어 100~800기압으로 압축된 공기를 고압 탱크(용기)에 저장해서 사용합니다. 이 방법은 현재 상용화되어 수소 전기자동차와 수소 충전소 등에서 사용되고 있습니다. 하지만 가스 형태의 수소는 압축되더라도 여전히 큰 부피를 차지하기에 현재의 내연기관 자동차에 비해 실내 공간 확보가 어렵습니다.

또 다른 방법은 수소를 액화시키는 것입니다. 수소를 액체로 만들면 부피가 크게 줄어들어 보관과 운송이 훨씬 쉬워집니다. 하지만 수소는 -253℃ 이하로 냉각해야 액체로 변합니다. 그만큼 복잡한 설비와 고도의 기술이 필요하고, 당연히 더 비싸질 수밖에 없습니다.

이러한 수소의 고압 저장과 액화 과정에서 가장 중요한 기술 중 하나가 보관 용기를 만드는 것입니다. 보통은 고압을 견디기 위해서 저장탱크의 내부 두께도 함께 증가시켜, 무게당, 부피당 에너지 밀도가 낮아집니다. 그러니 높은 압력을 견디는 동시에 가볍고 얇은 저장 용기를 개발해야 하며, 액화수소 보관 용기의 경우 극한의 저온을 견뎌내는 것뿐 아니라 내부의 액화수소가 증발하지 않게 절연성 또한 뛰어나야 합니다.

기계공학자들은 수소를 보다 높은 밀도로, 안전하게, 더 오랫동안 저장할 수 있는 용기를 만들기 위해 사용 재료, 용기의 형태와 구조, 그리고 용기 내부의 수소 압력 관리 등 다양한 요소들을 통합적으로 연구하고 있습니다. 예를 들어 최근 카이스트 기계공학과에서는 격자형 구조의 압력 탱크를 개발했습니다. 기존의 압력 탱크는 실린더형으로 고착

화되어 공간적 제약이 컸습니다. 반면 새로운 격자형 탱크는 팔면체나 불규칙한 형상으로도 제조할 수 있어서 공간 낭비가 획기적으로 줄어들었고, 선박 등에도 활용할 수 있는 상용화 단계에 이르렀습니다.

수소 경제의 엔진, 연료전지

석탄 시대의 증기기관, 석유 시대의 내연기관 등 새로운 에너지원의 등장은 새로운 엔진 기술과 짝을 이루어왔습니다. 수소에너지 시대의 새로운 엔진은 바로 연료전지입니다. 앞서 설명한 대로 연료전지는 수소와 산소를 전기화학적으로 직접 반응시켜 전기를 생산하는 장치입니다.

연료전지는 이미 오래전부터 사용되었습니다. 1960년대에 NASA는 제미니 프로젝트를 진행하는 동안 달 탐사 우주선에 필요한 물과 동력을 얻기 위해 수소 연료전지를 활용했습니다. 다만 그 시절에는 우주 공간처럼 신규 보급 없이 장비를 운용해야 하는 불가피한 경우에나 쓸 기술로 여겨졌습니다. 하지만 탄소 중립이 절실해진 지금은 연료전지 기술이 자동차, 발전소, 드론, 항공기 등 다양한 분야에서 필수적으로 활용되고 있습니다.

연료전지는 두 전극(음극과 양극)과 그 사이에 배치된 전해질로 이루어져 있습니다. 음극에서 수소가 전자를 내어놓고 산소를 만나기 위해 양극으로 향합니다. 이때 두 전극을 가로막고 있는 전해질은 전자는 지나가지 못하게 막고 수소 이온만 통과시킵니다. 그로 인해 전자가 외부 전기회로로 이동하고 그 전하의 흐름에서 우리에게 필요한 전

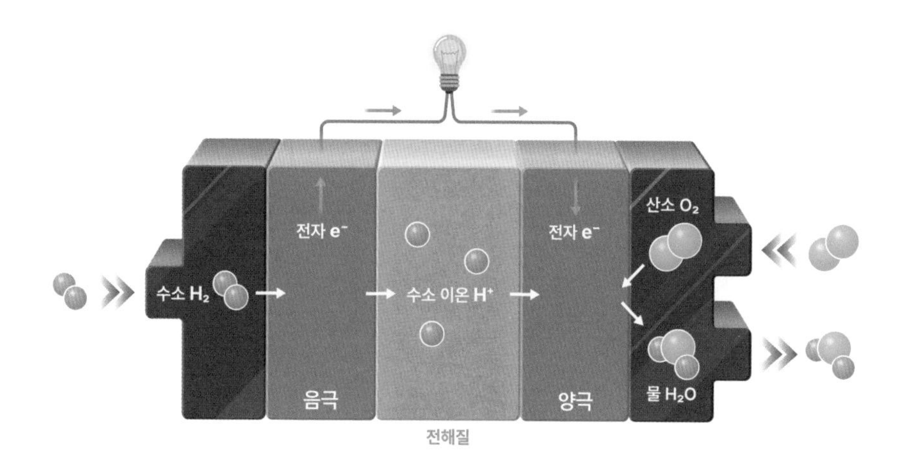

수소 연료전지의 원리. 전자는 지나가지 못하고 수소 이온만 통과할 수 있는 전해질의 특성을 이용해 우리는 전기를 얻게 된다.

기를 얻게 되는 것입니다.

연료전지의 성능과 효율은 전극과 전해질의 특성, 연료전지의 구조와 같은 요소들에 따라 달라집니다. 연료전지의 성능을 최적화하려면 전극의 표면 구조와 화학적 특성을 조절하여 반응 속도와 효율을 높여야 합니다. 또한 연료전지 시스템 내부에서 발생하는 열과 물을 효과적으로 관리하는 것도 연료전지의 성능과 수명에 큰 영향을 미칩니다.

연료전지는 수소 경제의 핵심 엔진이며, 그 성능과 효율, 내구성, 제조 비용 등은 수소에너지의 상용화와 확산을 결정짓는 가장 중요한 요인입니다. 기계공학은 기술적 혁신을 통해 수소 연료전지의 에너지 변환 효율을 향상하고, 수명을 연장하며, 제조 비용을 낮추는 방안을 꾸준히 내놓고 있습니다.

탄소 중립과 에너지 자립으로 가는 길

탄소 중립은 온실가스 배출을 최소화하고, 이미 대기 중에 있는 이산화탄소를 효과적으로 제거함으로써 지구온난화를 멈추는 것을 목표로 합니다. 이 목표를 달성하기 위해서 가장 중요한 것이 온실가스를 배출하는 에너지원을 친환경에너지로 대체하고 이를 통해 지속가능한 사회를 만드는 것입니다. 수소에너지는 이런 목표에 가장 잘 부합하는 선택이며, 미래의 기술이 아닌 우리 앞에 성큼 다가온 현재의 기술입니다.

또한 수소는 한국과 같은 나라의 에너지 자립에도 큰 도움이 됩니다. 수소는 거의 모든 물질에 포함되어 있으며, 이론적으로는 어디서든 생산할 수 있습니다. 에너지원의 95% 이상을 수입에 의존하는 우리나라는 수소의 이런 특성을 활용하여 에너지 안보를 강화하고, 고도의 수소 관련 과학 기술을 바탕으로 에너지 기술을 수출하는 길을 열어갈 수 있습니다.

기계공학은 수소에너지의 잠재력을 현실로 만들기 위한 핵심 기술을 제공합니다. 수소는 아주 깨끗한 에너지원이지만 생산, 저장, 활용면에서 여러 기술적 문제를 갖고 있기도 합니다. 기계공학은 이러한 기술적 장벽에 끊임없이 도전하고, 기존의 에너지 시스템과 수소에너지 시스템을 효율적으로 결합하여 우리 사회의 탄소 중립과 에너지 자립을 달성하는 데 기술적 지원을 제공합니다.

현재 기후 위기와 함께 급격하게 불안해진 국제 정세 및 심화되는 에너지 수급 불균형 문제는, 에너지 자립을 위한 수소에너지의 중요성을 보다 명확히 일깨웁니다. 현재 우리나라는 수소에너지 분야에서 선진국으로 평가받고 있습니다. 2023년 2월 기준, 수소전기차는 3만 대 이상이 보급되었으며, 발전용 연료전지도 900MW메가와트 가까이 설치 및 운영되는 등 세계 최상위 수준을 기록하고 있습니다. 하지만 전체 에너지원 구성을 따져보면 수소의 비중은 아직 미미합니다. 진정한 탄소 중립 사회로 나아가기 위해 깨끗하고 지속가능한 수소에너지 사회로의 전환에 박차를 가해야 할 시점입니다.

점점 뜨거워지는 세상, 열과의 전쟁

_ 첨단 기술에서 열관리는 왜 중요한가

남영석

지능형 열관리, 열에너지 솔루션 연구

최근 세계 각국에서 발생하고 있는 극심한 이상기후에 대한 보도를 많이 접하셨을 것입니다. 2023년 7월의 전 세계 평균 지표면 기온은 관측을 시작한 1940년 이후 가장 높았고, 유럽 곳곳과 북미 지역에서는 폭염 등으로 인한 대규모 산불로 큰 피해를 입었습니다. 이처럼 인류가 고도화된 문명을 갖추게 된 현재에도 인간의 생존과 '열적 현상'들은 떼려야 뗄 수 없는 관계에 있습니다.

실제 인류의 진화와 생존은 열을 다루는 과정이었다 해도 과언이 아닙니다. 그 과정에서도 가장 중요한 전환점 가운데 하나가 '땀'입니다. 인류는 긴 털을 포기하고 피부 전체에 분포한 땀샘을 통해 땀을 배출하여 증발시키면서 큰 열에너지를 방출할 수 있게 되었습니다. 이를 통해 인류는 높은 두뇌 용적에서 고도화된 연산을 하고, 장시간 움직이는 등 인체 내에 많은 열을 발생시키는 기능을 수행하면서도 필수적인 내부 기관들의 온도를 안정적으로 유지할 수 있게 되었습니다.

문명 발전은 열관리 기술의 발전과 함께한다

문명의 발전 과정 또한 열을 다루는 기술과 밀접한 관계가 있습니다. 석기시대에서 청동기시대, 철기시대로 넘어가는 과정은 더 높은 온도의 열을 다루는 기술 덕분에 가능했습니다. 산업혁명도 열을 보다 효율적으로 활용하려는 과정에서 시작되었습니다.

산업혁명의 상징과도 같은 증기기관은 수증기의 열에너지로 공장의 기계를 가동하고 기차를 달리게 하는 중요한 기관입니다. 1700년대 후반까지 널리 사용되던 토머스 뉴커먼Thomas Newcomen의 증기기관은 수증기가 들어가 데워진 실린더를 냉각시키는 과정을 반복하며 수증기를 실린더 내부에서 응축시키는 방식이라 열 손실이 컸습니다. 그런데 1769년 제임스 와트James Watt가 응축기를 외부로 분리하여 열 손실을 줄이고 증기기관의 효율을 획기적으로 증가시키는 방안을 내놓았습니다. 여기에 존 윌킨슨John Wilkinson이 개발한 보링boring 기술을 적용한 새로운 가공 기법을 도입하여 마침내 1776년에 제임스 와트 증기기관이 탄생하게 됩니다. 산업사회의 시초가 된 거대한 산업혁명은 이러한 열 관련 기술의 혁신에서 시작되었다고 해도 과언이 아닙니다.

최근의 4차 산업혁명은 디지털 세계와 물리적·생물학적 세계를 융합하는 광범위한 형태로 나타나고 있으며, 인공지능, 모빌리티, 사물인터넷IoT, 가상·증강현실 등의 다양한 기술 발전에 바탕을 두고 있습니다. 이러한 발전을 위해서는 많은 데이터를 처리하는 과정의 효율성이 극대화되어야 하는데, 이를 가능케 한 핵심적인 기술 하나를 꼽으라면 반도체의 집적도 향상을 들 수 있습니다. 그런데 집적도가 높아지면 칩당 처리할 수 있는 연산이 증가하며 성능은 향상되지만 이 과정에서 필연적으로 높은 밀도의 열이 발생하게 됩니다. 이로 인해 현재 고성능 반도체의 성능은 반도체의 온도 상승 때문에 제한되고 있는 실정입니다. 이처럼 최근 진행되는 디지털 혁명에서도 열은 시스템의 효율과 성능을 결정하는 중요한 지표이자 끊임없는 도전의 대상이기도 합니다.

반도체 집적도 향상, 열관리의 또다른 혁신이 필요하다

반도체 집적도란 특정 영역 내에 통합할 수 있는 트랜지스터의 수를 나타내며 기기의 성능과 효율에 중요한 영향을 미칩니다. 인텔의 공동 창업자인 고든 무어Gordon Earle Moore는 반도체 집적도는 약 2년마다 두 배로 늘어난다고 예측하였고 이 '무어의 법칙Moore's Law'은 반도체 집적도 향상을 잘 예측해 왔습니다. 그러나 최근에는 물리적 한계와 제조 과정의 복잡성으로 인해 이 법칙의 지속가능성이 불확실해지고 있습니다.

이러한 상황 속에 최근 큰 주목을 받는 기술이 바로 칩렛chiplet 반도체 기술입니다. 칩렛은 기본적으로 기능을 수행하는 작은 반도체 칩의 조각을 의미하며 각 칩렛은 메모리, 계산, 통신 등과 같은 특정 기능을 수행하도록 설계되어 있습니다. 이러한 칩렛들은 고밀도 인터커넥트를 통해 서로 연결되어, 전통적인 단일 칩 기반 반도체에서는 달성하기 어려운 고성능 및 효율성을 달성할 수 있습니다. 또한 수율 즉, 전체 생산된 칩 중 정상적인 칩의 비율을 상대적으로 높게 유지할 수 있어 비용 절감에도 유리합니다.

하지만 칩렛 기술로의 전환은 열관리 측면에서 여러 가지 도전 과제를 던져줍니다. 칩렛 조각들을 패키지 내에 3차원으로 쌓으면 단일 패키지 내에 발생하는 열의 밀도가 급속도로 증가하기 때문입니다. 또, 각 칩렛은 저마다 특화된 기능을 수행하기 때문에 발생하는 열량이 다르고, 칩렛들 사이의 열적 간섭으로 인해 고발열 칩렛에서 발생한 열이 열에 취약한 다른 칩렛에 전달되어 성능과 신뢰성에 문제를 일으킬 수 있습니다. 각각의 칩렛은 정보 교환을 위해 미세한 금속 구조물 및 패턴들로 연결되어 있는데, 온도 상승에 따라 각각의 물질마다 부피가 팽창하는 수준이 달라 이러한 연결 구조가 손상될 수도 있습니다. 이렇듯 칩렛 기술에 기반을 둔 반도체의 집적도 향상을 위해서는 열의 흐름을 촉진하고 제어할 수 있는 기술 혁신이 필수적입니다.

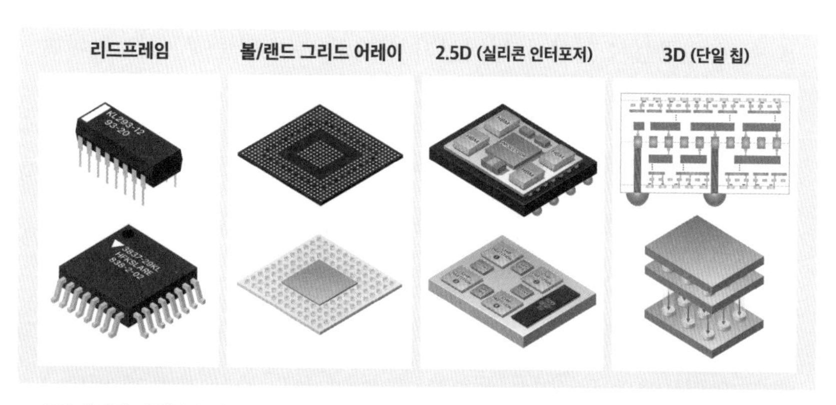

초기 패키징 기법부터 최근 2.5D, 3D 칩렛 기반 패키징까지 반도체의 발달 과정. 칩렛 기술로 전환하려면 그에 따른 열 발생을 효과적으로 관리할 수 있어야 한다.

전동화 및 자율주행으로 더 까다로워진 모빌리티의 열관리

미국에서 혹한기에 멈춰버린 전기자동차에 관한 기사를 보셨나요? 자동차를 비롯한 도심 이동 수단들의 전동화電動化가 빠르게 진행되고 자율주행에 대한 수요가 높아지면서 모빌리티의 열관리 역시 더 까다로워지고 있습니다.

전동화된 모빌리티 플랫폼들의 핵심 요소는 배터리, 모터, 그리고 배터리의 직류를 교류로 변환하여 모터에 공급하는 인버터입니다. 이때 고효율, 고전력의 인버터 구현을 위해서는 높은 전력밀도의 전력 반도체 소자가 필요합니다. 또한 자율주행을 위해서는 여러 센서들을 사용해 주변 환경을 감지하고 주행 패턴을 학습하여 안전하게 주행할 수 있는 경로를 계획해야 합니다. 이러한 작업들을 위해 대량의 데이터를 생성하고 신속하고 효율적으로 처리할 수 있는 고성능 반도체 역시 필요합니다.

이런 전력 및 자율주행용 모빌리티에 쓰인 반도체의 경우 집적도가 높은 만큼 열의 밀도도 높아서 이를 제대로 관리하지 못하면 반도체의 효율 및 내구성이 떨어지고, 나아가 기기의 손상 및 큰 사고로 이어질 수 있습니다.

전동화된 모빌리티의 경우 단순히 반도체를 냉각시키는 것 이상의 고차원적인 열관리 기술이 요구됩니다. 현재 널리 사용되는 리튬이온 배터리의 경우 대략 20℃에서 45℃ 사이의 온도 영역을 벗어나게 되면 성능과 내구성이 감소합니다. 따라서 고속 충전 등을 적용할 때는 배터리에서 발생하는 열을 효과적으로 방출하는 냉각 기술 및 배터리 온도 관리 시스템의 역할이 매우 중요해집니다.

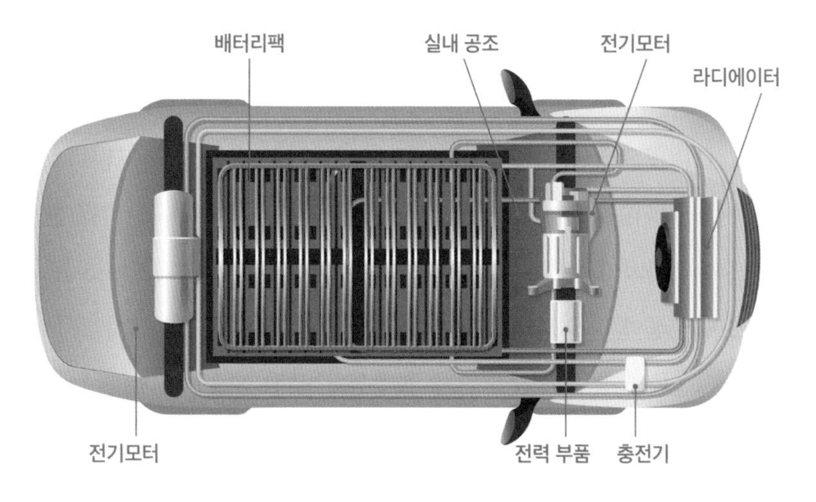

열관리가 요구되는 전기자동차의 핵심 부품들

그뿐 아니라 높은 고도 또는 혹한의 환경에서 작동하는 모빌리티의 경우 배터리의 온도가 너무 낮아지지 않게 관리해야 합니다. 내연기관을 사용한 이동 수단은 엔진 폐열로 별도의 에너지 소모 없이 내부 공기 온도를 높일 수 있지만, 전동화된 모빌리티의 경우 이런 엔진 열이 없기에 추운 계절에는 내부 난방에도 배터리 전력을 사용하면서 주행거리가 짧아집니다.

현대 사회의 혈관, 디지털 인프라의 열관리

데이터 센터는 급속도로 진행 중인 디지털 기술 발전 과정에서 데이터를 생성하고, 처리하고, 저장하고 분석하는 핵심 인프라입니다. 특히 클라우드 서비스, 빅데이터 분석 및 인공지능 모델 등에 대한 수요

급증으로 매년 데이터 센터의 규모와 성능은 빠르게 증가하고 있습니다. 이 데이터 센터들도 열관리 문제로 몸살을 앓고 있는데, 집적도가 크게 향상된 고성능 반도체 소자들이 더 높은 밀도로 배치되고 있기 때문입니다. 고성능 데이터 센터들의 수요가 빠르게 증가하면서 세계 전력 소비의 대략 3% 수준으로 전력을 사용하고 있으며, 고성능 인공지능 반도체 탑재 등으로 전력 소비는 갈수록 늘어날 것으로 예상합니다.

대규모 데이터 센터는 전기만 '먹는' 게 아니라 물도 엄청나게 '마셔댑'니다. 일반적으로 하루에 대략 1천만~2천만L 수준의 물을 사용하는데, 이는 인구 3만~5만 명 규모의 도시에서 하루에 소모하는 물의 양과 맞먹습니다. 이와 같은 전력 및 물의 막대한 사용은 탄소 배출량을 증대시키고 물 부족 및 기후 위기를 심화시킬 수 있습니다. 풍력과 태양광 등 재생에너지 자원이 풍부한 지역에 데이터 센터를 짓는 것이 좋겠지만, 그런 곳은 물이 부족한 경우가 많습니다.

이상적인 건설 위치를 정하기는 어려운데 수요는 급증하니 환경 문제도 심각해질 수밖에 없는 것입니다. 이 때문에 아일랜드, 싱가포르 등은 데이터 센터의 전력 및 물 사용에 관한 정밀 조사를 시작했으며 이러한 경향은 점차 확대될 것입니다.

데이터 센터의 전력 및 물 사용량은 열관리 기술과 밀접하게 연결되어 있습니다. 현재 데이터 센터 사용 전력의 약 40% 이상이 냉각을 위해 사용되고, 물 사용량의 대부분은 데이터 센터에서 발생한 열을 외부로 방출하기 위한 열 매개체로 사용되고 있는 상황입니다. 따라서 기존 냉각 기술을 고도화하여 사용 전력을 줄이고, 더 적은 양의 물로 효율적인 열 교환을 하기 위한 연구가 더욱 중요해지고 있습니다.

에너지 생산 과정에서도 더욱 중요해진 열관리 기술

2021년 미국의 연간 에너지 사용 보고서에 따르면 전기 생산에 사용되는 에너지원들은 천연가스, 원자력, 석탄이 80% 이상을 차지하고 있습니다. 그런데 이런 에너지원들을 투입해서 전기를 생산하는 과정 중 약 35%만 전기로 변환되고 나머지 65% 가량의 에너지는 열의 형태로 강이나 바다로 배출되고 있습니다. 즉 아직 여러 주요 산업 국가들에서 전기는 친환경적인 에너지와는 거리가 먼 상황이지요.

비록 최근 친환경에너지를 사용한 전기 생산 비중을 높이려는 노력이 세계 각국에서 진행되고 있지만, 문제는 최근의 기술 발달 속도가 기존의 에너지 그리드energy grid(발전소에서 생산된 전기를 사용처에 공급하고 분배하는 체계)를 친환경에너지 중심으로 전환하는 속도보다 월등히 빠르다는 점입니다. 데이터 센터, 클라우드 컴퓨팅, 네트워크 인프라, 고성능 전자기기 등 IT 관련 산업의 전력 소비량은 너무 빠르게 늘어나고 있습니다. 게다가 모빌리티 플랫폼의 전동화에 따른 전력 수요도 예상을 뛰어넘는 속도로 증가하고 있습니다.

현재의 에너지 그리드 상황에서 이런 급격한 전기 사용 증가는 탄소 배출, 열오염 증가 등 여러 형태의 환경오염 인자들을 증가시키고, 이러한 상황이 지속되면 오늘날의 기술 혁명은 인류의 생활을 윤택하게 하는 대신 인류의 지속가능한 번영을 위협할 수도 있습니다.

그러므로 환경오염 요인을 줄이면서 지속가능한 기술 개발을 위해서는 각 분야의 기술 혁신만큼이나 에너지 그리드 관점에서 친환경에너지원의 사용을 늘려야만 합니다. 또한 기존의 전력 생산 기술의 효율을 증가시키고, 낭비되는 에너지를 재활용할 수 있는 기술 개발도 필수적으로 요구됩니다.

현재의 주요한 전력 생산 방식은 천연가스, 원자력 등의 열에너지를 활용하여 진행되고, 전기 생산 과정에서 대량의 열에너지가 방출됩니다. 따라서 에너지 그리드의 효율 향상에도 열 분야의 기술 혁신은 매우 중요합니다. 열의 흡수와 방출 과정에서 효율을 높이게 되면 전체 전기 생산 과정의 효율은 높아지고 열에너지 낭비와 환경 파괴를 줄일 수 있습니다. 물론 이런 기술의 개발과 활용에는 대규모 투자가 따르고 당장은 기업 이윤을 증가시키진 않기에, 기업에만 맡길 것이 아니라 에너지 수요 예측을 고려한 정부의 정책적 지원이 이뤄져야 합니다.

열 분야의 혁신 기술에는 무엇이 있나?

열 분야의 여러 기술적 도전을 극복하기 위해서 기계공학과에서도 활발한 연구를 진행하고 있습니다. 새로운 소재, 가공, 인공지능 기술들과 열 관련 연구를 접목하여 열전달의 효율성을 획기적으로 증가시키거나 기존에 구현할 수 없었던 새로운 기능을 구현하는 다양한 기초 및 응용 연구들을 진행 중입니다.

최근 들어서는 고성능 반도체 및 모빌리티 기기들의 경우 열을 외부로 방출하는 과정에서 액체 기반 냉각 기술이 광범위하게 적용되고 있습니다. 그 핵심은 열관리 요소의 추가에 따른 부피 및 무게 증가, 에너지 소비를 최소화하는 것입니다. 이를 위해 최근에는 금속 3D프린팅 기법과 인공지능 설계를 활용하고 있습니다. 3D프린팅은 기존 제작 공정에서는 구현할 수 없던 새로운 열 교환 모듈을 개발하게 해줍니다. 인공지능 기반 기술은 반도체, 전기차 등에서 설계 및 작동환경 변화에 따른 에너지 소비를 최소화하고, 최적의 냉각 성능을 제공하는 냉각 모듈을 설계할 수 있게 해줍니다.

또한 냉각 성능 향상을 위해서 액체-기체 사이의 상변화phase change(열을 가함으로써 물질이 고체, 액체, 기체로 변화하는 것)를 이용하는 상변화 열전달 기술에 대한 연구 역시 활발히 진행되고 있습니다. 냄비에 물을 끓일 때, 물이 남아 있으면 냄비가 타지 않지만, 물이 모두 증발하면 냄비가 금방 타버리죠. 이는 물이 액체에서 기체로 변하는 과정에서 매우 큰 열에너지를 흡수하고 전달할 수 있기 때문입니다. 이처럼 액체-기체 상변화 과정을 유도하면 적은 양의 액체로도 큰 열을 흡수하고 방출할 수 있기에 고성능 반도체 소자, 전기차 등의 열관리를 위한 상변화 열전달 기술이 주목받고 있습니다. 대표적인 예가 고성능 반도체들을 절연유체에 담가서 작동시키는 액침 냉각 기술입니다.

첨단 기술 못지않게 중요한 공동체의 관심과 상상력

앞서 서술한 연구들은 현재 진행 중인 열 관련 연구의 극히 일부일 뿐입니다. 쏟아지는 열에너지 문제들을 해결하기 위해 소재, 가공, 계측, 해석, 기계학습, 컴퓨터 비전 등의 분야에서 무수히 많은 연구자들이 새로운 방법론들을 적극적으로 적용하며 기존 연구의 한계들을 극복해 나가고 있습니다.

하지만 기술 개발이 모든 문제를 해결해 주지는 못합니다. 어쩌면 열관리 기술의 개발을 촉진하고, 투자가 이뤄지도록 만드는 공동체 구성원의 관심과 상상력이 더 중요할 수 있습니다. 연구자들 또한 당면한 과제의 해결 못지않게 기술이 장기적으로 인류와 환경에 미칠 수 있는 영향을 다각도로 상상하고 고민해야 합니다. 앞서 언급된 다양한 열 분야의 도전 과제를 해결하기 위해서도 전공 지식의 범위를 넘어 기술 플랫폼들의 특성, 개발 동향 및 관련 정책 변화들에 대해 폭넓은 관심을 가져야 합니다.

현재 우리는 디지털 혁명을 통해 생산성 및 효율성을 증대시키는 것을 넘어서 사회 전체의 의사 결정 과정 및 인간의 생활 방식까지도 근본적으로 바뀌는 거대한 변화의 중심에 서 있습니다. 이 과정에서 인류가 사용하는 전기에너지의 양은 급속도로 증가하게 될 것입니다. 눈앞의 변화에만 관심이 쏠려서 지구의 열관리를 방치한다면 우리 인간의 지속가능한 발전은 불가능할 것입니다. 초기 인류가 열을 다루는 방법을 익히며 문명을 꽃피웠다면, 현대 인류는 열에너지 기술의 고도화를 통해 기후 위기에 대처하며 지속 성장을 추구해 나가야 합니다.

3장

미래를 그리는 첨단 생산 기술

번뜩이는 아이디어가 실제 제품으로 생산되기 위해선 공학적 기술이 필요합니다. 기계공학자는 새로운 아이디어와 이론을 통해 제품과 생산 공정을 설계하고 이를 시장에 출시하는 일을 수행합니다. 일정한 품질의 물건을 신속하게 만들어내는 생산 기술이 없었다면 인류는 지금과 같은 풍요로운 사회를 누릴 수 없었을 것입니다. 오늘날 생산 기술은 인공지능, 반도체, 첨단 인쇄, 3D프린터, 복합재료 등을 기반으로 최첨단의 길을 걷고 있습니다. 또한 불특정 다수를 위한 대량생산 체제에서 개인 맞춤형 체제로 변모하고 있죠. 제조 기술의 상상력은 머나먼 우주까지 뻗어 나가고 있습니다. 그러나 우리는 급격한 산업 발전과 과도한 소비로 기후 위기에 직면해 있습니다. 환경과 공존하는 더 똑똑하고 새로운 풍요를 누리기 위해 기계공학이 그리는 첨단 생산 기술에 대해 알아봅시다.

생각하는 기계, 산업에 혁신을 일으키다

_ 제조 및 기계 산업과 인공지능

유승화

역학, 설계 및 인공지능 연구

산업 현장에서는 인공지능AI, Artificial Intelligence이 주요한 역할을 하기 오래 전부터 자동화automation라는 개념이 제조를 비롯한 다양한 분야에 활용됐습니다. 사람의 개입을 줄인다는 면에서 두 개념은 유사한 측면이 있지만, 산업혁명 시절에 이미 태동한 자동화와 최근에 나온 인공지능은 분명히 다릅니다.

자동화는 기계나 소프트웨어가 사람의 개입이 없어도 자동으로 수행되도록 하는 것입니다. 여기서 중요한 점은 반복적이고 정해진 규칙에 따라서 실행된다는 것입니다. 정해진 규칙에 따라 반복하면 사람에 의한 실수가 줄어들면서 작업의 효율이 높아지고 작업 시간도 단축됩니다. 그런데 자동화는 기계적인 작업에 초점이 맞춰져 있어 사람이 자신의 특성을 버리고 기계에 따라가야 합니다.

헨리 포드는 자동차 조립 공정을 자동으로 움직이는 컨베이어 벨트 중심으로 바꿔서 자동차의 대량생산에 성공했습니다. 기존에는 소수의 장인이 이리저리 움직이며 자동차 한 대를 조립했지만, 포드는 전체 조립 과정을 수많은 작은 업무로 쪼갠 다음 컨베이어 벨트 옆에 선 다수의 노동자가 움직이지 않고 실려 오는 부품만 기계적으로 반복 조립하게 했습니다. 이처럼 양산화가 첫발을 뗀 이후 시간이 흐르면서, 반복되는 업무들은 산업용 로봇과 소프트웨어로 대체되었습니다. 이것이 자동화라고 볼 수 있습니다.

인공지능은 자율적인autonomous 작업 수행을 말합니다. 그 핵심은 사람이 하는 학습, 추론, 인지 등을 모방하여 다수의 경험 즉, 주어진 데이터를 학습하고 새로운 상황에 유연하게 적응하는 것입니다. 기존의 자동화는 정해진 규칙에 따라 작동하다 보니, 환경이나 조건이 조금만 변해도 사람의 개입이 필요했습니다. 반면, 인공지능은 상당히 큰 변화에도 스스로 적응하고 새로운 상황에 유연하게 대응할 수 있습니다.

예를 들어 복잡하게 뒤엉켜서 대량으로 쏟아지는 전압, 온도, 압력 등의 데이터는 아무리 경험이 많은 사람이라도 직관적으로 그 실체를 파악하기 힘들고, 비교적 단순한 수식의 형태로 정리하거나 규칙성을 찾아내기도 쉽지 않습니다. 하지만 인공지능은 이런 거대한 데이터 더미를 학습하고 패턴을 찾아내서 공정의 이상을 진단할 수 있습니다.

인공지능의 핵심 기능은 그림과 같이 표현됩니다. 다양한 유형의 데이터를 학습하여 입력과 출력 사이의 관계를 추론하는 것입니다. 인공지능 모델은 다음과 같은 다양한 데이터 유형을 처리할 수 있습니다.

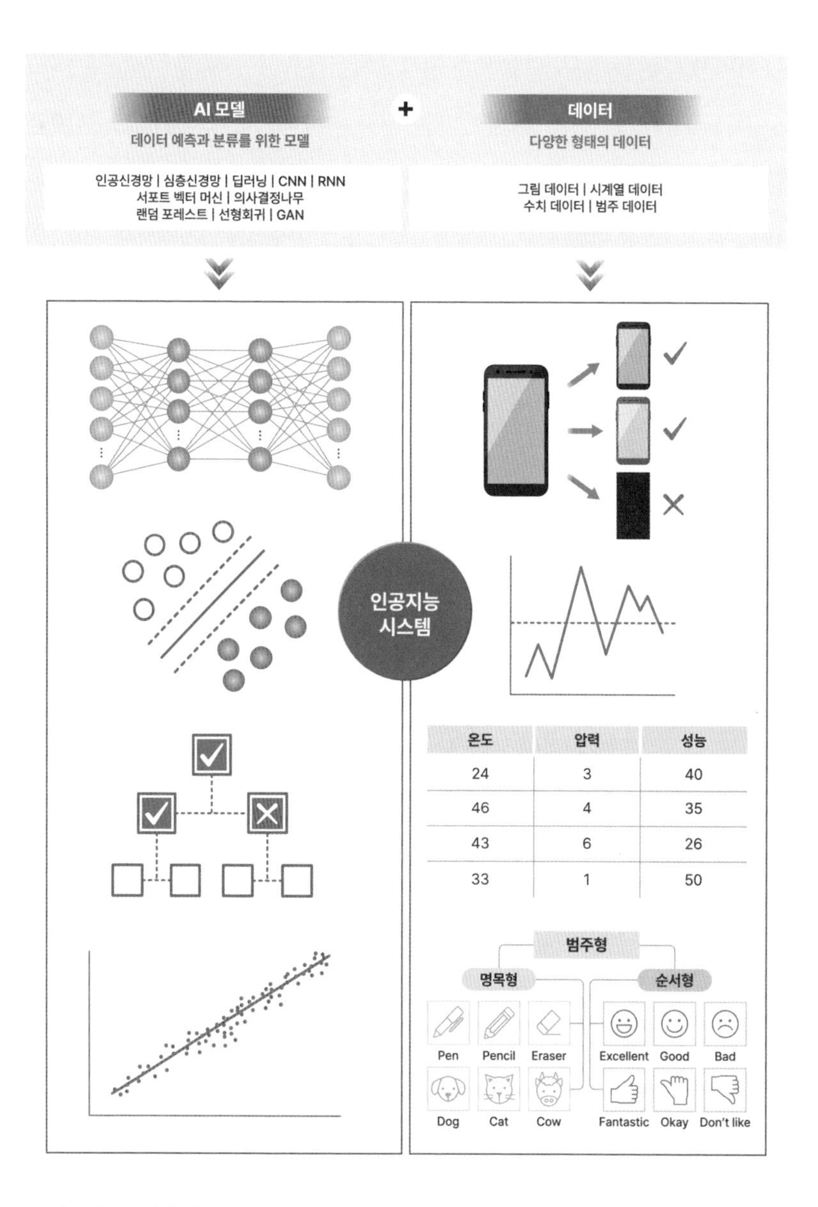

인공지능의 핵심 기능. 인공지능의 주요 기능은 다양한 유형의 데이터 사이에 존재하는 복잡한 관계를 빠르고 정확하게 추론하고 해석하여, 인간이 직관적으로 이해하기 어려운 데이터의 패턴을 식별하고 예측하는 것이다.

이미지

컴퓨터 비전을 통해 이미지나 비디오에서 패턴을 인식하고, 객체를 식별하며, 시각적 데이터에서 유용한 정보를 추출합니다. 예를 들어 의료 이미징 분야에서는 X선이나 자기공명영상을 분석하여 질병을 진단하고, 제조 산업에서는 제품의 이미지에서 불량을 식별합니다.

시계열

시간에 따른 데이터의 순서나 패턴을 분석하여 미래의 사건을 예측하거나 이해합니다. 예를 들어 주식 시장의 변동성 예측이나 생산 장비의 이상 탐지에 사용됩니다.

수치

인공지능은 수치 데이터를 사용하여 예측 모델을 구축하고, 최적화 문제를 해결하며, 복잡한 계산을 수행할 수 있습니다. 이는 금융, 엔지니어링, 연구 등 다양한 분야에서 응용됩니다.

범주

텍스트 데이터나 라벨이 지정된 데이터를 분석하여 패턴을 식별하고, 분류하며, 추천 시스템을 구축합니다. 예를 들어 소셜 미디어 분석, 고객 세분화, 제품 추천 등에 활용됩니다.

생산 및 제조 산업의 예를 들어봅시다. 어떤 제품의 성능은 소재, 제품의 형상, 제조 공정의 조건 등의 변화에 따라 천차만별 달라집니다. 인공지능은 막강한 데이터 학습 능력을 기반으로 제품의 성능을 추론하여 최적의 제조 방식을 추천합니다. 더 나아가 만들어진 제품의 성능지표로 인공지능 모델을 업데이트할 수 있으며, 이 과정을 반복하여 결국에는 생산자의 목표에 가장 부합하는 제품을 찾아낼 수 있습니다.

인공지능은 미리 정해진 패턴과 완전히 부합되지 않는 상황에도 유연하게 적응하며, 학습 능력을 업데이트할 수 있고, 사람의 직관이나 수식으로 표현할 수 없는 입력-출력 상관관계도 추론할 수 있습니다. 이전까지는 많은 고급 인력을 투입해야 해낼 수 있었던 복잡한 시뮬레이션과 실험 데이터 분석뿐만 아니라, '자율적'으로 업무를 수행하며 최적을 탐색할 수 있는 시스템 구축이 가능한 것이 인공지능과 기존의 자동화와의 차이입니다.

제조업 설계 및 생산 과정에 인공지능이 적용된 사례

설계

인공지능은 제품 설계의 효율성을 획기적으로 높일 수 있습니다. 가령 대부분의 자동차 기업은 충돌과 하중 변형에 대응하는 자동차 부품의 안전 설계를 위해 컴퓨터 시뮬레이션으로 가상 실험을 진행합니다. 반도체 기업들도 갈수록 까다로워지는 칩의 발열 문제를 분석하기 위해 설계 과정에서 컴퓨터 시뮬레이션을 활용하여 가상으로 실험을 합니다.

과거에는 많은 연구 인력이 직관을 기반으로 제품의 특성을 개선하는 방안들을 선정하고 각 후보군에 맞는 가상 실험을 수행했습니다. 하지만 컴퓨터의 성능 향상과 인공지능 기술의 발전 덕분에 정반대의 접근이 가능해졌습니다. 이제는 컴퓨터가 자동으로 수백, 수천 건의 가상 실험을 수행하고 결과를 데이터베이스로 축적합니다. 인공지능이 이 데이터로 학습하면, 추가적인 컴퓨터 모델링 없이도 주어진 형상과 소재 분포에 따라 가능한 제품 성능을 즉시 예측할 수 있게 됩니다.

실험의 속도와 질도 급격히 개선되어, 기존에는 1시간씩 걸리던 성능 예측 가상 실험을 학습된 인공지능은 단 0.1초 만에 완료할 수 있습니다. 기존의 방법대로라면 한 가지 케이스를 분석할 수 있는 시간에 3만 6천 가지 케이스를 실험하여 거대한 양의 데이터를 축적할 수 있게 된 것입니다. 이처럼 빠르고 정확한 예측 능력을 갖춘 인공지능을 통해 다양한 형상과 소재 분포를 분석하여 최적의 성능을 발휘하는 제품을 빠른 시간 안에 설계할 수 있습니다.

소재 및 공정의 최적화

차량 내장재나 전자기기의 패키징에 쓸 플라스틱 소재를 만들 때는 순수한 플라스틱을 그대로 쓰기보다는, 강화제와 화학작용제 등을 혼합하여 성능이 개선된 복합 소재를 개발합니다. 이때 기존의 여러 소재들을 어떤 비율로 어떻게 조합하느냐에 따라, 새로 만들어낸 소재의 특성과 가공의 용이성도 달라집니다.

따라서 소재 조합의 비율은 물론이고 조합의 과정까지 정밀하게 고려하여 최적화를 진행해야 합니다. 관련 제조 업체들은 저마다 '소재 조합 및 공정과 물성 관계'에 대한 실험 데이터를 오래전부터 축적해 왔습니다. 만약 인공지능이 이를 분석하고 학습하면, 실험하지 않은 소재 조합과 공정에 대한 예측도 가능해져 소재 개발 속도를 크게 향상시킬 수 있습니다.

또한 공정의 최적화는 제조업의 경쟁력을 강화하는 핵심입니다. 예를 들어 앞서 언급한 플라스틱 복합재료는 원재료 상태가 자잘한 구슬 같은데, 이것을 녹여서 만든 액체를 특정 부품 형상의 금형에 주입하고 사출하면 실제로 사용 가능한 부품이 됩니다. 냉각된 금형에서 제품을 추출하는 이 사출 공정은 자동차 내장재 및 가전 부품 등의 제작에 필수적인데, 주입 액체의 온도, 주입 속도, 금형의 온도 및 냉각 과정에서의 부피 축소를 보완하는 보압 등 고려해야 할 요소가 많습니다.

지금까지는 금형의 설계부터 사출 공정의 조건 설정까지 전 과정을 경험 많은 전문가의 직관에 주로 의존하였습니다. 기존의 전문가가 그 일을 그만두면 암묵적인 노하우가 사라질 수밖에 없었습니다. 그러나 이제는 축적된 데이터와 컴퓨터 시뮬레이션, 그리고 인공지능을 이용하여 생산 속도와 변형을 최소화하는 공정의 최적화가 가능해질 것으로 보입니다.

생산 현장

이와 유사한 예는 대형 유조선 제작에서도 찾아볼 수 있습니다. 유조선은 높이가 아파트나 빌딩 정도에, 길이는 최소 수백 미터에 달합니다. 그런데 바다를 헤치고 나아가야 하는 이 거대한 선박은 물의 저항을 최소로 낮춰야 하기에 정교하게 설계된 곡선의 형상을 갖게 됩니다. 즉, 여러 개의 휘어진 철판을 용접해야만 만들 수 있습니다.

문제는 이런 거대한 선박에 쓰는 철판을 설계에 맞춰 휘게 하는 게 말처럼 쉽지 않다는 데 있습니다. 기본적인 원리는 작업자가 유도 가열선을 이용해 특정 부위를 뜨겁게 가열한 후 식히면 철판이 수축하면서 휘어지는 현상을 활용하는 것입니다. 작업자는 설계팀이 요구한 정도로 철판이 굽어지고 뒤틀렸는지 계속 확인하면서 가열 패턴을 섬세하게 조절해야 합니다.

현재까지 한국조선해양, 삼성중공업, 대우중공업 등에서는 현장에서 오랜 경험을 가진 작업자가 직관과 경험을 통해 가열선의 패턴을 결정했습니다. 하지만 이제 컴퓨터 실험을 통한 데이터화, 인공지능 학습을 활용하여 '가열선 패턴-철판 변형' 관계를 파악하고, 인공지능과 로봇이 가열선 패턴을 작업하는 자동화 과정이 도입되고 있습니다. 현장 전문가의 고령화, 은퇴 및 신규 인력 부족 문제가 복합적으로 발생하는 상황에서 이러한 자동화는 중요한 해결책이 될 것으로 예상합니다.

복잡한 데이터의 해석과 추론

반도체 칩을 설계하기 위해서는, 특정 소자를 구성하는 소재 종류 및 형상에 따라 달라지는 전압-전류 관계를 도출하고, 다양한 소자를 회로에 연결했을 때의 작동 메커니즘을 컴퓨터 시뮬레이션을 통해 예측하는 작업이 필요합니다. 기존에는 이런 예측 작업을 해내려면 매번 물리 모델을 구축하는 까다로운 과정이 필요했습니다. 즉, 인간 전문가는 별도의 물리적 수식이 있어야만 데이터의 의미를 해석할 수 있었습니다.

이와 달리 그냥 주어진 데이터만으로도 전압-전류 관계를 정확하고 빠르게 도출할 수 있는 인공지능 모델을 학습시키면 추론의 정확도와 속도를 향상시킬 수 있습니다. 물리 모델의 구축에 과도한 시간을 들이지 않아도 되고, 수식의 오류로 인해 추론 자체가 잘못될 위험을 방지할 수 있습니다. 덕분에 기존에는 몇 달씩 걸리던 예측 및 최적화 작업을 몇 시간에서 며칠로 단축할 수 있어서 반도체 소자 개발의 효율

성을 향상할 수 있게 되었습니다

제품 검수 과정의 자동화

설계 및 생산 단계 이후 제품이 고객에게 출고되기 전, 불량 여부를 점검하는 검수 과정은 무엇보다 중요합니다. 불량 제품이 시장에 출시될 경우, 이는 고객에게 부정적인 인상을 남기며 제조 업체 또한 제품 보증에 따른 경제적 손실을 입게 됩니다. 현재 많은 제품 검수 과정에서 고급 카메라 기술 및 시각 인공지능을 통한 이미지 분석이 활용되고 있으나, 특히 정밀 제품의 경우 여전히 최종 검수를 사람이 수행하는 경우가 많습니다. 검수 작업은 대부분 단순하고 반복적이며, 과도한 눈의 피로와 관절 통증을 유발하므로, 이 과정의 자동화가 시급합니다.

카메라를 통한 기존의 분석 방식에는 여러 한계가 있습니다. 예를 들어, 조명의 밝기나 각도가 조금만 바뀌어도 학습된 시각 인공지능이 제대로 작동하지 않을 수 있습니다. 또한 복잡한 형상의 제품에서는, 불량이 제품의 한 면에 숨어 있어 카메라의 시야에서 벗어날 경우 불량을 감지하지 못하는 문제도 있습니다. 이를 해결하기 위해 편광 또는 특별한 코팅을 활용하거나, 제품을 회전시켜 다양한 각도에서 이미지를 얻거나, 각 공장과 설비에서 조명의 밝기와 각도를 통일하여 설치하는 등의 노력이 필요합니다. 이처럼 시각 인공지능 소프트웨어의 성능 향상뿐만 아니라, 하드웨어의 개선을 통해 검출률을 높이는 연구와 개발이 병행된다면 다양한 불량 검수 과정의 자동화가 가능해질 것으로 전망합니다.

한국 제조업이 넘어야 할 난관과 인공지능의 활용

우리나라는 인구 감소와 수도권 집중으로 인해 제조공장 현장 인력뿐만 아니라 우수한 연구개발 인력의 감소로 어려움을 겪고 있습니다. 공정의 자동화가 느리게 진행되면서 인력의 이탈이 가속화되고, 근로 여건 개선이 더뎌 우수 인재 유치도 어려운 상황입니다.

의대만을 선호하는 현상과 출생률 감소로 인해 중견 및 중소기업뿐만 아니라, 삼성전자와 현대자동차 등의 글로벌 제조 업체에서도 우수한 인재를 채용하기 어려운 상황에 처해 있습니다. 중국이나 인도와 같은 국가에서는 우수 인재들이 공학 분야를 선택하고, 미국 등은 전 세계의 우수한 이·공학 인재를 유치하고 있어, 우리나라 제조업의 경쟁력이 약화될 위험에 처해 있습니다.

이를 해결하기 위해서는 다음과 같은 방법이 필요합니다. 첫째, 설계 및 생산 관련한 노하우를 체계적으로 데이터베이스화하고 인공지능 모델로 학습하여 제품 개발의 효율을 높이고 인수인계를 용이하게 해야 합니다. 현재 많은 기업이 오랜 시간과 비용을 통해 축적해 온 다양한 실험과 시뮬레이션 데이터를 표준화된 데이터베이스로 구축하지 않았습니다. 인공지능은 실패 사례와 성공 사례를 모두 학습해야만 예측 성능이 좋아지는데도 불구하고 실패 사례가 데이터로 보관되지 않는 경우가 많은 것입니다.

둘째, 재고 관리 및 불량품 검수와 같이 반복적이고 신체적으로 무리가 가는 작업임에도 불구하고 유연성과 적응성 문제로 인해 자동화되지 않던 수많은 작업을 기계로 대체하여 작업의 질과 효율을 높여야 합니다. 예를 들어 머신비전을 통한 인공지능 기반 검수는 수많은 검수 인력의 반복 작업을 최소화하며 사람의 실수에 의한 생산성 저하를 예방할 수 있습니다. 또한 휴머노이드 및 사족보행 로봇을 통해 어느 정도 유연성이 필요한 반복 업무를 대체할 수 있습니다. 이러한 접근을 통해 한 명의 전문가가 해낼 수 있는 업무 효율을 극대화할 수 있다면, 제조 산업 경쟁력이 크게 향상될 수 있습니다. 물론 최우수 인재를 공학 분야로 끌어들이는 국가 정책 역시 병행되어야 합니다.

인공지능의 한계와 인간의 역할

인공지능은 자율성을 가지고 학습할 수 있기에 사람의 고급스러운 사고 기능의 일부, 필수적이지만 거칠고 힘든 노동의 일부를 대체할 수 있습니다. 하지만 인간의 지도와 협업은 필수적입니다.

인공지능이 모든 것을 효율적으로 해낼 거라고 착각하지 말아야 합니다. 인공지능은 어떤 파트너가 어떤 전략에 따라 일하게 하느냐가 중요합니다. 비효율적인 요구나 잘못된 전략에 대해서도 빠른 가상 실험과 탐색이 가능하기 때문입니다. 또한 우리는 인공지능의 가동에도 엄청난 에너지와 값비싼 장비가 필요하다는 것 역시 잊지 말아야 합니다.

또한 인공지능은 한치의 오차도 없는 연역적인 추론이 아니고 데이터에 기반한 경험적인 추론을 하기에 오류의 가능성은 언제나 존재합니다. 따라서 인공지능은 이런 부분을 통찰하고 보완할 수 있는 전문가와 함께 활용될 때 더 큰 시너지를 낼 수 있습니다. 공학 지식을 기반으로 어떤 범위에서 형상 및 공정 조건을 탐색하는 것이 효율적일지 결정할 수 있고, 인공지능 예측 결과의 오류를 함께 검토할 수 있는 전문가가 함께해야 합니다. 그럴 때 인공지능은 그 범주 내에서 자율적인 최적 조건을 탐색하고, 더 놀라운 제품과 좋은 소재를 개발하고, 신속 정확하게 설계와 공정을 최적화할 수 있을 것입니다. 따라서 깊은 공학 지식과 풍부한 경험을 갖춘 전문가의 통찰력은 이전보다 더 중요해질 것입니다.

'현대 문명의 쌀', 반도체 기술의 핵심

_ 우리나라 첨단 반도체 제품들은 누가 어떻게 만들까?

김영진

광학, 측정/검사 및 인공위성 레이저 탑재체 연구

오늘날 우리는 스마트 세상을 살아갑니다. 많은 시간 스마트폰, 노트북, 태블릿 및 스마트 TV를 들여다보고 유튜브, 넷플릭스 등을 통해 실시간 스트리밍으로 고화질의 영상을 감상합니다. 각종 SNS를 통해 일상을 친구들과 공유하며, 네이버나 구글과 같은 포털사이트를 통해 원하는 정보를 즉각 검색하고, 사물인터넷 기반의 스마트홈 시스템으로 집 밖에서 집 안의 환경을 제어합니다. 물론 고성능 그래픽 하드웨어를 요구하는 게임들을 즐기기도 하고요.

스마트 세상의 실현에 대표적인 역할을 한 기술을 꼽으라면 누구나 반도체 기술을 말할 것입니다. 우리가 쓰는 모든 스마트기기의 내부에서 데이터를 처리하고 저장하는 중앙처리장치CPU, 메모리RAM 및 저장장치SSD나 HDD, 기기 외부와 데이터를 주고받는 인터넷, 와이파이 및 블루투스 등의 통신·네트워킹 전송 장치는 반도체 기술로 돌아가니까요. 스마트기기에만 반도체가 들어가는 것은 아닙니다. 컴퓨터단층촬영, 자기공명영상을 포함한 다양한 의료기기, TV, 냉장고, 세탁기, 에어컨과 같은 가전제품, 나아가 자동차, 비행기, 선박 등 운송 수단의 핵심 장비에도 반도체는 오래전부터 사용됐습니다.

반도체란 간단히 말해 전기가 흐르는 도체와 흐르지 않는 부도체의 중간에 있는 물질입니다. 즉, 전류가 흐르도록 하거나 혹은 전류가 흐르지 않도록 필요에 따라 제어할 수 있는 물질이라고 보면 됩니다. 세계적인 반도체 기업들이 모여 있는 미국 실리콘밸리는, '실리콘Si, 규소'이란 물질에서 그 이름이 유래하였는데, 이 실리콘이 바로 주요한 반도체 물질로 사용됩니다. 반도체는 오래전부터 전자 산업은 물론 다양한 기술 분야에 사용되고 있기에 '현대 문명의 쌀'로 불리기도 합니다. 우리가 생명을 유지하기 위해 밥을 먹으려면 쌀이 필요한 것처럼, 첨단 기술을 바탕으로 하는 우리의 문명은 반도체의 원활한 공급에 기대고 있습니다.

반도체가 이렇게 중요하다 보니, 반도체의 수요와 공급을 둘러싸고 세계 유수의 기업들은 치열하게 경쟁합니다. 차세대 인공지능, 5G/6G 통신, 사물인터넷, 자율주행 등 4차 산업혁명의 실현에도 반도체는 절대적으로 필요합니다. 즉, 반도체의 수요는 앞으로 더욱더 가파르게 증가할 것이고, 반도체 기업들은 연구개발과 생산 능력의 확대에 박차를 가할 것입니다.

우리나라도 예외가 아닙니다. 반도체 기술 관련 국내외 뉴스가 연일 보도될 정도입니다. 그러나 막상 누가 어떻게 반도체 제품들을 만드는지 제대로 알지는 못하죠. 이 글에서는 그 중요성을 인정하면서도 막연하게만 알고 있는 반도체 대량생산 기술의 기본 원리와 핵심 장비,

그리고 앞으로의 과제 등에 대해 살펴보도록 하겠습니다.

반도체 제품의 재료 및 기본 구조: 더 미세하게 그리고 더 넓은 면적에서

반도체 기술은 1940년대 말에 진공관에서 트랜지스터로, 1950년대 말에는 트랜지스터에서 집적회로로 진화를 거듭하면서, 각종 첨단 제품을 더 작고 빠르게, 더 효율적으로 변모시켰습니다. 진공관은 전류를 증폭하는 역할을 하는 부품으로, 1930~50년대까지 컴퓨터와 라디오 등의 다양한 전자제품에 사용되었습니다. 하지만 진공관은 부피가 매우 크고, 전력 소모가 많으며, 신뢰성이 떨어진다는 단점이 있었습니다. 1947년 트랜지스터가 발명되면서 이런 단점은 해결되었습니다. 트랜지스터 소자도 진공관처럼 전류를 증폭하지만, 훨씬 작고 전력 소모가 적으며 신뢰성이 높았습니다.

반도체 기술은 1959년에 집적회로가 발명되면서 완전히 새로운 단계로 진보했습니다. 집적회로는 여러 개의 트랜지스터를 얇고 작은 기판 위에다 빽빽이 새겨 넣은 것으로, 진공관이나 트랜지스터보다 훨씬 작고, 빠르고, 효율적이었습니다. 실리콘 웨이퍼wafer(소자가 집적된 넓은 판) 위에 다양한 소재로 만든 가느다란 선들을 새겨 넣는 현대적 반도체 기술의 패러다임이 마침내 등장한 것입니다.

스마트 세상을 살아가는 우리는 인류가 달에 사람을 보낼 때 썼던 컴퓨터들보다 빠르고 강력한 성능을 자랑하는 작은 스마트폰을 손에 들고 다닙니다. 이런 엄청난 변화는 집적회로 기술의 지속적인 발전

1950년대 초중반, 진공관 2만 개를 장착한 에니악(ENIAC)은 한 번 가동할 때마다 최대 200kW의 전력을 소모해서 필라델피아 시내의 전력 공급망에 과부하가 걸릴 정도였다. 하지만 그 성능은 트랜지스터만 사용한 HP 9100A(1968년 발표) 계산기보다도 훨씬 떨어졌다.(©게티이미지코리아)

덕분입니다. 현대의 반도체는 실리콘 웨이퍼상에 다양한 금속 및 반도체 산화물들을 미세한 선폭으로 새겨 넣는 패터닝patterinng 과정을 층마다 반복하여, 복잡한 미세 구조들을 여러 층으로 쌓아감으로써 만들어집니다.

패턴이 미세해질수록 소자의 크기가 작아지면서, 같은 면적에 더 많은 반도체 소자를 넣을 수 있습니다. 정보를 저장하고 전송하려면 전자가 이동해야 하는데, 회로 위의 선들이 밀집되는 만큼 전자의 이동 거리가 줄어들면서 연산 처리 속도는 더 빨라집니다. 전자의 이동 거리가 감소하면 불필요한 옴 저항에 따르는 발열도 줄어서 기기의 에러도 줄고 반도체의 수명도 늘어납니다. 과도한 전력 소모로 발생한 열을 식히는 냉각의 부담도 당연히 줄어들어서 비용도 감축됩니다.

또한 집적회로 기술은 대량생산을 통해 반도체 하나의 생산 단가를 낮추는 데도 유리합니다. 칩을 새겨 넣는 웨이퍼 하나의 지름이 초기의 1inch(25.4mm)에서 현재는 12inch(300mm)로 12배나 늘어났고, 면적은 144배가 됐습니다. 즉, 동그란 실리콘 웨이퍼를 가공하는 한 번의 공정으로 얻는 반도체 소자의 수가 그만큼 많아져서 생산 단가가 떨어지는 것입니다.

결국 반도체 제품의 성능을 극대화하고 반도체 산업의 이윤을 극대화하려면, 반도체 선폭의 미세화와 웨이퍼의 대형화가 가장 중요하다고 할 수 있습니다. 이렇게 해야 저렴하되 믿을 만한 반도체를 대량생산해서 우리가 쓰는 스마트기기에 장착할 수 있습니다.

반도체 산업에서 이를 반영하는 대표적인 개념 중 하나로 무어의 법칙Moore's Law이 있습니다. 이는 세계적인 반도체 기업 인텔의 공동 창립자인 고든 무어Gordon Earle Moore가 1965년에 제시한 것으로, 반도체 마이크로칩의 집적도(같은 면적의 반도체 칩에 포함된 트랜지스터의 개수)가 약 18~24개월마다 2배로 증가한다는 내용을 담고 있습니다. 무어 본인의 경험적 관찰을 기반으로 한 것이지만, 발표 이후 몇십 년 동안 반도체 업계는 이 법칙을 따라가지 못하면 뒤처지거나 망한다고 믿을 만큼 영향력이 막강했습니다. 2016년 이후 반도체 업계는 경제성을 이유로 더는 이 법칙을 따라가지 않겠다고 포기 선언을 내놨지만, 여전히 반도체 산업이 지향하는 큰 방향은 무어의 법칙에 좌우되고 있습니다.

반도체 대량생산 실현을 위한 핵심 기술: 빛과 기계공학 그리고 극자외선 리소그래피 장비

그렇다면 손톱만 한 면적에 트랜지스터 5백억 개를 욱여넣은 초정밀 마이크로칩은 어떤 방식으로 대량생산될 수 있을까요? 연구실 수준에서 첨단 제품을 개발하는 것과 그것을 대량으로 양산하는 것은 완전히 다른 문제입니다. 그리고 두 과정 사이의 결정적인 차이는 기계공학의 개입 여부에서 나옵니다.

기계공학은 우리 인류를 위한 제품의 대량생산을 가능하게 하는 학문입니다. 산업혁명 이전까지는 하나 혹은 소량의 제품만을 개인의 경험을 기반으로 가내수공업 형태로 만들었기에 막대한 비용과 노력을 들이고도 극소수의 사람만이 놀랍고 신기한 물건을 쓸 수 있었습니다. 오늘날처럼 가치 있고 품질 좋은 갖가지 제품들을 누구나 두루두루 쓸 수 있게 하려면, 재료역학, 동역학, 열역학, 유체역학, 제어·계측 등을 아우르는 기계공학을 기반으로 설계, 생산 및 측정·검사의 단계를 최적화하고, 품질 및 공급망을 철저히 관리해야 합니다.

고품질 반도체 제품의 생산도 마찬가지입니다. 이를 양산하려면, 일반적인 제품들과 마찬가지로 (1) 설계, (2) 생산 그리고 (3) 측정·검사 등 기계공학의 핵심 3단계를 체계적으로 거쳐야만 합니다. 물론 반도체의 개발과 생산에는 물리, 화학, 전자, 전산 등의 다양한 과학 기술 분야들이 관여하고, 양자, 인공지능, 3D프린팅, 스마트 생산 등에 관한 연구개발도 필수적입니다.

이러한 개별 기술들이 실질적으로 우리 삶에 보편적으로 적용될 수 있는 제품의 형태로 가까이 다가오기 위한 마지막 순간에, 필수적으로 거쳐야 하는 공통 학문이 바로 기계공학입니다.

반도체의 생산·제조 공정 가운데 기계공학의 정수를 보여주는 것은 포토 공정입니다. 이 단계에서 패턴 분해능, 즉 반도체의 기능을 구현하는 회로 무늬를 세밀하고 촘촘하게 새겨 넣을 수 있는 능력이 결정됩니다. 포토 공정은 웨이퍼 위에 반도체 회로를 그려 넣는 포토리소그래피photo lithography 공정을 줄여서 말하는 것인데, 포토photo라는 단어에서 알 수 있듯이 사진 출력 과정과 대단히 흡사합니다. 사진 출력 과정을 떠올려봅시다. 대상에서 반사된 빛을 카메라 렌즈로 모아 필름에 쪼이면 대상의 모습이 담기고, 거꾸로 빛을 대상의 모습이 담

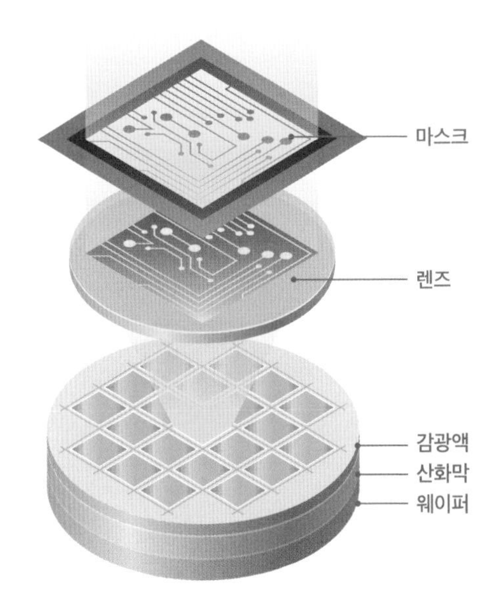

빛을 통해 0.3m 직경의 반도체 웨이퍼에 3nm(나노미터) 수준의 미세한 회로를 촘촘히 그려 넣는 과정이 반도체 노광, 즉 포토리소그래피 공정이다.

긴 필름에 투과시켜 특수 물질이 코팅된 인화지에 쪼이면 그 위에 대상의 모습이 출력됩니다.

반도체 생산 공정에서 필름 역할을 하는 것은 마스크이고, 인화지 역할을 하는 것은 웨이퍼입니다. 출력하고 싶은 대상을 카메라로 필름에 담는 것처럼, 마스크에는 만들고 싶은 반도체의 설계도가 새겨져 있습니다. 이 마스크를 투과하여 통과한 빛은 '인화지'인 웨이퍼에 설계도의 상을 새겨줍니다. 이것이 포토 공정의 대략적인 내용입니다.

반도체는 집적도가 증가할수록 칩을 구성하는 단위 소자 역시 미세 공정을 사용해 작게 만들어야 하는데요. 미세 회로를 새겨 넣는 것 역시 전적으로 포토 공정에 의해 결정되기 때문에 집적도가 높아질수록 포토 공정 기술 또한 정밀하고 높은 수준으로 향상되어야 합니다. 이 기술 향상의 핵심 포인트는 포토 공정 중에서도 회로 패턴이 담긴 마스크에 빛을 통과 혹은 반사시켜 웨이퍼에 회로를 그려 넣는 리소그래피lithography 과정입니다. 반도체 분해능, 즉 더 촘촘하게 회로 선을 새길 수 있느냐가 이 공정에 좌우되기 때문입니다.

포토 공정의 리소그래피에도 우수한 성능의 장비가 필요합니다. 리소그래피 과정이 공정의 핵심 포인트인 만큼 리소그래피 장비는 비쌉니다. 세계적으로 가장 값비싼 물건인 극자외선EUV, extreme ultraviolet 리소그래피 장비가 개발 초기에는 8천억 원, 양산 후에도 3천억 원을 호가합니다.

극자외선 리소그래피는 파장이 매우 짧은 빛인 극자외선을 이용합니다. 반도체 웨이퍼 위에 미세 패턴과 회로를 정밀하게 형성하려면 파장이 짧은 빛을 효과적으로 다루는 장비가 있어야 합니다. 이런 장비는 반도체 패턴 미세화뿐만 아니라 한 웨이퍼 위에다 여러 종류의

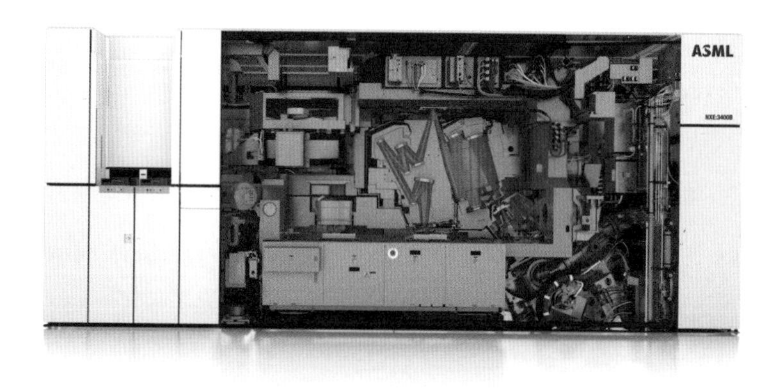

13.5nm 파장의 극자외선을 활용한 포토리소그래피 기계(출처: ASML)

설계도를 동시에 패터닝 해주고, 공정의 단계도 줄여줍니다. 그래서 아무나 만들기 어렵습니다. 극자외선보다 파장이 더 긴 빛을 쓰는 장비는 네덜란드의 에이에스엠엘ASML과 일본의 캐논, 니콘 등 3사가 시장을 주도했지만, 극자외선 리소그래피 장비는 에이에스엠엘이 시장을 사실상 독점하고 있습니다.

극자외선 리소그래피, 예술의 경지에 도달한 기계공학

극자외선 리소그래피 장비는 한마디로 기계공학이 탄생시킨 예술작품이라고 할 수 있습니다. 온갖 종류의 기술들이 장비 내부의 곳곳에 깊이 녹아 들어가 있으니까요. 대체 얼마나 많은 종류의 초정밀 기계 기술들이 숨어 있는지 좀더 자세히 살펴보도록 합시다.

재료/구조역학

극자외선 리소그래피 장비는 가로, 세로 및 높이가 10m x 5m x 5m급에 해당하는 대형 장비로, 무게도 수십 톤에 이릅니다. 간단히 금속으로 만들어졌다고 가정하면 자기 무게 때문에 장비가 뒤틀릴 가능성이 생기고, 변형의 정도가 수십 밀리미터에 달할 수 있습니다. 이런 가능성을 정확히 예측하여 설계에 반영하지 않으면 목표하는 나노미터급의 패터닝 정밀도를 실현할 수 없게 됩니다.

열역학/열전달

위에서 논의한 구조적인 변형 이외에도 장비 주변의 온도 변화에 의한 구조적 열변형 역시 존재합니다. 금속으로 가정하여 열팽창계수를 10^{-5}mm/mm·K로 설정한 상태에서 주변 온도가 1°C만 변화하여도, 전체 장비의 길이는 100μm 수준으로 변화하게 되며, 이는 우리가 목표로 하는 나노미터급 분해능의 1만 배에 해당하는 큰 열변형입니다. 이러한 열변형을 정확히 예측하여 보상·제어를 해주는 노력이 필수적입니다.

동역학 및 제어공학

리소그래피 장비 내에는 마스크를 이송하는 레티클 스테이지reticle stage와 웨이퍼를 이송하는 웨이퍼 스테이지wafer stage가 위치합니다. 두 스테이지는 엄청난 속도로 움직입니다. 레티클 스테이지가 150m/S^2, 웨이퍼 스테이지가 45m/S^2의 매우 높은 가속도로 움직이는데, 세계에서 가장 빠른 드래그스터 레이싱카가 33m/S^2이고 공격형 미사일이 140m/S^2이니까 얼마나 빠른 속도인지 짐작해 볼 수 있을 것입니다.

문제는 수십에서 수백 킬로미터를 질주하는 레이싱카나 미사일과 달리, 리소그래피 장비는 '미친' 가속도를 고작해야 (웨이퍼 크기의 두 배인) 600mm 남짓한 범위에서, 나노미터급 정밀도로 제어해야 한다는 것입니다.

이외에도 반도체 웨이퍼의 방향과 위치를 정밀하게 이동시키고 관리하는 데 필요한 핸들러를 만들기 위한 로봇공학, 액체금속과 고출력 레이저 사이의 상호작용을 제어하는 데 필요한 유체역학 등이 리소그래피 장비에 실현되어 있습니다.

우리나라 반도체 산업의 미래와 기계공학의 도전

우리나라는 이러한 반도체 기술에 있어 세계적으로도 높은 기술 경쟁력을 가지고 있습니다. 우리나라에서는 누가 어떻게 이러한 첨단 반도체 제품들을 만들어왔을까요? 차세대 반도체 기술을 선도 및 선점하여, 미래에도 기술 주도권을 유지해 가기 위해서는 어떠한 국가 차원의 연구개발 투자와 차세대 리더 양성을 위한 교육 프로그램이 필요할까요? 결론을 먼저 이야기하면, 우리의 반도체 기술은 대량생산 측면에서 세계적 경쟁 기업들과의 차별성을 가지고 있으며, 그 핵심 경쟁력은 기계공학에서 출발합니다.

반도체 분야는 우리나라의 주력산업 중에서도 가장 큰 비중을 차지하며, 생산, 투자, 수출 등의 전 부문에서 국가 경제를 이끌어온 대표적인 산업입니다. 우리나라 전체 수출 중 반도체 분야의 수출 비중은 2013년 이후 지속적인 성장세를 보여왔습니다. 전 세계 반도체 생산

중, 우리나라는 미국에 이어 세계 2위를 차지하고 있으며, 특히 메모리 반도체 경우에는 우리나라의 점유율이 56.9%로 전세계의 절반 이상을 차지합니다. 반도체가 가장 크게 활용되는 시장은 스마트폰을 포함한 모바일기기로, 그 비중이 44%로 가장 높았으며, 다음으로는 데이터 센터에 사용되는 서버 수요가 20.6%였습니다. 이외에도 컴퓨터, 디스플레이, 자동차, 로봇, 스마트 공장, 머신러닝·인공지능 분야 등 다양한 분야들에 중요한 영향을 미치고 있습니다. 차세대 반도체 포토닉스 및 양자컴퓨팅 등으로도 그 영향력을 확대해 나갈 것으로 예측되어, 반도체 분야의 중요성은 장기적으로도 유지될 것으로 예상됩니다.

경제적 가치와 더불어, 반도체 산업 및 관련 지원 산업의 국가적 중요성은 2019년 7월 일본과의 무역 갈등 당시 반도체 부품의 수출 규제가 우리 경제에 미쳤던 영향에서도 확인되었습니다.

반도체 제품들은 다양한 첨단 기술들이 함께 융합되어 만들어집니다. 그런데 대표적인 반도체 관련 기업들의 이름에 '전자'라는 단어가 포함되어 있어 많은 사람들이 전자공학 전공자들의 영역이라 오해하지만, 핵심 연구 파트에는 기계공학 및 물리학 전공자들이 전자공학 전공자들보다 더 많습니다.

차세대 반도체 제품들은 더 넓은 영역에서 미세하고 더 집적화된 패턴을 요구할 것이며, 이를 경쟁사들보다 빠른 속도로 대량생산하여야 기술 우위를 선점할 수 있을 것입니다. 그렇다면 반도체를 둘러싼 다양한 기술적 난제들에 대해 누가 도전하고 해결해 나가야 할까요? 다양한 학문 분야를 통합적으로 이해하고 기술적 요구사항을 분석하는 동시에 솔루션들을 제시하며, 이를 실현하여 적용한 후, 그 성능을 측정·검사·평가할 수 있는 시스템 레벨의 통합적 사고를 가진 엔지니어,

바로 기계공학자들이 그 주인공일 것입니다.

반도체 기술은 우리의 생존이 달려 있는 미래 첨단 기술의 근간입니다. 이러한 기술 분야와 산업에서 우리가 좋은 성과를 거두고 우위를 점하고 있긴 하나, 현장에서는 우수한 인력이 부족한 상황입니다. 미국이나 일본, 유럽과 같은 경쟁국들은 여러 제도를 신설하고 '칩스법' 같은 법률을 제정해 가면서까지 인재 확보에 사활을 걸고 있기도 하죠. 우리나라도 정부 차원에서부터 반도체학과를 신설하거나 관련 전공자들을 증원하고 있고, 기업들도 석·박사 연구 인력 양성에 투자하는 등 많은 노력을 기울이고 있습니다.

기술과 미래에 대한 꿈을 꾸는 많은 청년들이 반도체 분야에 더욱 관심을 갖기를 희망합니다. 그 관심과 배움을 기계공학을 통해 실현하고 훌륭한 기계공학 분야의 전문가로 성장해 갈 수 있기를 바랍니다.

자동차부터 심장까지 개인 맞춤형으로 제작하는 시대

_ 제조 기술 혁신으로 시작될 또 하나의 혁명

김산하

소재, 역학 및 생산 공정 연구

제조manufacturing란 사용가치가 낮은 원자재를 사용가치가 높은 제품의 형태로 전환하는 행위를 뜻한다. 예를 들어 플라스틱 알갱이들은 사용가치가 낮은 원자재이지만, 이러한 알갱이들이 블로 몰딩blow molding이라는 제조 공정을 거치면 수많은 사람들이 편리하게 사용하는 플라스틱 물병의 형태로 전환된다.

또 한 예로 반도체의 기본 기판이 되는 실리콘 웨이퍼를 들 수 있다. 사용가치가 낮은 모래를 녹여 규소를 추출함으로써 순수 실리콘 덩어리를 만든다. 이후 이를 얇게 자르는 연속 제조 공정을 거쳐 고부가가치의 제품이 만들어진다. 이 실리콘 웨이퍼에 구리, 텅스텐 등 다른 원자재를 추가하고 수백 개의 복잡한 공정들을 거치면 컴퓨터, 스마트폰, 자동차 등의 핵심 부품인 반도체 칩이 만들어진다. 이러한 일련의 가치 창출 과정이 반도체 제조 산업의 핵심이다.

높은 사용가치를 창출하는 제조 기술의 발전은 인류의 번영에 크게 공헌했다. 가령 반도체 산업에서는, 매년 더 많은 트랜지스터를 갖는 칩 제조 기술이 개발되고 있으며, 더 빠른 연산이 가능한 신형 스마트폰이 주기적으로 출시되어 생활을 바꾸고 경제에 활력을 불어넣는다.

제조 기술력의 '넘사벽', 덴마크 레고의 교훈

속도, 비용, 품질은 제조 기술의 핵심이다. 세계인이 오래도록 즐겨 온 장난감 레고는 이러한 핵심을 균형 있게 잘 갖춘 좋은 사례이다.

레고 블록은 세계 어디서나 구매할 수 있지만 품질의 차이가 나지 않는다. 1mm 이하의 작은 오차만 있어도 블록 사이가 헐겁거나 너무 꽉 낄 테지만 레고 블록이 잘 조립되지 않아서 불편했던 기억은 거의 없을 것이다. 제조공학적으로 레고가 실천해 온 품질관리의 정밀함precision과 정확함accuracy이 완벽에 가깝다는 것을 알 수 있다. 또한 1천 개의 블록이 들어간 제품을 10만 원 내외로, 즉 블록 하나당 100원 내외의 가격으로 구매할 수 있다는 점도 주목해야 한다. 통상 제조원가는 판매가보다 낮을 것이다. 여기에 더해 잘 깨지지 않고 독성도 없는 고품질 원료를 사용한다는 점을 고려하면 레고의 원가 관리는 대체 어느 수준일지 궁금해진다.

수많은 아류 업체들이 레고의 아성에 도전했으나 그에 준하는 제조 실력을 갖추는 데는 실패했다. 2022년, 레고는 1분에(!) 3만 6천 개의 블록을 팔았다. 1년에 약 200억 개의 블록을 생산해야 가능한 판매량이다. 레고는 이렇게 엄청난 양의 제품을 빠르고 경제적인 방법으로, 꾸준하고 정확하게 제조할 수 있는 기술력을 갖추었기에 그토록 오랜 시간 동안 세계적인 명성을 이어갈 수 있었던 것이다.

제조공학의 시작과 발전, 그리고 세 가지 필수 요소

레고와 같은 초일류 기업의 힘은 차원이 다른 제조공학manufacturing engineering 역량에서 나온다. 제조공학은 제품을 만드는 데 필요한 모든 기술을 연구하는 학문이다. 가능한 한 가장 효과적이고 효율적이며 경제적인 방법으로 제조를 하는 데 초점을 맞춘다.

제조공학은 20세기 초반, 헨리 포드가 대량생산 개념을 공장에 도입하면서부터 독자적인 학문 분야로 정립되었다. 포드가 가장 먼저 초점을 맞춘 것은 속도였다. 대량생산의 상징과도 같은 컨베이어 벨트 시스템을 운용하기 위해 포드는 분업에 특화된 엔지니어들을 배치했고, 모든 작업 속도를 컨베이어의 이동 속도에 맞추었다. 이렇게 해서 자동차 한 대당 조립 시간을 기존 6시간에서 1시간 30분으로 획기적으로 단축하는 데 성공했다. 생산 속도가 빨라지면서 같은 시간에 더 많은 가치를 창출하는 것을 넘어, 고정비용까지 대폭 절감할 수 있었다. '속도rate'를 통한 생산성 향상은 지금도 모든 제조 기술 개발의 최우선 목표이다.

이후 고려해야 할 두 번째 필수 요소는 제조 '단가cost'이다. 제조란 기본적으로 사용가치를 창출하는 행위이다. 즉, 어떠한 가치를 창출하는 데 그 가치보다 더 많은 비용이 들어간다면 제조의 의미는 퇴색될 수밖에 없다. 따라서 동일한 가치를 비슷한 속도로 창출할 수 있는 두 기술이 있다면, 그중 더 적은 비용이 들어가는 기술이 경쟁력을 가질 것이다. 제조공학의 두 번째 목표는 제조원가 절감이며, 기술 개발 측면에서도 원가 절감은 중요한 목표로 꼽힐 수밖에 없다.

세 번째 필수 요소이자 제조 기술 개발의 중요한 목표는 품질관리이다. 목표로 한 제품을 빠르고 경제적으로 만들면서도, 제품의 가치를 꾸준하고 정확하게 유지하며 생산해 내는 것이 매우 중요하다. 즉, 제조 공정 중에서 불량품이 발생하는 원인을 발견하고 그것을 제거함으로써 일정하게 품질을 유지해야 한다. 생산자는 1년에 수십만 개의 제품을 생산하지만 소비자가 사용하는 제품은 그중 하나이다. 그 하나의 제품에서 기대했던 사용가치를 얻지 못한다면 소비자는 그 제품을 신뢰할 수 없다. 따라서 더 우수한 기능, 새로운 가치를 구현할 수 있는 기술을 개발하는 것 못지않게, 동일한 기능과 가치를 꾸준하고 균일하게 관리하는 것도 중요하다.

첨단 과학 기술을 통해 혁신적인 제조 공정 기술들도 수없이 개발되었지만, 속도, 비용, 품질의 세 가지 필수 요소를 만족시키는 기술만이 살아남았다. 오늘날 우리 삶 주변의 사용가치를 갖는 모든 제품들은 이러한 경쟁력을 갖춘 첨단 제조 공정 기술의 산물이다.

개인 맞춤 제조 시대가 열리다

한편 제조는 인간의 욕망을 충족시키는 행위라고도 할 수 있다. 모든 제조 기술은 그러한 욕망을 따라 고도화한다. 제조공학의 탄생에 기여한 포드의 대량생산 기술은 남들이 쓰는 물건이라면 나도 쓰고 싶다는 시대적 욕망의 반영이었다.

이와 같이 많은 이들이 높은 가치의 제품을 조금 더 저렴하고 더 다양하게 사용하고자 하는 상황 속에서 제조공학 전반에 걸친 기술 발전이 이루어져 왔다. 하지만 표준 제품의 대량생산과 대량소비 시스템의 한계도 분명해지고 있다.

첫째, 표준 제품의 대량생산으로 많은 사람이 '동일한 가치'의 혜택을 누릴 수 있게 되자, 이제 사람들은 남들과 다른 '특별한 가치'를 욕망하게 되었다. 이런 욕망은 거의 모든 제조 산업에 걸쳐 시장 트렌드를 빠르게 변화시키고 있다. 생필품조차도 소비자 개개인의 기호와 필요성을 고려하여 생산하지 않으면 순식간에 떨이 상품 코너로 밀려나게 된다.

둘째, 생산과 소비의 엇박자에서 비롯된 재료와 에너지의 낭비로 환경이 파괴되고 있다. 사람들은 대량생산으로 표준화된 제품들에 금방 질려버리고 새로운 제품을 바란다. 이 때문에 소비되지 못한 채 폐기되거나, 판매 후 금방 버려지는 제품이 급증했다. 자연의 한계를 넘어선 생산과 낭비는 환경 문제를 일으킬 수밖에 없다.

이 두 가지 한계는 속도, 비용, 품질이라는 기존의 세 원칙만으로는 넘어설 수 없다. 똑같은 품질로 빠르게 많이 만들어야 낮은 비용으로도 충분한 이익을 남길 수 있는데, 소비자들 개개인의 개성을 충족하는 제품을 제공하면서 환경파괴까지 줄여야 한다니 말 그대로 '불가능한 임무' 아닌가? 여기서 우리는 제조공학의 네 번째 필수 요소를 추가해야 한다. 바로 '유연성flexibility'이다.

예를 들어 500mL의 물병과 2L 물병은 물병이라는 공통점이 있지만 다른 사용가치를 갖는다. 500mL 물병은 양은 적지만 휴대성이 높고, 2L 물병은 양이 많은 반면 휴대성은 떨어진다. 물병 자체를 구하기 어려울 때는 어떤 크기의 물병이든 구할 수만 있다면 사람들은 쉽게 만족할 것이다. 하지만 물병을 구하기 쉬워지면 사용 목적과 상황에 맞는 제품을 찾기 마련이다.

이러한 소비자의 요구에 대응하기 위해 생산자는 500mL와 2L 등 다양한 크기의 물병을 생산해야 할 상황에 놓인다. 하지만 대량생산 시스템에서 500mL 물병을 만들던 기계를 이용해 바로 2L 물병을 만드는 것은 쉽지 않다. 대부분의 대량 제조 시스템은 표준화된 제품을 빠르고 균일하게 양산할 수 있게끔 최적화되어 있어서, 제조 유연성을 높이려면 생산성, 제작 비용, 품질을 조금씩 희생할 수밖에 없다. 즉, 비용이 늘어나는 것이다.

문제는 이 비용을 소비자에게 분담해 달라고 요구하기 어렵다는 데 있다. 대부분의 소비자는 특별한 가치를 원하지만 그 특별함을 위해 큰 추가 비용을 내고 싶어 하지는 않는다. 또한 지속가능한 환경 문제에 관심은 있지만 이를 위해 자기 돈을 과도하게 지출하려는 소비자도 많지 않다.

개인 맞춤형 제조, 왜 3D프린팅이 대안일까?

이처럼 제조 기술에서 유연성의 확보는 말처럼 쉬운 과제가 아니지만 기업은 시장의 요구를 만족시키기 위해 사활을 걸어야 한다. 소비시장의 이런 요구에 대응할 수 있는 제조 기법은 3D프린팅이다. 최근 세계적으로 큰 관심을 받고 있는 3D프린팅 기술은 원재료를 한 층씩 적층하여 제품을 만드는 방식이기 때문에 학술적으로는 적층제조 additive manufacturing 기술이라고도 불린다. 3D프린팅의 주요 기술들은 1980년부터 2000년 사이에 이미 개발되었으며, 개발 당시에는 쾌속조형RP, Rapid Prototyping 기술로 널리 알려졌다. 국내에서는 1991년 카이스트 기계공학과 양동열 교수 연구팀에 의해 쾌속조형이라는 이름으로 연구개발이 시작되었다.

3D프린팅 기술들은 실제 제품을 만들기 전 단계에서 시제품을 빠르게 만들어 기초 평가를 하는 데 주로 활용되었다. 원하는 3차원 설계안이 있으면 큰 초기 비용 없이 손쉽게 제품의 형태를 구현할 수 있고 제작 형태 변경에 따른 추가 비용도 거의 없다. 앞서 언급한 '유연성'을 태생적으로 갖춘 기술인 것이다. 그러나 품질 유지가 어렵고 생산 속도가 현저히 떨어진다는 단점 때문에 시제품 제작용으로만 용도

금속 재료를 이용해 3D프린터로 출력한 치아 보철물(©연합뉴스)

가 제한되어 왔다. 그러나 유연성이라는 장점이 워낙 뚜렷하기에 학계와 산업계의 기대와 관심이 증가하고 있으며 관련 소재 및 부품, 장비 기술들이 급격히 발전하고 시장 또한 커지고 있다.

3D프린팅의 장점을 적용하기 적합한 시장으로 모빌리티 분야가 있다. 미래 모빌리티 산업은 단순히 자동차만으로 정의되지 않는다. 미래 모빌리티 산업에서는 1인용부터 다인용, 저속용부터 고속용, 자전거 혹은 하늘에서도 운행이 가능한 드론까지 개개인의 다양한 목적과 형태에 맞는 제품들이 시장을 형성할 것으로 예상된다. 컨베이어 벨트로 돌아가던 기존의 소품종 대량생산 시스템이 아닌, 적층제조 장비를 중심으로 한 다품종 복합 생산 시스템이 필요한 것이다.

모빌리티 산업보다 더 빠르게 3D프린팅 기술의 적용이 예상되는 분야는 의료 산업이다. 사람의 몸에 적용하는 의료용품들은 기능과 모양, 소재가 모두 개개인의 특성에 맞추어 제작되어야 하기에 3D프린팅의 장점이 극대화될 수 있는 분야이다. 가령 치과 보철물은 이미 3D 스캐너와 함께 3D프린터를 활용하여 제작된다. 이전에는 석고 모형 하나를 만드는 데도 여러 단계를 거쳐야 했지만, 3D프린터를 적용하면서 하루 안에 모형을 완성할 수 있게 되었다.

의수족 제작에도 강도와 길이 등을 개개인에게 맞춰주는 3D프린팅 기술이 효과적으로 활용될 수 있다. 최근에는 연골, 뼈, 그리고 심장까지 대체하기 위한 소재와 공정 기술들이 연구개발 되면서 3D프린팅의 활용 범위는 더욱 넓어지고 있다.

개인 맞춤형 제조 시대를 위한 카이스트의 도전

3D프린팅 기술은 개인 맞춤형 생산 시대를 열어줄 핵심 기술로서 잠재력이 아주 높다. 소비자에게 꼭 필요한 제품을 만들어 낭비는 최소화하면서도 만족은 극대화하는 생산과 소비의 새로운 패러다임을 만들어낼 수 있을 것으로 기대한다. 하지만 아직까지 일상생활에서 3D프린팅 기술로 생산된 제품을 찾아보기는 쉽지 않다. 속도, 가격, 품질이라는 기존의 필수 원칙을 만족시키기가 쉽지 않아서이다.

3D프린팅 기술이 일상 속으로 상용화되려면 우선 현재 수준의 3D프린팅 기술을 보완하는 시스템이 필요하다. 그저 형태와 크기만 자유롭게 바꾸는 것만으로는 다양한 시장 수요에 대응할 수 없다. 제품의 기능과 특성까지 자유롭게 조절하는 더 창의적이고 새로운 소재와 공정 기술의 개발이 뒤따라야 한다. 로봇 기술의 접목은 이런 목적을 달성하는 데 큰 보탬이 될 수 있다. 고감도 센서와 인공지능을 장착한 로봇은 실시간 모니터링과 자율화된 공정 제어를 가능케 할 것이다.

어려운 도전이지만 3D프린팅과 로봇, 인공지능이 하나의 플랫폼으로 결합될 수 있다면, 단 하나의 공장에서도 서로 다른 소재, 형태, 크기, 기능을 갖는 다양한 제품을 생산할 수 있게 된다. 이러한 거대한 패러다임 변환에 대응하기 위하여 카이스트에서는 기계공학과와 산업 및 시스템공학과가 협력하여 2020년 첨단제조지능혁신센터를 새롭게 설립하였다. 서로 다른 전공 지식을 갖춘 교수들이 모여 제조 기술의 첨단화 및 지능화를 위한 종합적인 교육을 진행하고, 이와 더불어 학생들이 주도하는 창의적인 연구들을 지원하고 있다.

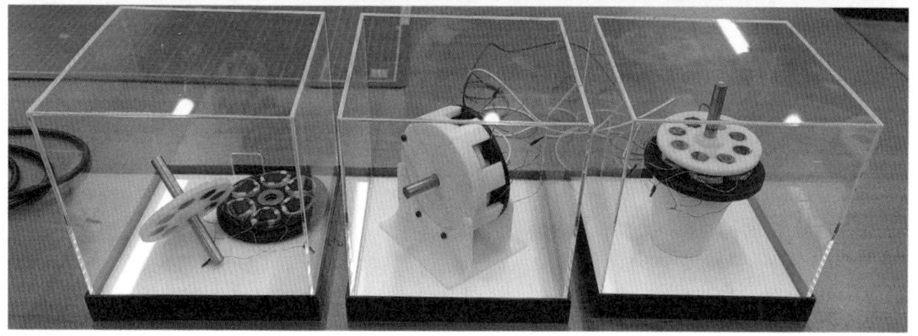

2020년 설립된 카이스트 첨단제조지능혁신센터(위쪽)의 모습과 센터에서 3D프린팅 장비를 이용해 제작한 전기구동 모터(아래쪽)

제조의 고도화, 인간의 역할은 어떻게 변화할 것인가

개인의 기호와 필요에 부합하는 맞춤형 생산의 수요는 과거에도 있었고, 주로 현장 전문 인력들에 의해 충족되었다. 인간은 여전히 제조 시스템 상에서 가장 유연한 '제조 기계'이며, 현대 대량생산 시스템의 빈틈 역시 인간의 유연한 능력으로 메워져 왔다. 하지만 미래의 제조 산업이 직면하게 될 과제는 인간의 유연함만으로는 대처할 수 없는 수준이다.

첫째, 현대 대량생산 체계에서 발전해 온 제조공학 기술은 인간의 능력을 훨씬 웃돌고 있기에 그 효율성과 경제성을 인간의 노력으로 대체하기가 점점 불가능해지고 있다.

둘째, 인간 노동력의 질과 양은, 특히 선진국들을 중심으로 오히려 쇠퇴하고 있다. 인류가 번영할수록, 풍족한 사회일수록 노동 비용이 증가할 뿐 아니라 노동 참여 인력을 찾기가 쉽지 않다. 결국 커져만 가는 개인 맞춤형 제품의 시장 수요에 대해서 빠른 생산 속도, 낮은 제작 비용, 꾸준한 품질관리를 효과적으로 수행할 수 있는 복합 시스템을 과학 기술로 해결해야 하는 것이다.

물론 제조 산업에서 사람의 역할이 완전히 소멸하진 않겠지만, 인간의 역할은 변화할 것이다. 미래 시장의 요구에 대응하며 인간의 노동력을 최소화할 수 있는 장비와 부품, 소재 그리고 이를 아우르는 시스템을 개발할 수 있는 창의적인 인력의 역할이 더욱 중요해질 것이다. 또 이런 고도화된 시스템을 통제하고 관리하는 기술 인력의 역할도 부각될 것이다. 그 변화의 중심에서 첨단 제조 분야를 이끌어줄 창의적이고 종합적인 역량을 갖춘 고급 과학 기술 인력을 양성하는 것이 카이스트의 중요한 책무이자 과제라 할 수 있다.

커피, 와인, 위스키, 음료를 바라보는 공학자의 눈

_ 술과 커피가 해결한 첨단 인쇄 기술의 난제

김형수

유동 가시화 기술, 반도체 디스플레이 코팅 및 세척 연구

놀라운 과학 기술이 항상 정제되고·계획된 과정에서 창출되는 것은 아니다. 스코틀랜드 생물학자 알렉산더 플레밍Alexander Fleming은 포도상구균을 연구하다 우연히 페니실린을 발견했다. 그는 실수로 포도상구균 접시를 배양기에 넣지 않고 실험대 위에 둔 채 여름휴가를 떠났다. 휴가에서 돌아온 그는 접시 안에 배양 중이던 박테리아가 죽어 있고, 그 주위를 독특한 푸른 띠가 둘러싸고 있음을 발견했다. 플레밍은 이것이 푸른곰팡이속(페니실륨)이란 것을 처음 확인했다. 그리고 그 띠 안에는 바로 세균성 전염병을 치료하는 최초의 항생제인 페니실린이 들어 있었다.

플레밍의 위대한 업적에는 미칠 수 없겠지만, 나 역시 그와 비슷한 흥미로운 체험을 한 적이 있다. 2013년 프린스턴대학교에서 연구원

으로 재직하던 시절의 일이다. 미국의 전문 사진작가 어니 버튼Ernie Button은 우리 연구실로 한 통의 메일을 보내왔다. 그는 위스키가 마르고 난 뒤 남은 자국들을 촬영했는데, 그 자국들은 커피 자국과는 전혀 달랐다. 아주 균일하고 화려했다. 나와 나의 보스 하워드 스톤Howard A. Stone 교수는 메일에 첨부된 수십 장의 사진에 매료되었고, 그 후로 상당히 오랜 시간 동안 그 아름다움의 비밀을 파고들었다. 관찰 결과 그 특이하고 아름다운 마름 자국은 위스키에 포함된 물질들 때문에 만들어진 것임을 알게 되었다. 황홀한 무늬의 마름 자국들은 세상과 공학에 대한 나의 좁은 시야를 흔들어놓았다. 이를 계기로 나는 현재 첨단 인쇄 기술에서 가장 큰 난제로 꼽히는 '커피링coffee ring' 제어 기술을 연구 중이다.

위스키가 마르고 난 후의 다양한 자국들(©Ernie Button)

인쇄의 숙적, 커피 얼룩!

그럼 필자가 연구하는 커피링 현상이란 무엇인가? 커피링 현상이란 액체가 마를 때 액체 속의 미세 입자가 액체 방울 바깥쪽으로 몰리면서 표면에 링 모양을 남기는 것을 뜻한다. 이러한 현상은, 미국 제임스 프랭크 연구소의 로버트 디건Robert D. Deegan이 1997년 국제학술지 《네이처》에 처음 보고하였다. 인쇄 기술의 난제인 이 현상을 이해하려면 커피와 잉크가 얼마나 흡사한지부터 알아야 한다.

우리가 마시는 커피는 물과 아주 미세한 커피 분말의 혼합물이다. 마찬가지로 잉크도 커피의 물 역할을 하는 용매와 커피 분말 같은 미세한 입자들의 혼합물이다. 우리가 보는 종이 위의 글자는 용매가 말라서 공기 중으로 날아가고 남은 잉크 입자들의 퇴적물인 셈이다. 마찬가지로 커피링도 물이 날아가고 남은 미세한 분말의 퇴적물이다.

테이블 위에 커피 방울을 떨어뜨렸다고 가정해 보자. 커피 방울이 마르고 나면 테두리에만 링 모양의 불균일하고 진한 얼룩무늬가 생긴다. 커피뿐만 아니라 입자를 포함한 종류의 모든 용액은 마르면서 링 모양의 무늬를 남긴다. 위스키 마름 자국이 나타나기 이전까지는 커피의 마름 자국이 가장 유명했다.

테이블에 떨어지는 커피 방울은 지름이 밀리미터 수준이 되면 보통 표면장력의 영향을 크게 받게 된다. 표면장력이란 액체의 분자가 서로를 끌어당기는 힘으로, 소금쟁이와 시리얼 등이 물 위에 뜨는 데도 중요한 역할을 한다. 그런데 첨단 인쇄 소자를 개발하는 데 핵심 기술로 꼽히는 잉크젯 프린팅 역시 커피 방울처럼 작은 액적(물방울)을 쏘아 원하는 패턴을 만드는 기술이다. 이때 무수히 많은 원형의 액적 자국

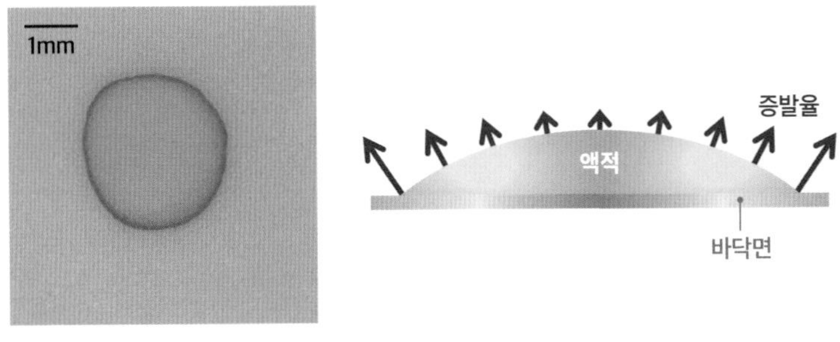

커피가 마른 후의 자국(왼쪽)과 바닥면 위에 떨어진 액적의 증발율 세기를 나타낸 모식도(오른쪽)

이 균일하지 않은 링 모양을 만든다면, 즉 커피링 현상을 일으킨다면 치명적인 결함이 될 수 있다.

커피링이 생기는 이유는 무엇일까? 커피 방울의 가장자리에서는 물이 다른 곳보다 빨리 증발하는데, 이때 방울 형태를 유지하려는 표면장력의 효과 때문에 물 분자는 계속 가장자리로 이동하고 커피 입자들도 거기에 따라 함께 이동하며 가장자리에 몰리게 되는 것이다. 다시 말해, 커피 방울과 같은 액적 내부에 고체 입자가 있으면 균일한 퇴적 패턴을 만드는 대신 불균일한 링 모양을 만든다.

여러 물질의 입자들을 액체와 섞어 분사하는 잉크젯 프린팅 기술에서 커피링 현상은 원하는 물질을 균일하게 코팅하지 못하는 문제를 일으킨다. 커피링이 인쇄 분야의 발전을 저해하는 핵심 요인이라고 할 수 있는 이유이다.

'와인의 눈물'과 마랑고니 효과, 그리고 위스키의 비밀

위스키가 남긴 자국을 찍어 사진을 보내주었던 어니 버튼의 직감이 맞았음을 연구를 통해 확인하게 되었다. 위스키는 마르면서 링 모양이 아니라 층층이 균일한 퇴적 형태를 남기는데, 그 주된 원인은 바로 마랑고니 현상 때문이었다. 이 현상은 원래 '와인의 눈물'이라고 불렸는데, 이탈리아의 과학자 마랑고니Carlo Giuseppe Matteo Marangoni가 1865년에 발표한 박사학위 논문을 통해 원인을 규명하면서 그의 이름이 붙게 됐다. 기본 원리는 알코올과 물의 표면장력 차이이다.

와인은 포도의 즙을 발효시켜 만든 알코올성의 양조주로, 물과 알코올이 대부분을 차지하고 있다. 흔히 와인은 눈으로 색깔을, 코로 향기를, 마지막으로 입으로 맛을 본다고 한다. 여기서 눈으로 한 번 더 와인을 찬찬히 즐겨보자. 와인을 마실 때 와인 잔을 빙글빙글 돌리는데 이를 스월링swirling이라 한다. 스월링을 하면 와인과 산소가 만나 풍성한 향을 내뿜게 된다. 잔의 안쪽 면에 와인이 코팅되고 알코올이 먼저 증발하면서 향을 더 많이 나게 하는 것이다.

그렇다면 와인 방울에 남은 물 분자들은 어떻게 될까? 먼저 증발한 알코올 분자들보다 표면장력이 훨씬 세기 때문에 더 잘 뭉쳐지려고 한다. 이렇게 뭉쳐진 물방울은 스월링 이전의 와인보다 물의 함량이 더 많게 되고, 이것이 흘러내리는 모양을 우리는 '와인의 눈물'이라는 낭만적인 이름으로 부른다.

그런데 와인의 눈물은 생겨난 그 자리에 머물지 않는다. 일정 무게에 도달하면 중력 때문에 와인 잔의 벽을 따라 흘러내리다가, 와인을 만나면 신기하게도 다시 벽을 타고 튀어 오르는 것을 반복한다. 물이 많은

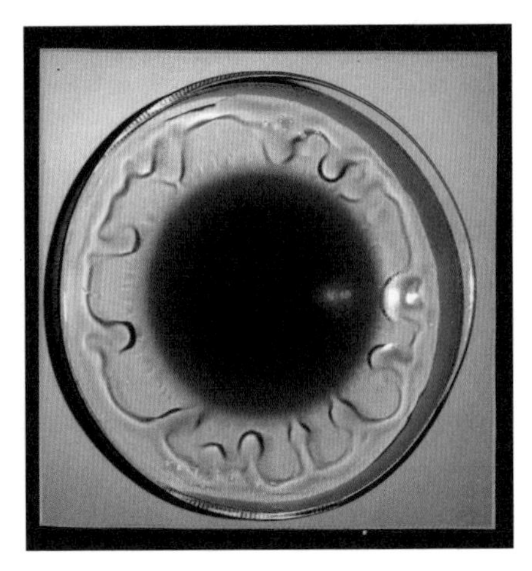

와인 잔 위에서 바라 본 와인의 눈물

와인의 눈물(표면장력 높음)이 잔 아래, 알코올이 여전히 많은 와인(표면장력 낮음)의 일부를 끌어당기는 것이다. 이렇게 끌어당긴 와인의 알코올이 증발하여 물 비중이 높아지면 다시 아래로 내려간다. 알코올과 물의 표면장력 차이로 생기는 왈츠 같은 오르내림이 반복되고, 와인의 눈물은 와인의 알코올 성분이 모두 날아갈 때까지 계속 나타난다.

그렇다면 와인 방울을 테이블에 떨어뜨리면 그 얼룩 자국은 어떻게 될까? 이때 와인의 성분에 주목할 필요가 있다. 주성분 중 하나인 알코올이 물보다 더 빨리 증발하기 때문에 와인 방울 속에선 커피와는 다른 입자의 움직임이 일어난다. 알코올은 물보다 무조건 증발이 빨리 일어나므로 와인 방울의 가장자리에서도 물보다 많이 증발한다. 그 결과 와인 방울의 가장자리에서 물 분자가 알코올 분자보다 더 많아지게 된다. 물은 알코올에 비해 상대적으로 높은 표면장력을 가지고 있어서, 액적의 중심에는 알코올 분자가 상대적으로 많아 표면장력이 낮고, 액적의 가장자리는 물 분자가 많아 표면장력이 높아진다. 이와 같이 액적 내부에 물과 알코올의 농도차가 발생하면 그 자체로 가운데와 가장자리 사이의 표면장력 차가 발생하게 된다.

이때 액적의 표면을 따라 마랑고니 효과가 발생하게 되는데, 이 효과 덕분에 액적 내부에 혼합되는 유체의 흐름이 발생하고 이에 입자들은 가장자리에 모이지 않는다. 같은 원리로 계면활성제를 넣어 마랑고니 현상을 발생시켜 커피링과 같은 자국을 없애려는 시도가 많이 이루어지기도 한다.

원래의 질문으로 돌아가서 어니 버튼이 우연히 발견한 위스키의 아름다운 자국들은 과연 어떻게 만들어지는 것 일까? 그 비밀은 40%의 알코올 성분 그리고 위스키는 오크통 속에서 오래도록 숙성되어 만들어진다는 사실에 있다.

위스키를 통해서 알게 된 균일한 인쇄 코팅 기술의 핵심 소재는 물, 알코올, 계면활성제, 자연계에서 얻은 고분자 화합물이었다. 원리는 다음과 같다. 와인의 눈물과 같이 물과 알코올이 함께 있는 액적은 항상 마랑고니 효과에 의해 유체의 흐름을 발생시킨다. 이 유체의 흐름은 액체 방울의 증발로 발생한 커피링을 소멸시키는 역할을 한다. 알코올이 먼저 증발되고 나면 이후에는 계면활성제가 또 다른 마랑고니 효과를 일으킨다. 이것은 위스키 제조 공정 중에 원료나 자연에서 얻어진 계면활성제로 추정된다. 마랑고니 효과에 의한 유체의 흐름은 언제나 커피링과 같은 자국을 없애는 데 유용하다.

추가적으로 위스키 안의 고분자 물질은 자연스럽게 표면에 카펫과 같은 나노 스케일의 러그 구조를 만드는데, 이 구조 덕분에 커피링 자국이 사라지게 된다. 이러한 고분자들은 나무에서 얻어지거나, 오크통 속에서 숙성되는 동안 위스키에 흡착되었을 것으로 추정된다.

작은 액적이 증발할 때, 액적 안에 포함된 물질에 따라 마름 자국의 최종적인 모양은 천차만별이다. 일반인에게는 흔히 더러운 땟자국처럼 보이겠지만, 호기심을 가지고 보면 그 속엔 신비로운 공학과 과학의 원리가 깃들어 있는 것이다.

인쇄 기술은 언제나 '혁명'을 일으킨다

직지심체요절은 세계 최초의 금속활자 인쇄물이다. 당시 금속활자 인쇄술은 정보를 저장하는 중요한 도구였다. 뿐만 아니라 단단한 틀에 그림과 글자를 새겨 반복하여 찍어낼 수 있었기에 지식의 대중화, 정보의 평등화를 이루어낸 일등 공신이었다. 이렇듯 인쇄 기술의 발전은 정보 공유의 방법을 획기적으로 바꾸고 현대 문명의 변화에도 큰 영향을 끼쳤다.

인쇄 기술은 시대를 막론하고 새로운 패러다임을 제공해 왔다. 오늘날 인쇄 기술은 그 해상도가 과거 밀리미터 수준에서 머리카락의 100분의 1 크기의 패턴까지 정밀하게 인쇄할 수 있을 정도로 높아지며, 반도체 회로 및 전자 장비 등 다양한 첨단 기술에 사용되고 있다. 종이나 필름과 같은 재료의 표면에 단순 패턴을 인쇄하여 정보를 공유하던 기술을 뛰어넘어, 차세대 에너지 및 전자 소자를 대량생산하는 융복합 생산 시스템 기술에 이르기까지 눈부신 발전을 이루어왔다.

신기술이 적용되는 첨단 인쇄 전자 장비를 위해서는 각 기능에 맞는 특별한 기능성 물질이 반드시 필요하다. 기능성 물질이 들어 있는 작동 유체의 농도, 점성, 표면장력, 기판과 작동 유체의 표면 에너지 관계 등 여러 물리적 특성이 인쇄 결과물에 큰 영향을 끼친다. 종이 위에 잉크가 균일하게 흡수돼야 하는 것처럼, 첨단 인쇄에서도 기능성 물질을 얼마나 균일하고 일정한 크기의 형태로 남기느냐가 제품의 성능과 품질을 결정한다. 즉 기능성 물질 입자들의 움직임 등을 제어하여 최종 패턴의 균일도와 재현성을 확보하는 것이 중요한 것이다.

커피링 효과로 인해 균일한 패턴을 찍어내기 어려웠던 문제는, 위스키와 와인의 마랑고니 효과를 활용하여 균일한 마름 자국을 얻어내면서 해결됐다. 이제 액체 방울의 증발과 관련된 첨단 인쇄 전자 기술은 위조 방지 패턴의 제작, 웨어러블 디바이스, 인쇄 태양전지, 물리적 복제 방지 기술PUF, Physical Unclonable Function, 스스로 발열하는 필름 등에도 적용되고 있다. 그중 대표적인 몇 가지 사례를 소개하면 다음과 같다.

위조 방지 라벨

균일한 크기의 나노 입자들을 잘 배열해서 광결정photonic crystal 구조를 만들면 빛과 같은 전자기파의 파동을 제어할 수 있어 나노 센서, LED, 광케이블 등에 활용된다. 이런 광결정 구조의 구조색이 빛의 입사각과 반사각에 따라 다채롭게 바뀌는 성질을 활용해서 간단한 가공을 통해 위조 방지 라벨을 만들 수 있다.

웨어러블 디바이스

신축성이 중요한 웨어러블 디바이스의 경우, 늘어나거나 수축하여도 기능이 발현 및 유지되어야 한다. 기존의 웨어러블 디바이스는 늘어나면 변형이 일어나는 스프링 형태의 고체 금속 전극이나 전도성 폴리머를 이용하였다. 최근에는 상온에서 액체 상태를 유지하는 갈린스탄galinstan(갈륨과 인듐과 주석의 합금)과 같은 액체금속을 이용하여 전기적 성질은 금속과 같고, 변형은 유체처럼 자유로운 기능성 입자들을 개발하여 유연 소자로 적용하고 있다.

인쇄 태양전지

탄소 중립을 위해 우리나라는 2050년까지 전력의 90%를 태양광으로 대체하겠다는 목표를 수립했다. 이를 달성하려면 인쇄 기술을 활용하여 기존에 비해 얇고 간편하며 저렴한 비용으로 대면적 소자의 효율을 개선한 태양광 패널을 만들어야 한다. 현재 패널 상용화의 가장 큰 걸림돌은 마름 자국 패턴이 균일하지 않고 크랙이 발생한다는 점이다. 첨단 인쇄 기술은 이러한 문제점 해결에 도전하고 있다.

물리적 복제 방지 기술

사물인터넷 시대로 접어들면서 생활에 필요한 대부분의 기기가 인터넷에 연결되다 보니, 해킹 위험 방지가 더 중요해졌다. 이들 기기는 대체로 크기가 작은데 이런 기기의 보안에 유용한 것이 극소형 물리적 복제 방지 기술 칩이다. 이 기술은 보안카드, 비밀번호, 휴대전화 인증, 캡차CAPCHA 코드 입력처럼 의외로 허술한 방법과 달리, 개인이 직접 생성하고 등록까지 가능하다. 여기서 사용되는 보안 시스템의 핵심이 예측 및 복제 불가능한 미세한 구조물인데, 이 구조물을 단순 증발 과정을 통해서 제작할 수 있다. 증발 기법은 단순하고 빠르게 복제 불가능한 패턴 구조를 만들어낼 수 있을 것으로 기대된다.

스스로 발열하는 필름

금속 나노 입자들을 규칙적으로 잘 정렬하면 스스로 발열하는 필름을 만들 수도 있다. 커피링을 소멸시키고 균일하게 코팅한 후 같은 농도의 금속 나노 입자를 이용해 필름 표면에 빛을 조사하면 자유전자의 진동 공명 현상이 발생한다. 이를 통해 열을 발생시켜 에너지를 수확할 수 있는 것이다. 재료의 코팅만으로 서리나 얼음 막의 생성을 막거나 제거할 수 있게 되는 셈이다.

실수로 떨어뜨린 커피 한 방울. 왈츠를 추는 듯한 와인의 눈물. 오크통에 보관하는 위스키. 모두 우리 일상에서 흔히 접하는 음료들이다. 커피 한 방울로 액체가 증발하는 현상을 배웠고, 와인 한 잔으로 증발하는 액체 내부의 움직임을 제어하는 기술을 알게 되었다. 그리고 위스키 한 병으로 균일한 코팅 기술에 대한 신기한 사실도 깨닫게 되었다. 이 모두가 기계공학을 통해 알게 된 원리이다. 우연한 관찰을 공학자의 호기심과 끈기 있는 노력으로 첨단 과학에 접목하여 발전시킨다면 우리 공학의 미래는 지금보다 더 밝아질 수 있을 것이다.

피라미드와 우주태양광발전 구조물의 공통점은?

__ 시대를 초월하는 복합재료의 응용

김성수

신소재 응용 기계 설계 연구

2006년 11월 30일 자《뉴욕타임스》에 4천 5백여 년 전 이집트 기자 지역에 대大피라미드를 건설할 당시 석회 콘크리트가 사용됐다는 가설에 관한 기사가 실렸다. 대피라미드의 일부 블록들이 합성 물질로 주조되었을 수 있으며, 이것은 세계 최초의 콘크리트일 수 있다는 내용이었다. 그러나 이 놀라운 뉴스는 주류 고고학자들로서는 소화하기 어려운 이론이다. 전통적인 고고학의 관점에 따르면, 피라미드 블록 대부분은 채석장에서 채취한 돌을 깎은 뒤 운반해 와 쌓은 것으로 알려져 있다. 만약 이 기사가 정설로 받아들여진다면 기자 지구 7대 불가사의 중 하나인 피라미드를 건설할 때 많은 시간과 노력을 절약했을 것으로 추측할 수 있다.

MIT 재료과학과 교수인 린 홉스Linn Hobbs 또한 고대 이집트인들이

'땀'보다는 더 많은 '지혜'를 사용했을 수 있다고 주장하며, 그들은 현대인들에게 불가사의한 건축물을 남긴 것뿐만 아니라 로마인보다 2천 년 앞서 콘크리트를 발명한 셈이라고 말한다. 물론 현재까지 이러한 주장들이 입증되거나 주류 가설로 받아들여진 것은 아니다.

피라미드 내부에서 발견된 그림 중에는 흙과 짚을 혼합하여 벽돌을 제조하는 광경이 묘사된 것도 있다. 짚이라는 전혀 다른 소재를 보강하여 균열이 생기기 쉬운 흙으로만 된 벽돌의 약점을 극복하려 한 것이다. 기자 피라미드는 높이가 무려 133m에 이르지만 이러한 재료의 혁신 덕분에 건설될 수 있었다.

복합재료에 대해 생각해 볼 수 있는 또다른 이야기가 있다. 고대 그리스 신화에 나오는 이카로스는 하늘을 나는 것이 신기하여 뛰어난 장인이었던 아버지 다이달로스의 경고를 무시하고 피라미드보다 훨씬 높이 날아오른다. 하지만 날개를 붙인 밀랍이 태양열에 녹는 바람에 에게해에 추락하고 만다. 지금도 누구나 하늘 높이 나는 상상을 하는 것처럼, 고대 그리스 시대에도 이런 상상은 존재했고 이카로스의 날개를 탄생시켰다. 하지만 재료의 한계로 인해 비행을 현실화할 수 없었고, 신화로만 남게 되었다.

인류의 역사는 복합재료 개발의 역사

복합재료composite materials는 둘 이상의 다양한 소재를 결합하여 만든 재료를 말한다. 소재들 각각의 특성을 결합하여 새로운 성질을 얻을 수 있다. 이들은 일반적으로 한 가지 소재만 사용하는 것보다 더 강력하거나 가벼운 소재를 만들 수 있으며, 뛰어난 기계적 성능, 내구성, 내화성, 전기적 특성을 띠게 된다. 오늘날 대표적인 복합재료로는 탄소섬유강화플라스틱CFRP, 금속 매트릭스 복합재료, 유리섬유강화플라스틱GFRP 등이 있다. 복합재료는 항공기, 자동차, 건축 자재, 전자제품, 의료기기 등 다양한 산업 분야에서 활용되고 있다.

인류 문명의 역사는 새로운 복합재료를 개발하는 혁신의 연속이었다. 현대로 들어서며 이런 혁신은 더욱 빨라졌다. 1930년대에 유리섬유가 개발된 이후 2차 세계대전을 거치면서, 항공 및 수상 운송 수단의 무게는 줄이고 강도, 내구성, 날씨 및 염수와 수중의 부식 효과에 대한 저항력은 높이는 재료들에 대한 연구가 활발해졌다. 1945년까지 3천톤 이상의 유리섬유가 군사용으로 사용되었고, 2차 세계대전이 끝난 뒤에는 그 장점이 민간 분야에서도 널리 응용되었다. 유리섬유 파이프는 1948년부터 내부식성을 광범위하게 필요로 하는 석유 산업의 필수 자재로 쓰였고, 1953년에는 쉐보레 코르벳 같은 양산형 자동차의 본체 패널에도 유리섬유가 최초로 사용될 만큼 인기가 높았다.

낭비를 줄이고 효율을 극대화하는 복합재료의 혁신

복합재료가 여러 분야에 걸쳐 어떻게 활용되는지 좀더 구체적으로 살펴보자.

자동차 산업

무엇보다 안전하고 견고한 차량을 만들려면, 강도(외부 힘에 대해 파손 이전까지 견딜 수 있는 성질)와 강성(변형에 저항하는 성질)이 뛰어난 복합재료를 써야 한다. 이런 이유로 자동차 산업에서는 복합재료가 매우 중요하다. 또한 복합재료는 무게 감량이라는 이점을 제공한다. 자동차 산업은 연료 효율성과 성능 향상을 지속적으로 추구하는데, 이를 위해서는 차량의 무게를 줄이는 것이 최우선 과제이다. 차가 가벼워야 에너지를 덜 사용하고, 더 민첩한 운전 경험을 제공할 수 있기 때문이다.

기후 위기 대응을 위해 친환경 자동차의 개발과 보급이 급격히 늘어나는 상황도 복합재료의 중요성을 높였다. 유럽연합은 2050년까지 탄소 중립과 온실가스 감축을 달성하기 위해 세계 배기가스 배출량의 약 3분의 1을 내뿜는 내연기관차에서 전기자동차 및 수소자동차로의 전환에 집중하고 있다. 전기자동차에서는 복합재료가 더욱 중요해진다. 예를 들어 BMW의 전기자동차 아이 시리즈는 탄소섬유강화플라스틱를 폭넓게 사용하여 무게를 크게 줄이면서도 까다로운 안전기준을 충족시켰다. 이러한 무게 감소는 배터리를 쓰는 전기자동차의 주행거리를 연장하는 데 매우 중요하다. 복합재료는 전기자동차 디자인과 제작에 필수 요소인 셈이다.

자율주행 차량의 개발에도 복합재료는 중요한 역할을 한다. 복합재료의 비금속적 특성은 전파 방해의 가능성을 대폭 줄여주어 자율주행에 필요한 센서 및 기타 기술을 통합하는 데 도움이 된다. 예를 들어 구글의 자율주행 차량 웨이모는 주변 환경과 상호작용하기 위해 레이저를 주변에 반사시키는 독특한 라이다 시스템을 사용한다. 금속 차량은 이러한 기술에 간섭 현상을 일으킬 수 있지만, 복합재료는 그 자체로 이런 문제를 일으키지 않는 매우 이상적인 재료이다.

자동차 산업에 사용되는 대표적인 복합재료는 탄소섬유강화플라스틱, 카본나노튜브 및 나노 복합재료, 알루미늄-탄소 혼성 재료 등이 있다.

항공 산업

상업 및 군용 항공기의 성능을 높이려는 항공업계의 끝없는 열정은 고성능 구조 재료의 개발을 촉진해 왔다. 복합재료는 현재와 미래의 항공우주 산업에서 중요한 역할을 하는 재료 중 하나이다. 복합재료는 특히 뛰어난 강도, 강도 대비 밀도 비율, 우수한 물성 등으로 인해 항공 및 우주 응용 분야에서 환영받고 있다.

하지만 약 40년 전만 해도 미국의 F14 및 F15 전투기의 꼬리 날개 일부에 붕소 강화 에폭시 복합재료가 사용되는 정도였다. 이처럼 초기에는 부차적인 구조물에만 사용되던 복합재료가 재료에 대한 지식과 개발 기술의 향상 덕분에 날개 및 비행기 몸체와 같은 주요 구조물에도 쓰이게 되었다.

그중 B2 스텔스 폭격기의 사례는 특히 흥미롭다. '내가 무엇인지 상대가 잘 구별할 수 없도록 만드는 기술'로 정의되는 스텔스stealth 기능을 항공기에 구현하려면 레이더 흡수 물질을 항공기 외부에 추가해야 한다. 그만큼 무게가 늘어날 수 있는데, 스텔스 성능을 가진 특수 복합재료를 주 구조물 제작에 활용하여 이 문제를 해결했다. 복합재료는 가벼운 무게와 높은 강도, 강성 및 피로 저항력의 독특한 조합으로 알려져 있지만, 스텔스 성능과 관련된 물리적 성질인 전자기EM 특성도 중요하다. 가벼운 레이더 흡수 구조물은 유리 및 탄소섬유 복합 격자로 만들고, 격자 사이의 공간은 마이크로파 흡수 폼으로 채운 것이다.

상용 항공기의 경우 골조에 복합재료를 사용하여 전체 무게를 줄이고 연료 효율성을 향상시킴으로써 운용 비용도 크게 낮출 수 있다. 예를 들어 보잉 787 항공기는 전체 구조의 약 50%를 복합재료로 만들었고, 이 덕분에 무게를 20%가량 줄였다. 대표적인 항공기용 복합재료는 탄소섬유강화플라스틱, 유리섬유강화플라스틱 등이 있다.

우주태양광발전 시스템, 생각의 틀을 뿌리부터 흔들다

복합재료는 단순히 재료의 효율을 높이고 낭비를 줄이는 데 그치지 않고, 기존 기술 시스템의 근본적인 한계를 깨트리는 위력을 발휘하기도 한다. 우주태양광발전 시스템SSPS, Space Solar Power System 기술이 그 좋은 예이다.

최근 환경 문제가 대두되면서 대체에너지와 청정에너지 개발이 활발히 진행되고 있으나, 기존의 풍력, 지열, 태양열, 파력 등의 대체에너지원은 공간의 제약뿐만 아니라 기상 상황에 따라 에너지 생산량이 불규칙하다는 단점이 있다. 미래 에너지원으로 고려되는 우주태양광발전 기술은 초대형 우주 구조물 시스템을 우주 공간에 구축하여 기상 상황과 무관하게 태양에너지를 수집하고, 무선 송신을 통해 에너지를 지구로 전송하는 신개념 발전 기술이다.

우주태양광발전 기술은 공간, 환경 및 시간 등에 구애받지 않고 24시간 내내 발전할 수 있으며 지상에서 발전 조건이 최고로 좋은 지역 대비 7배 수준의 효율까지 달성할 수 있다. 만약 이런 장점들을 통해 기존 발전소의 상당 부분을 대체할 수 있다면 환경 문제 해결에 큰 보탬이 될 것이다. 문제는 현실적 가능성이다.

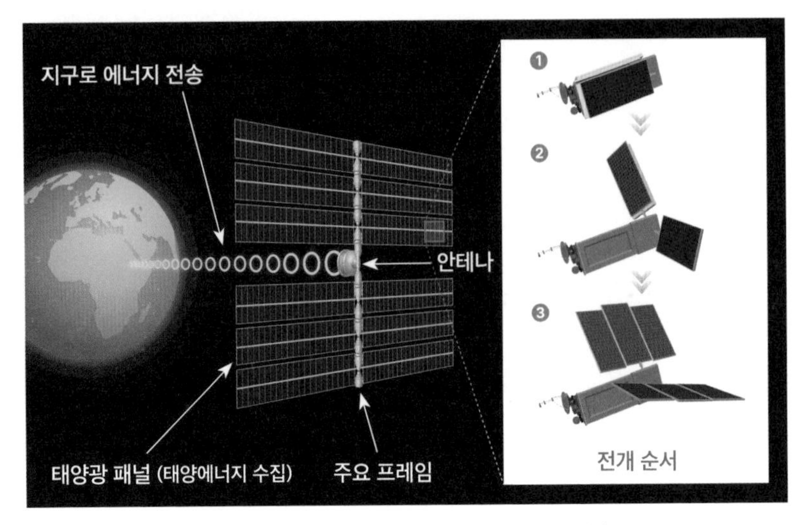

우주태양광발전 시스템 개요 및 구조물의 전개 과정

현재의 기술 수준으로는 수 km^2급 규모의 초대형 우주태양광발전 시스템을 구축하려면 약 200회 이상의 우주선 발사가 필요하다. 비용과 시간이 필연적으로 늘어날 수밖에 없어서 효율적인 우주 구조물의 전개 시스템이 반드시 필요하다. 기존의 국제우주정거장ISS과 같은 대형 구조물을 만들 때는 다수의 우주발사체로 실어 보낸 부품을 우주비행사들의 선외 활동과 로봇 팔을 활용하는 비교적 수동적인 조립 방법에 의존해야만 했다. 하지만 우주 구조물의 규모가 점점 커질수록 이런 수동적인 조립 방식에는 높은 위험 부담과 큰 비용이 뒤따르게 된다.

보완 노력이 없지는 않았다. 위 그림과 같이 모터를 활용한 전기 기계식electromechanical, 혹은 부채처럼 펼칠 수 있는 붐booms 전개 시스템으로 자동화가 시도되기도 했다. 하지만 구조가 복잡하고 무거워지는 만큼 고장 확률은 높아지고 발사체의 하중payload 증가로 비용 부담은 외려 높아졌다.

이런 문제점을 보완하기 위해 제안된 전략이 자가 전개 메커니즘self-deployment mechanism의 활용이다. 특히 형상기억 효과를 가지는 고분자 재료를 쓸 경우, 추가적인 액추에이터 없이 온도, 빛, 습도와 같은 외부 자극을 통한 구동이 가능해진다. 시스템의 부피와 무게를 획기적으로 줄일 수 있는 이런 전략에 대한 연구의 필요성이 커지고 있다.

자가 전개의 원리

형상기억 효과란 영구변형 시킨 재료가 그 재료의 고유한 임계점 이상으로 가열되면 변형 전의 형상으로 되돌아가는 현상을 말한다. 형상기억 효과를 가진 대표적인 물질인 형상기억합금은 생체 적합성과 양방향 형상기억 능력 등의 장점이 있지만 값이 비싸고, 전이온도가 낮으며 가공하기도 까다롭다는 단점이 있다.

이러한 문제를 해결하기 위해 개발된 것이 바로 형상기억고분자shape memory polymers이다. 1980년대 초에 프랑스의 CDF-쉬미CDF-Chimie사가 처음 연구를 시작하고 일본 제온Nippon Zeon이 최초로 상용화한 형상기억고분자는 지금도 꾸준히 연구되고 있다. 현재는 의약품, 의료용품뿐 아니라, 우주 구조물에까지 적용하는 연구가 진행 중이다.

형상기억고분자는 외력에 의해 변형이 발생한 후, 재료의 성질이 급격하게 바뀌는 유리 전이 온도Tg, Glass transition temperature를 넘으면 초기 형태로 되돌아가려는 고분자 물질을 말한다. 물질의 온도가 유리 전이 온도 이하일 때는 분자의 운동이 멈춰서 분자 사슬이 고정되지만, 전이 온도를 넘어가면 분자 운동이 활발해져 원래의 사슬 구조로 돌아가 형상기억 성질을 갖게 된다. 열, 자기장, 전기장, 빛, 산성도 같은 화학적인 자극 등이 이 물질의 형상기억 효과를 촉발하는 외부 자극이 된다.

형상기억고분자는 물리적 방법으로 일시적으로 고정하거나 회복할 수 있고, 고탄성, 저비용, 저밀도, 우수한 형상 복원력, 공정 및 특성 조절의 편의성, 내화학성 등 다양한 물성 부여가 가능하여 여러 소재로 개발 가능하다.

별도의 구동기를 필요로 하는 기존의 전개 시스템과 달리 형상기억 고분자 복합재료를 활용하여 여러 가지 구동 메커니즘을 효과적으로 구현할 수 있는 기술이 미국, 유럽, 중국, 일본을 중심으로 연구되고 있다. 최근 국내에서도 대학 및 정부 출원 연구소를 중심으로 많은 연구가 이루어지고 있다. 2023년에 필자가 이끌고 있는 카이스트 기계공학과 신소재응용기계설계연구실은 형상기억 소재를 활용한 구동 메커니즘 분야에서 세계 최고의 성능을 달성한 바 있다.

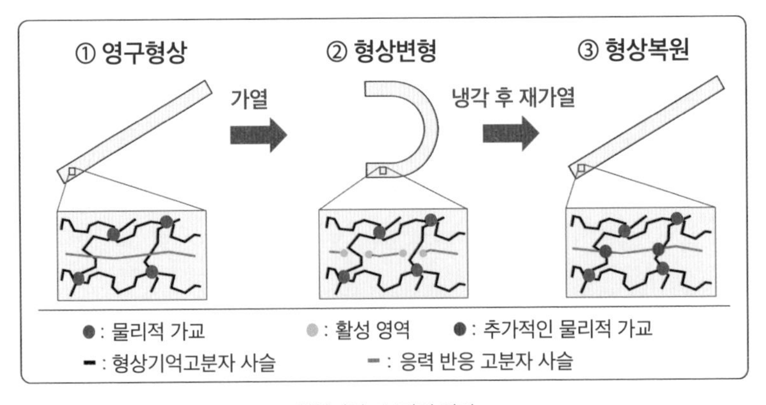

형상기억고분자의 원리

우주 전개 구조물을 위한 형상기억고분자 복합재 구동기

복합재료 분야는 무한한 상상의 터전

초인적인 힘을 발휘하는 '마블' 시리즈 주인공들의 공통점은 그들을 보호하고 강력한 힘을 발휘하게 하는 무기와 슈트를 갖고 있다는 것이다. 캡틴 아메리카의 강력한 방패와 블랙 팬서의 슈트는 '비브라늄'으로, 울버린의 날카로운 발톱은 '아다만티움'으로 만들어졌다. 둘 다 가상의 초강력 소재이다. 〈아이언맨〉의 주인공 토니 스타크는 4차 산업혁명의 나노 기술이 접목된 강력한 슈트를 착용한다.

이러한 소재들은 기존에 없던 새로운 성질을 가지며 인간의 무한한 상상력에 의해 탄생했다는 점에서 복합재료의 태생적 특성과 매우 유사하다. 이러한 신소재들이 이카로스의 날개처럼 신화에 그치지 않고 기자 피라미드와 같이 현실이 된다면 다시 한 번 기술의 패러다임은 바뀔 것이고, 그 중심에는 복합재료가 있을 것이다. 하지만 필자는 이런 미래가 그저 기술 연구로만 실현되는 것은 아니라고 믿는다. 무엇보다 중요한 것은 상상력이다. 복합재료는 무한한 상상의 힘을 통해 더욱 발전해 나갈 것이다.

2부

인간을 진화시키는 공학

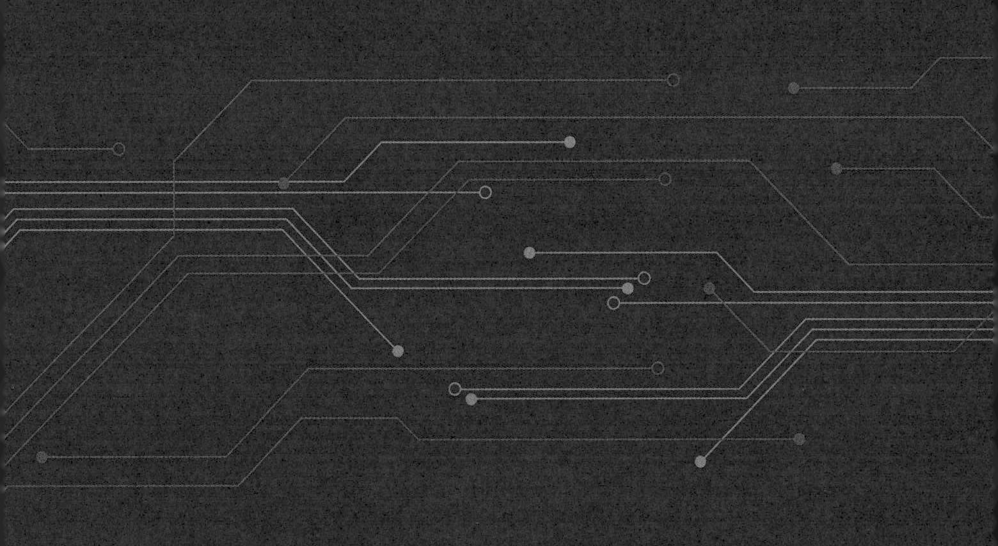

4장

눈에 보이지 않지만 항상 우리 곁에 있는 기계

기계라고 하면 많은 사람들이 진동과 굉음을 토해내는 톱니바퀴 혹은 피스톤을 떠올립니다. 하지만 그것들만이 기계는 아닙니다. 팬데믹 당시 우리의 체온을 측정했던 적외선 센서나 도시의 소음 속에서 나만의 여유를 만들어주는 노이즈 캔슬링 이어폰 등 주변을 둘러보면 우리는 일상 곳곳에서 다양한 기계의 도움을 받고 있죠. 오늘날 기계의 발전은 초정밀·초미세 기술을 구현해 머리카락보다 얇은 물질의 세계도 들여다볼 수 있게 도와줍니다. 기술이 발전할수록 새로운 아이디어도 무궁무진해져 획기적인 기계를 시장에 내놓으려는 창업 열풍도 불고 있죠. 인간의 삶을 더욱 안전하고 편리하게 만들기 위해 기계공학이 참조해 가는 다양한 기계의 세계를 만나봅시다.

첨단 센서,
더 안전하고 편리한 세상을 위하여

__ 센서 기술 발전의 역사와 미래

박인규

기계지능, 첨단 센서 기술 연구

우리들은 일상생활에서 '센서sensor'라는 단어를 자주 접한다. 길거리를 지날 때 어둠을 밝혀주는 센서등, 건물에 출입할 때 마주치는 자동문 센서, 주차할 때 장애물에 대해 알려주는 주차 센서 등 이미 생활 곳곳에서 센서를 사용하고 있다. 센서란 온도, 습도, 빛의 밝기 등을 포함해 우리가 알고 싶은 모든 환경과 물체의 상태를 감지하고 측정하는 장치를 말한다.

사실 우리 몸에도 센서의 역할을 하는 수많은 감각기관이 존재한다. 눈에 있는 광수용체세포photoreceptor cell는 빛을 감지하고 이미지를 뇌로 전달하는 시각 센서 역할을 하고, 귀에 있는 유모세포cochlear hair cell는 소리 진동을 전기적 신호로 변환하는 청각 센서 기능을 하며, 피부에 있는 수많은 촉각세포는 압력, 진동, 통증 등을 느끼게 해준다.

특히 코로나19 팬데믹 기간 동안 다양한 센서 기술들을 접할 수 있었다. 코로나19 증상이 의심될 때 사용했던 PCRPolymerase Chain Reaction 기반의 정밀 진단 기술이나, 신속 항원 검사 키트는 코로나19 바이러스의 유전자 및 단백질을 감지하는 바이오 센서다. 또한 건물에 출입할 때는 우리의 체온을 측정하기 위해 적외선 센서 어레이에 기반한 카메라를 활용하였다. 이뿐만 아니라 센서는 현대 사회에서 거의 모든 산업과 생활 영역에 사용되고 있다. 스마트폰, 자율주행 자동차, 공장 자동화, 건물 공조 제어 및 화재 감지, 병원에서의 환자 모니터링 등 일상 곳곳에서 센서는 우리의 삶을 편리하고 안전하게 해준다. 특히 최근 사물인터넷 기술이 발전하면서 수많은 센서가 네트워크로 연결되어 기존에 실현할 수 없었던 초지능·초연결 사회를 구현하고 있다.

이 글에서는 고대부터 현대까지 발전되어 온 센서의 역사를 간략히 살펴보고, 현대 산업에서의 센서의 역할, 그리고 센서 기술의 미래 발전 방향에 관해 설명하고자 한다. 이를 통해 독자들이 센서 기술에 대해 이해할 수 있도록 돕고, 특히 기계공학이 센서 기술에 어떠한 중요 역할을 하는지 안내하려 한다.

인류 문명의 발전과 함께해 온 센서 기술

고대 문명에서도 생활 속의 물리적인 현상을 감지하고 측정하려는 요구가 많이 있었고, 이를 위해 기계적인 방식의 센서들이 개발되었다. 대표적인 예로, 지구 자기장을 이용해서 방향을 감지하는 나침반을 들 수 있다. 나침반이 정확히 언제 발명되었는지는 학자마다 이견이 존재하지만, 일반적으로는 중국에서 처음으로 발명되었다고 알려져 있다. 이는 자연적으로 자화磁化된 철이 지구 자기장 방향에 따라 움직이는 원리를 활용했는데, 초기에는 주로 점성술이나 풍수지리에서 방향을 결정하는 데 사용되었고, 이후에 지리 탐험과 항해 목적으로 사용되기 시작했다. 나침반은 12세기 말에 아랍을 통해 유럽으로 전파되어 신대륙 발견에 크게 기여하게 된다.

나침반 바늘은 철, 니켈 등과 같이 자성을 가진 재료로 만들어지는데, 한쪽은 N극, 반대쪽은 S극으로 자화되어 제작된다. 지구가 형성하는 자기장에 의해 나침반의 N극은 지구의 자기 남극, S극은 지구의 자기 북극으로 정렬한다. 고대 사람들은 나침반의 이런 과학적 원리를 알지 못했지만, 경험을 통해 나침반의 제작과 활용 기술을 발전시킬 수 있었다.

또 다른 고대 센서 기술의 예로 이집트, 그리스, 중국 등에서 발명된 물시계를 들 수 있는데, 이는 물의 흐름을 이용해 시간을 측정하는 장치이다. 물을 한 곳에서 다른 곳으로 흘려보내 시간을 측정하는 방식 또는 시간에 따라 물의 높이 변화를 측정하는 방식 등 다양한 물시계가 이 시기에 개발되었다. 물시계 제작에는 용기에 담겨 있는 물이 지구의 중력에 의해 받는 힘과 구멍의 크기에 따라 물의 흐름을 방해하는 저항력을 이용해 정해진 속도로 물을 이동시키는 원리가 사용되었지만, 중력 및 유체역학에 대한 이해가 아닌 경험에 의존한 발명품이었다. 그럼에도 불구하고 물시계를 이용해 시간을 측정할 수 있게 되어 농업, 생산, 과학 기술 분야를 발전시키고, 시간에 맞춰 약속을 잡는 등 사회적 활동이 효율적으로 변화할 수 있었다.

르네상스 시대 이후 과학 기술의 급속한 발전이 이루어지면서 오늘날 사용하고 있는 현대식 센서의 과학적 원리들이 발견되었고, 공학적 구조 또한 개발되었다. 특히 17~18세기에는 수학, 물리학, 화학 등 기초 학문이 빠르게 발전하여 이를 기반으로 다양한 물리량을 측정할 수 있는 센서의 원리들이 규명되었다.

열역학에 따르면 온도가 증가함에 따라 분자들이 더욱 활발하게 움직여서 액체 및 기체의 부피가 증가하게 된다. 이 원리를 기반으로 눈금선이 그려진 유리 튜브 안에 담긴 수은의 부피 변화를 이용하는 온도계가 개발되었다. 액체, 기체와 같은 유체의 운동에 대해 연구하는 유체역학에서는 유체의 압력에 대한 개념이 정립되었다. 이를 바탕으로 수은 압력계가 개발되었는데, U자형 유리관 안에 담긴 수은의 높이가 기체의 압력에 따라 변화하는 현상을 이용하였다. 광학 분야에서는 빛의 파동성과 간섭 현상에 대한 이론이 정립되면서, 이를 이용해 얇은 막의 두께나 미세한 거리를 측정하는 장치가 개발되었다. 18세기 말에는 유체의 속력을 측정하는 유량계인 벤츄리 튜브venturi tube가 발명되었는데, 18세기 초 밝혀진 베르누이 정리(흐르는 유체의 속력, 압력, 높이 사이의 상관관계에 대한 에너지 보존 법칙)를 이용한 것이다.

19세기에는 과학 기술의 발전이 보다 가속화되면서 더 다양하고 복잡한 물리량까지 측정할 수 있게 됐다. 전류를 감지하고 계측하는 갈바노미터galvanometer, 유체의 끈끈함이나 내부 저항력을 측정하는 점도계 등이 대표적이다. 이러한 놀라운 발전은 물리학, 화학 등의 자연과학뿐만 아니라 이를 바탕으로 발전하기 시작한 기계공학, 전기공학 등이 결합하여 가능했다.

20세기에는 양자역학, 광학, 반도체공학, 전기화학 등에 기반하여 센서 기술이 혁신적으로 발전하였다. 다양한 산업 분야에서 새로운 센서들이 개발되고 큰 계측기 형태에서 훨씬 작고 기능이 우수한 센서들로 진화되어 현대 기술과 산업의 발전을 이끌게 되었다. 예를 들어 온도 센서의 경우 온도에 따라 전자의 에너지 밴드 변화를 일으켜 저항값이 바뀌는 반도체 소재를 사용해 크기와 소모 전력이 매우 적은 써미스터thermistor 방식의 센서가 개발되었다. 압력 센서의 경우, 압력에 따라 얇은 막이 변형하는 것을 스트레인 게이지strain gauge라는 박막 센서의 저항 변화로 측정하는 방식의 소형 압력 센서가 개발되었다.

이러한 센서 기술의 발달에는 기초과학도 중요한 역할을 했지만, 힘과 에너지에 대한 원리를 연구하고, 이를 실제 생활과 산업에 응용하는 기계공학의 역할이 핵심적이었다. 위에서 설명한 벤츄리 튜브는 기계공학의 중요 분야 중 하나인 유체역학에 기반하여 개발되었고, 압력 센서에 사용되는 막의 변형 역시 기계공학의 핵심 분야 중 하나인 고체역학(고체에 작용하는 힘과 그에 따른 변형에 대해 연구하는 학문)에 기반하여 정립되었다.

초미세 기계 기술의 발전과 센서의 혁신

20세기 말에는 초미세전자기계시스템MEMS, Micro-Electro Mechanical Systems이 개발되면서 센서 기술에 일대 혁신이 일어난다. MEMS 기술이란 반도체 칩 위에 신호 처리용 전자회로와 센서 및 구동 장치를 집적시켜 아주 작고 세밀한 기계를 제조하는 기술을 말한다.

기본적인 반도체 제조 공정은 각각, 감광 소재의 기판에 패턴을 새겨 넣는 '노광', 절연 물질 및 금속, 반도체 소재에 박막을 생성시키는

대표적인 MEMS 센서의 사례

'박막 증착deposition', 이들 기판이나 박막의 특정 부분만 선택적으로 제거하는 '식각etching' 공정 등으로 이루어진다. 그런데 이런 반도체 집적회로 기술이 성숙한 1970년대 말부터는 유사한 공정 방법을 응용해 전자회로가 아닌 기계적 센서나 구동기를 초소형화할 수 있는 기술도 발전했다. 이런 MEMS 기술 덕분에 이전에는 상상하기 힘들었던 초소형, 저전력, 다기능 센서가 작은 칩 위에 집적될 수 있었으며, 매우 다양한 산업에 적용되기 시작했다.

MEMS의 가장 대표적인 예는 관성 센서로, 새끼손톱보다 훨씬 작은 칩이지만 3축 방향의 가속도, 3축 방향의 각속도, 3축 방향의 지구자기장을 측정할 수 있다. 이 센서들은 기본 역학법칙을 따른다. 가속도 센서의 경우는 관성의 법칙에 기반하고 있고, 각속도를 측정하는 자이로스코프gyroscope는 회전 운동이 물체의 직선 운동에 미치는 코리올리 효과coriolis effect를 사용하고, 지구자기장 센서는 움직이는 전하가 외부 자기장에 의해 받는 로렌츠 힘Lorentz force에 기반하고 있다. 이같이 기초적인 물리 원리와 MEMS 제조 공정을 바탕으로 초소형 MEMS 센서가 실현되었다.

MEMS 관성 센서는 이미 웨어러블, 모바일기기에 사용되고 있다. 대표적인 예로 스마트워치에 내장된 인체 모션 감지 시스템이나, 드론에 장착되어 안정적인 비행을 할 수 있도록 자세와 움직임을 측정해 주는 센서 시스템, 자동차에 설치되어 미끄러운 노면에서도 안정적으로 주행 방향과 자세를 제어할 수 있는 주행 안전성 제어 시스템 등이 있다. MEMS 기술은 센서의 초소형, 저전력화뿐만 아니라, 웨이퍼 일괄 제조 공정을 통해 센서의 단가를 대폭 낮추는 데도 크게 기여했다. MEMS 센서의 발전에 있어서도 기계공학은 중추적인 역할을 했다.

지난 수십 년 동안은 MEMS 기술이 센서 기술의 혁신을 가져왔다면, 최근 10여 년은 나노 스케일(10^{-9}m 수준)의 소재와 구조물의 독특한 물성을 활용한 나노 기술이 혁신을 주도하고 있다. 이에 따라 아주 민감하고 응답 속도가 빠른 센서들이 개발되고 있다. 예를 들어 초소형 나노 반도체 가스 센서 기술이 개발되었는데, 이러한 나노 소재 기반 가스 센서를 어레이 형태로 배열하여 고성능 전자 코electronic nose를 구현해 복잡한 냄새와 위험한 가스를 빠르게 감지하는 기술이 실현되고 있다. 앞으로 나노 기술은 지속적으로 센서의 성능을 높이고 가격을 낮추어 센서의 활용 가능성을 높여줄 것이다.

우리가 상상할 수 있는 거의 모든 분야에 활용되는 센서 기술

센서는 제조업, 자동차, 모바일, 의료, 환경, 로봇, 농업, 헬스케어 등 무궁무진한 산업 분야에서 활용되고 있다. 제조업 현장에서는 생산 공정의 모니터링, 기기와 시설의 상태 및 고장 진단, 작업자의 안전에 대한 센서들이 이미 널리 사용되고 있다. 특히 반도체 부품 생산 라인에서는 실리콘 웨이퍼에 박막을 코팅할 때 특정 온도, 압력 조건에서 정

1. 전방 CCD 카메라
2. 전방 에어백 센서
3. 전방 장애물 감지 레이더 센서
4. 타이어 공기압 센서
5. 후방 CCD 카메라
6. 후방 장애물 감지 레이더 센서
7. 휠 회전 속도 센서
8. 충돌 감지 가속도 센서
9. 핸들 각도 측정 센서
10. 주차 보조 초음파 센서

자동차에 사용되는 대표적인 센서 부품들의 위치

확하게 계산된 유량의 반응 가스를 주입해야 하기 때문에 온도, 압력, 유속 센서들이 사용된다. 또한 백신과 같은 고순도 의약품을 패키징하는 생산 라인에서는 의약품이 변질되거나 오염되지 않도록 대기 환경을 정확하게 제어해야 하므로, 온도, 습도, 입자 농도 센서를 곳곳에 설치한다.

센서는 자동차 산업에도 폭넓게 사용된다. 내연기관과 전기차를 막론하고 자동차 한 대 당 들어가는 센서의 수는 200개 이상이다. 내연기관의 경우 엔진에서의 연료 연소를 위해 센서로 외부 공기의 온도, 풍속, 타이어의 압력, 유속을 측정하고 이에 맞는 양의 연료를 정확히 주입한다. 주차할 때는 차체에 부착된 초음파 센서가 주변 장애물과의 거리를 측정해 경고음으로 알려준다. 자율주행 자동차에서는 카메라, 라이다, 레이더 등의 센서가 신호등, 차선, 주변 차량과의 거리, 주변 장애물의 3차원 형상 등을 측정하여 안전한 주행을 가능하게 해준다. 앞으로 전기차와 자율주행 자동차 기술이 발전할수록 센서의 필요성은 더욱더 커질 것이다.

스마트폰이나 스마트워치 등 모바일 시스템에도 수많은 센서가 사용된다. 사용자의 보행 횟수를 측정하거나 가로세로 화면 전환을 할 때 MEMS 관성 센서가, 사용자의 정확한 위치를 측정하는 데는 GPS 센서가, 고도를 측정할 때에는 MEMS 압력 센서가 사용된다. 사용자의 맥박과 혈압은 광센서가 혈관에서 반사되는 빛의 펄스 패턴을 측정하여 알아낸다. 최근에는 당뇨병 환자들의 혈당을 실시간으로 관찰하기 위해 근적외선 빛을 쏘아 혈관의 포도당 분자가 빛을 흡수하는 정도를 측정하는 광센서가 스마트워치에 활용되고 있다.

최근 농업 분야에서는 첨단 기술을 활용해 식물 재배에 최적화된 환경을 제어하고, 생산성을 획기적으로 향상시키는 스마트 농업이 큰 관심을 받고 있다. 이를 실현하기 위해서는 온도, 습도, 빛의 양, 바람의 세기뿐만 아니라 토양의 성분, 질병 상태를 모니터링하는 센서 기술이 필수적이다. 우리나라에서도 엔씽, 미드바르 등 센서 기술을 기반으로 한 스마트농업 플랫폼을 제공하는 스타트업 기업들이 주목받고 있다.

이처럼 센서 기술은 우리가 상상할 수 있는 거의 모든 분야에 적용되고 있다. 이를 네트워크로 연결해 빅데이터를 수집한 뒤 인공지능 기술을 이용해 더 유용한 정보를 생성하고, 기계 장치 스스로 최적의 상태를 유지할 수 있게 제어하며, 생활을 편리하고 안전하게 만드는 사물인터넷 역시 센서 기술과 인공지능 기술의 시너지를 추구한 것이라 할 수 있다.

삶과 산업을 바꾸어놓을 센서의 미래

우리의 생활 곳곳에서 미지의 물리량을 계측하려는 필요성은 계속 늘어날 것이다. 이에 사람들은 높은 성능, 다양한 기능, 작은 크기, 적은 소모 전력뿐만 아니라 가격도 저렴한 센서를 찾을 것이다. 이 모든 요구 조건을 한번에 만족시키기는 어렵지만, 센서는 꾸준히 고도화될 것이다. 소재, 센서 메커니즘, 초소형 제작 기술, 고집적·저전력 전자 회로 기술, 인공지능 기반의 신호 처리 기술 등 각 분야에서 혁신적 시도가 축적되고 있다.

센서 혁명은 의료와 가전 영역에도 큰 변화를 가져올 것이다. 우리

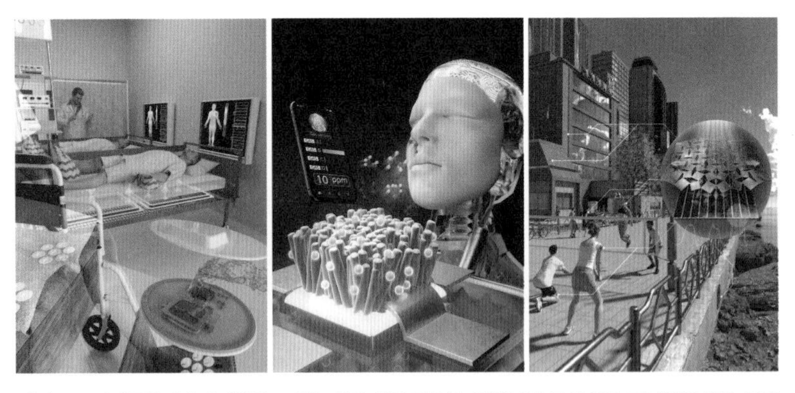

카이스트 기계공학과에서 개발하고 있는 첨단 센서 기술들. 왼쪽부터 무선 환자 모니터링 센서, 초저전력 고성능 전자 코 센서, 자가발전 운동 모니터링 센서다.(©카이스트 기계지능 및 첨단 센서 연구실)

는 조만간 몸의 질병을 진단하고 치료해 주는 이식형 센서 및 치료기기, 피부에 얇게 부착해서 우리의 건강과 감정 상태까지 모니터링하는 스마트밴드를 일상적으로 사용하게 될 것이다. 냉장고에도 음식물과 식재료의 신선도를 즉시 평가해 줄 수 있는 전자 코·혀 시스템 등의 첨단 센서가 장착되어 건강하고 낭비 없는 식생활을 돕게 될 것이다.

더 나아가 로봇과 메타버스 같은 분야도 센서 기술로 인해 새로운 진화가 가능해질 것이다. 사람과 협업할 수 있는 소프트 로봇의 전자 피부에는 사람 피부 못지않은 다양한 센서가 부착될 것이다. 실감형 메타버스를 구현할 수 있는 초감각 인지 시스템도 가능해져서 가상현실의 수준도 한 차원 높아질 것으로 예상된다. 이러한 센서 기술의 발달은 우리의 일상생활과 산업 현장 전반에 엄청난 변화를 가져올 것이다.

카이스트 기계공학과에서도 새로운 센서 기술들을 활발히 연구하고 있다. 인공지능, 나노 제조 및 4D프린팅을 활용해 경제적이며 고성능의 센서를 설계·제조하는 방법을 개발 중이며 또한 초저전력 초소형 전자 코 칩, 세균 감염을 진단하는 초박형 스마트 패치 관련 연구도 활발히 이루어지고 있다. 더불어 별도의 전원 없이 스스로 에너지를 생산해 센서를 구동할 수 있는 자가발전 센서의 핵심 기술도 개발되고 있다. 카이스트 기계공학과는 미래 센서 기술 발전의 중심 역할을 하며 인류의 건강과 행복, 편리한 세상을 여는 데 기여할 수 있도록 더욱 노력해 갈 것이다.

조용하고 쾌적한 미래를 위해 소음과 진동을 제어하다

_ 음향 메타물질과 음향 블랙홀

전원주

음향, 진동 및 메타물질 연구

우리는 매일 '소리'를 들으며 삽니다. 소리란 무엇이고, 우리는 어떻게 소리를 들을 수 있는 것일까요?

간단히 답을 해보자면, 우선 소리는 공기 입자들이 움직일 때 입자들 간에 운동량을 교환하면서 전달되는 파동에너지를 의미합니다. 다음 그림과 같이 작은 고무망치로 종을 치면 종의 표면은 진동하게 될 것입니다. 그러면 그 종 주위의 공기 입자들도 떨리기 시작하겠지요. 이 입자들의 떨림은 인접한 공기 입자들로 전달되고, 그 떨림은 또다시 인접한 입자들로 전달되면서 결국 우리 귀의 고막 근처까지 닿습니다. 고막의 떨림은 달팽이관으로 전달되어 청신경을 자극하게 되고, 최종적으로 전기신호로 뇌에 전해져 우리는 소리라는 것을 들을 수 있게 됩니다. 이처럼 소리는 자연을 비롯한 외부 환경과 공기, 귀와 뇌가

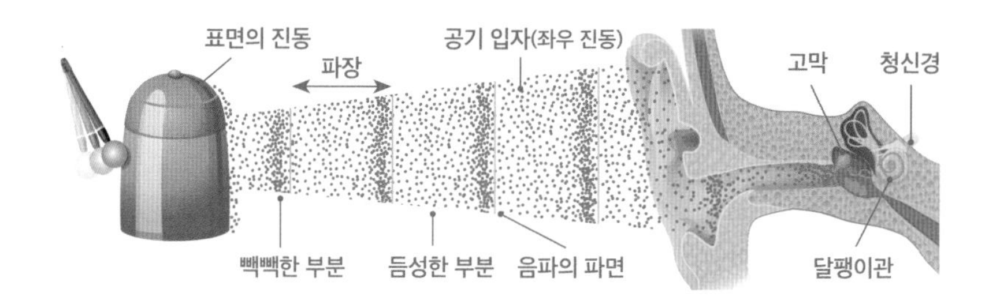

우리가 소리를 듣는 원리와 과정

합작하여 만들어낸 정교한 물리 현상입니다.

저 멀리 있는 종으로부터 발생한 소리는 대략 1초에 340m를 나아갑니다. 빛의 속력이 초속 30만km이니까, 340m 정도 떨어진 곳에서 종이 울린다면 우리는 종을 치는 그 순간의 모습이 눈에 보이는 것보다 종소리가 1초 가량 늦게 들린다는 걸 알 수 있습니다. 번쩍이는 번개보다 천둥소리가 늘 뒤늦게 들리는 것도 이 때문이지요.

뉴턴은 모르고 라플라스는 알았던 것

역사상 가장 위대한 물리학자이자 수학자 중 한 명이었던 뉴턴은 소리의 속도를 이론적으로 계산하는 방법을 고안했습니다. 그는 먼저 운동하는 모든 물체에 적용되는 '가속도의 법칙'(뉴턴의 운동 제2법칙, 물체의 가속도는 그 물체에 작용하는 힘에 비례하고 질량에 반비례한다)과 '질량 보존의 법칙'을 토대로, 요동치는 공기 입자들에 의한 파동 현상을 분석할 수 있는 방정식을 이용하여, 소리라는 파동에너지가 공기 입자들을 통해 공간으로 퍼져나갈 때 어떤 일이 벌어질지를 상상했습니다.

뉴턴은 소리가 전파될 때 공기의 온도가 어디나 일정하다고 가정합니다. 즉, 공기 입자들 사이의 간격이 가까워져 압축된 곳에서는 온도가 올라가고 반대로 공기 입자들 사이의 간격이 멀어져 팽창한 곳에서는 온도가 내려가겠지만, 열은 금세 온도가 높은 곳에서 낮은 곳으로 전달되어 열적 평형상태가 된다고 본 것입니다. 이처럼 뉴턴은 소리의 전파 과정에서 공기 입자들의 압축과 팽창이 동반되지만 압축-팽창 부위의 온도는 동등하다는 '등온 과정'을 가정합니다.

당시 뉴턴이 계산해 낸 음속은 20℃에서 290m/s 정도였습니다. 그런데 결과적으로 뉴턴이 계산한 소리의 속력은 틀렸습니다. 공기의 온도에 대한 잘못된 가정 때문이었죠. 하지만 그의 계산이 정확히 맞고 틀렸는지를 떠나, 종도 시계도 없이 수학과 물리 지식만을 가지고 음속을 계산했다는 사실이 놀랍지 않나요?

뉴턴보다 약 백 년 후에 태어난 프랑스의 위대한 수학자이자 물리학자인 라플라스Pierre-Simon Laplace는 뉴턴의 오류를 놓치지 않았습니다. 그가 주목한 것은 온도에 대한 뉴턴의 가정이었습니다. 압축된 공기(고온)와 팽창된 공기(저온) 사이의 온도차가 뉴턴의 생각처럼 그렇게 빨리 사라질 수 있을까? 즉, 열의 전달로 온도차가 사라지기에는 반복되는 압축-팽창 주기가 너무 짧아서 열이 전달될 틈이 없다고 봤습니다. 이렇게 되면 소리가 전달되는 경로에는 얼룩말 무늬처럼 상대적으로 뜨거운 곳과 차가운 곳이 번갈아 나타날 겁니다.

다시 말해, 라플라스는 소리의 전파 과정을 온도차는 있지만 열은 전달되지 않는 '단열 과정'으로 본 것이죠. (온도차가 나는데도 불구하고 열이 전달되지 않을 거라는 생각은 대체 어떻게 했을까요?) 온도에 대한 상반된 가정을 바탕으로 계산된 음속은 상온에서 약 340m/s 정도였습니다. 바로 오늘날 우리가 알고 있는 음속 값입니다!

듣기 좋은 소리, 듣기 싫은 소음

앞서 말한 것처럼 소리의 물리적 본질은 공기 입자들의 운동과 그 운동량 교환을 통해 전달되는 파동에너지입니다. 온도, 기압 등의 조건이 동일하다면 서로 다른 주파수의 소리들 사이에는 속력의 차이도 없습니다. 가령 콘서트홀의 오케스트라 연주회에서 콘트라베이스의 낮은 소리나 바이올린의 높은 소리 모두 청중에게 동시에 전달됩니다. 다양한 악기들의 소리가 다른 속력으로 전달된다면 우리는 오케스트라의 아름다운 화음을 느낄 수 없을 겁니다.

하지만 세상에는 오케스트라의 화음처럼 듣기 좋은 소리와는 달리 아주 듣기 싫은 소리도 있습니다. 누군가 교실 칠판을 긁는 소리, 혹은 한밤의 정적을 깨는 비명소리는 어떤가요?

왜 우리는 어떤 소리는 좋아하고 어떤 소리는 싫어할까요? 인간에게 본능적으로 혐오감을 불러일으키는 소리가 있기 때문입니다. 못으로 철판을 긁어대는 것과 같은 날카로운 고주파 대역의 소리, 갑자기 울려대는 자동차 경적이 그렇습니다. 아마도 생존에 불리한 신호를 피하려는 성향이 우리 유전자에 새겨져 있는 것일지 모릅니다. 포식자가 달려드는 소리, 빠르게 날아오는 흉기의 소리, 싸우거나 다쳤을 때 들리는 소리, 홍수나 화재 혹은 지진 같은 재난 상황에서 들리는 소리를 상상해 보세요. 이들은 너무 높거나 낮고, 너무 크거나 갑자기 변하는 특성이 있습니다.

하지만 소리에 대한 좋고 싫음은 상황에 따라 달라지기도 합니다. 누군가는 마음의 평온을 위해 클래식 음악을 틀었는데, 옆집의 수험생에게는 그것이 집중력을 흐트러트리는 소음일 수도 있습니다. 거대한 파도가 밀려오는 재난 영화의 장면에서 평화로운 새소리만 들린다면 관객들은 벌떡 일어나 항의할 것입니다.

즉, 인간은 소리에 대한 본능적인 기준을 갖고 태어나지만 듣는 상황에 따라 좋고 싫음의 판단은 상당히 유연하게 이뤄집니다. 좋은 소리는 더 듣고 싶고 싫은 소리는 되도록 피하려 합니다. 손으로 귀를 막거나 귀마개를 쓰든, 아니면 첨단 헤드폰으로 소리를 차단하거나 중화시킵니다. 때로는 듣기 싫은 소리를 발생시키는 곳을 찾아서 제거해 버리기도 하죠. 오래 전 인류의 삶의 터전이었던 자연과 달리 온갖 소리들로 가득 찬 도시 환경에 살게 되면서, 소리를 차단하고 조절하려는 우리의 욕구는 더욱 강해지고 있습니다.

소음을 없애는 기존의 기계공학 기술

우리는 세탁기, 건조기와 같은 가전제품부터 자동차, 드론, 비행기 등의 운송 수단까지, 온갖 '문명의 이기' 덕분에 아주 편리하게 살고 있지만 그로 인한 '소음'이라는 대가는 치르고 싶어 하지 않습니다. 그렇다면 우리는 어떻게 소음을 없앨 수 있을까요? 기본적인 방법은 소리가 반사되거나 투과되는 성질을 이용하는 것입니다. 소리는 벽을 만나면 튕겨 나가거나 이를 뚫고 지나갑니다. 마치 벽을 향해 던진 공이 되튀거나 약한 재질의 벽을 뚫어버리는 것과 비슷합니다.

그런데 만약 벽면이 아주 두껍고 부드러운 스펀지로 도배돼 있다면 공은 어떻게 될까요? 속력을 유지한 채 튕겨 나오거나 뚫고 전진하는 게 아니라 에너지를 잃고 벽을 따라 땅으로 떨어질 것입니다. 소리도 마찬가지입니다. 특별한 소재로 벽을 덮어서 소리를 흡수하고(흡음), 투과가 안 되도록 차단(차음)할 수 있습니다.

소리를 흡수하는 흡음재는 작은 구멍이 아주 많은 다공질이거나 미세한 섬유 구조로 이루어진 소재를 사용합니다. 이런 특징 덕분에 소리에너지는 흡음재 안에서 이리저리 충돌하다 열에너지의 형태로 소산돼 사라지게 됩니다. 결과적으로 흡음재에 입사되어 들어왔다가 반사되어 되돌아 나가는 음파의 크기가 줄어 흡음을 할 수 있게 됩니다. 이때 흡음재의 두께가 두꺼울수록 소리를 더 잘 흡수할 수 있습니다. 한편, 소리를 차단하기 위해서는 두꺼운 고무 시트나 석고 보드 같은 차음재가 흔히 사용됩니다. 차음재는 동일 재료라면 두꺼울수록, 동일 두께라면 무거운 재료일수록 소리를 많이 차단할 수 있습니다.

하지만 집 안이나 차량의 소음을 완벽하게 잡겠다고 무한정 두껍고 무거운 재료를 사용하는 것은 공간 활용 측면에서나 차량의 연료(또는 배터리) 소모 관점에서 바람직한 해법은 아닙니다. 따라서, 기존의 재료를 이용한 흡음이나 차음 방법과는 다른 접근이 필요합니다. 요즘 우리가 애용하는 노이즈 캔슬링 이어폰처럼요.

우리가 일상적으로 사용하는 이어폰은 흡음과 차음 기술을 모두 적용하고 있습니다. 귓구멍에 밀착되는 타입의 인이어 이어폰의 경우, 이어폰이 그 자체로 차음벽 역할을 하여 외부 소리가 귓속으로 들어오는 경로를 일부 차단해 소음을 줄입니다. 흡음재로 이루어진 이어팁이 장착되어 소음을 추가로 흡수하기도 합니다. 최근에는 능동 소음 제어

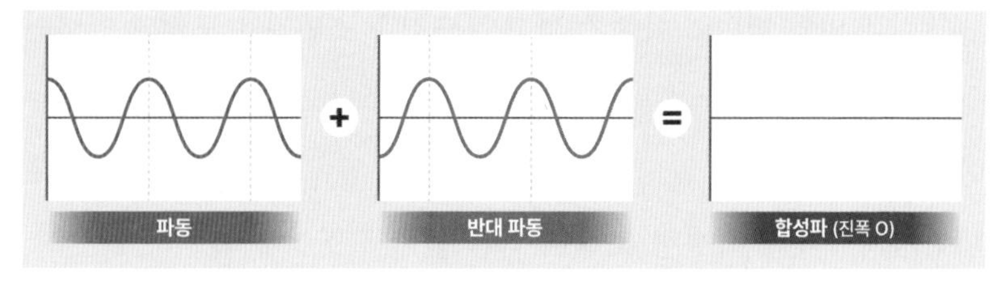

최신 이어폰에서 소음 차단을 위해 활용되는 능동 소음 제어 기술은, 크기는 같으면서 위상이 반대인(180도 차이 나는) 두 파동의 상쇄 간섭 원리를 통해 소음을 제거한다.

ANC, Active Noise Control 기술이 활용되고 있습니다. ANC 기술은 외부 소음과 동일한 크기(즉, 진폭)이지만 정반대의 위상을 갖는 음파를 생성하여 원래의 소음을 상쇄시키는 기술로, 이를 통해 귀에 들리는 음파의 진폭을 줄여 이어폰 밖의 소음이 잘 들리지 않게 합니다.

ANC 기술을 구현하려면, 외부 소음의 진폭과 위상 정보를 수집할 소형 마이크로폰, 그리고 정반대의 음파를 생성해 줄 별도의 스피커가 필요합니다. 또 실시간으로 신호를 분석하고 생성하는 첨단 프로세서와 이들을 작동시키는 동력원, 즉 배터리도 있어야 합니다. 이 모든 것이 우리의 작은 귀에 불편하지 않을 만큼 작고 가벼운 이어폰 안에 탑재되어 있습니다.

한편, 우리가 듣게 되는 소음 중에는 진동으로부터 발생하는 소음도 있습니다. 그중에서도 정말 골치 아픈 것은 반복되는 물리적 충격에 의한 진동에서 발생하는 소음입니다. 심각한 사회 갈등의 원인이 되어버린 층간 소음이 대표적인 사례이지요. 주행하는 차량과 공장 같은 산업 현장에서도 진동 소음은 해결하기 힘든 골칫거리입니다.

이를 극복하기 위해 소음원 역할을 하는 진동의 크기를 줄이는 방법도 있습니다. (문제 자체를 해결하기에 앞서 그 문제의 원인을 해소하는 접근이라고 할까요?) 기존에는 진동에너지를 흡수하여 열에너지로 변형하는 제진재라는 재료를 사용해 왔습니다. 마운트, 고무, 스프링 같은 부품과 소재로 차량이나 기계를 지지하여 진동에너지가 외부로 전달되기 전에 탄성 운동으로 소모되게끔 만드는 절연 방식을 쓰기도 합니다. 하지만 제진재나 마운트 등을 이용한 기존 방법은 진동의 크기를 크게 줄이기 위해 구조물에 무겁게 부착되어야 하는 문제가 있어 진동 소음은 여전히 미해결 과제로 남아 있습니다.

소리를 차단하는 음향 메타물질과 진동을 흡수하는 음향 블랙홀

소음을 줄이는 연구는 현재까지도 매우 중요하고 도전적인 기계공학의 주제입니다. 지금까지는 다양한 재료를 이용해 소음과 진동을 줄여왔지만, 최근에는 새로운 구조를 이용하여 소리를 흡수하거나 차단하고 진동을 줄이는 연구들도 많이 수행되고 있습니다. 목적에 맞게 소리를 제어할 수 있는 새롭고 매력적인 개념에 대해 알아보겠습니다.

질량은 물질이 가지고 있는 고유한 양으로 양의 값을 가집니다. 그런데 만약 질량을 음수로 만들 수 있다면 어떤 일이 일어날까요? 한 번 상상해 보세요. 언뜻 불가능한 것 같지만, 사실 음향 메타물질이라는 새로운 기술을 통해 이런 일이 가능해지고 있답니다.

음향 메타물질은 인공의 구조물로, 일반적인 물질과는 완전히 다른 음향학적인 특징을 가지고 있습니다. 과학자들은 실제로 밀도를 음수로 만들지는 않지만 음파의 입장에서 밀도가 음수처럼 느껴지게 하는

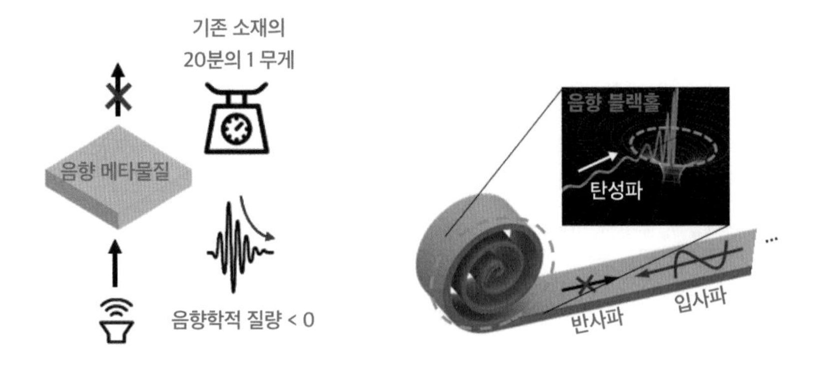

음향학적 질량을 음수로 만들어 음파를 차단하는 음향 메타물질(왼쪽)과 탄성파를 흡수해 진동을 저감하는 음향 블랙홀(오른쪽)에 대한 개념 설명

물질을 설계할 수 있다는 사실을 발견했어요. 그 결과 매우 얇은 두께와 가벼운 무게만으로 음파를 거의 완벽하게 차단할 수 있게 되었습니다. 그로 인해 우리의 일상생활이나 각종 산업 현장에서 발생하는 다양한 형태의 소음을 효과적으로 제거할 수 있는 새로운 길이 열리게 되었습니다.

음향 메타물질만큼이나 흥미로운 음향 블랙홀 기술도 개발되고 있습니다. 음향 블랙홀은 마치 블랙홀이 빛과 모든 물질을 끌어들이는 것처럼, 파동을 특정 지점에 집중시켜 열로 소산시킬 수 있는 새로운 기술입니다. 이런 방식으로 소음의 원천인 진동을 줄일 수 있습니다.

음향 메타물질과 음향 블랙홀은 다양한 응용 분야에서 널리 사용될 수 있습니다. 음향 메타물질은 건물 내부나 가전제품, 차량 등에서 소음을 효과적으로 차단하거나 흡수하는 데 활용될 수 있습니다. 음향 블랙홀은 건축물의 진동을 줄이거나 기계 장비의 소음을 제어하는 데 활용될 수 있어요.

조용하고 쾌적한 미래 도시를 꿈꾸며

전기자동차의 개발이 매우 활발하게 진행되며, 전통적인 내연기관 차량들은 점차 줄어들고 있습니다. 많은 사람들이 '이제 도시의 차량 소음이 사라지지 않을까?'라고 생각하지만, 전기자동차도 여전히 소음 문제를 가지고 있습니다.

전기자동차는 엔진 소음으로부터 자유로워졌지만 대신에 전기모터로부터 나오는 소음이 문제가 될 수 있어요. 또한 그동안 엔진 소음에 가려 들리지 않던 에어컨과 히터의 작동 소음, 그리고 타이어와 도로의 마찰로 발생하는 소음이 더욱 두드러지게 됩니다. 이런 주요 소음 말고도 타이어 뒤쪽 서스펜션의 충격과 진동이 차체를 타고 실내로 전파되어 생기는 소음도 만만치 않지요.

음향 메타물질과 음향 블랙홀은 전기자동차의 소음을 효과적으로 차단하거나 흡수하는 데 활용될 수 있습니다. 흡·차음재 또는 제진재를 활용하는 전통적인 방법들을 쓰면 차체의 무게가 늘어날 수밖에 없습니다. 가뜩이나 전기자동차는 배터리 때문에 내연기관 차량보다 무거운데, 소음 제거를 위한 기술까지 적용되면 어떤 일이 벌어질까요? '얇고 가볍게' 소음을 제어하는 방법을 찾지 못한다면 전기자동차의 장점 가운데 하나가 빛바랠 수도 있습니다.

이 문제는 도심항공모빌리티UAM, Urban Air Mobility로 가면 더 중요해집니다. 도시의 하늘을 누비는 것은 상상만 해도 멋지지만, 이때 발생할 소음이 만만치 않을 겁니다. 음향 메타물질과 음향 블랙홀을 활용하면 되지 않느냐고 생각할 수 있습니다. 물론, 탑승자의 객실을 조용히 유지하는 데 음향 메타물질과 음향 블랙홀이 효과적으로 활용될 수 있습니다. 하지만 바깥으로 퍼져가는 소리를 제어하는 것은 또 다른 문제입니다. 그렇기에 공학자들은 소음과 진동이 발생하는 원인과 전파 방법 등에 맞는 해결책을 개발하고 있습니다.

기술 발전으로 생활이 편해질수록 동전의 양면처럼 소음 문제가 따라옵니다. 모빌리티뿐만 아니라 생활필수품이 된 세탁기와 건조기 같은 가전제품, 우리가 매일 들고 다니는 스마트폰 소음은 어떤가요? 우리는 기술의 발전에 동반되는 소음과 진동 문제를 계속 느끼게 될 테지만, 동시에 이를 해결하기 위해 기계공학자들은 계속 새로운 해결책과 돌파구를 만들어낼 겁니다. 사회의 구조, 문화와 감성이 계속 변화하는 것처럼 우리가 조용하고 쾌적한 환경을 꿈꿀수록 소음 제어 기술의 변화도 요구될 것입니다. 기존의 한계를 뛰어넘는 도전에는 많은 이들의 세상에 대한 면밀한 관찰과 자유로운 상상이 필요합니다. 여러분의 아이디어와 열정, 도전적인 시도를 통해 미래 신기술의 주인공이 되길 응원합니다.

大를 이루기 위한 小의 역학

__ 미소 재료의 기계적 성질을 이해하는 기술

심기동

재료의 기계적 성질 연구

필자의 연구실에서는 재료역학, 즉 외부의 힘이 고체 재료에 작용하면 그 재료가 어떻게 반응하는지에 관한 연구를 진행하고 있다. 더 구체적으로는, 재료가 외부의 힘에 대응하여 나타내는 고유의 기계적 성질mechanical properties(탄성계수, 항복강도, 인장강도 등)을 실험을 통해 측정하고 이해하는 연구를 진행한다. 특히 재료 및 구조물의 크기가 기계적 성질에 미치는 영향에 관심을 가지고 있고, 거시 규모bulk-scale 재료와 미소 규모small-scale 재료에 대한 연구를 동시에 진행하고 있다. 더 작은, 더욱 정밀한, 그러면서도 안정적인 기계에 대한 수요가 증가하는 만큼 미소역학small-scale mechanics은 갈수록 중요해지는 추세이다. 이 글에서는 필자의 연구실에서 수행하는 미소역학 분야의 연구를 소개하고자 한다.

왜 박막을 연구해야 할까?

필자의 연구실은 미소역학 분야 중에서도 아주 얇은 박막thin film을 포함한 미소 재료의 기계적 성질에 대해 연구하고 있다. 박막은 말 그대로 '얇은', 즉 그 두께가 폭과 너비에 비해 현저하게 작은 막을 뜻한다. 일상생활에서 쓰는 알루미늄포일이나 휴대폰 강화 필름을 연상하면 쉽게 이해될 것이다. 그렇다면 왜 박막을 연구해야 할까?

이 글을 읽는 독자들도 다양한 매체를 통해 '마이크로'와 '나노'라는 단어를 접해보았을 것이다. 단위인 μm마이크로미터는 10^{-6}m, nm나노미터는 10^{-9}m를 의미한다. 인간의 머리카락 두께가 평균적으로 약 100μm 정도이니까 1μm는 머리카락 두께의 백 분의 일, 1nm는 머리카락 두께의 10만 분의 1을 의미한다. 마이크로·나노공학이 발전하면서 다양한 초소형 전자 소자들이 개발되었고, 이들은 자동차, 스마트폰, 스마트워치 등의 센서에 활용되어 필수적인 역할을 수행하고 있다. 주요 산업과 생활 속 깊숙이 들어와 있는 것이다.

이러한 소자들은 크기도 작아야 하지만 파손 없이 장시간 구동할 수 있어야 하기에, 기계적 신뢰성을 확보하는 것이 매우 중요하다. 이를 위해서는 소자에 쓰이는 재료들의 마이크로·나노 크기에서의 기계적 특성을 이해하는 것이 필수적이다. 1980년대부터 미소역학 분야에서는 전자 소자에 사용되는 전도체, 반도체, 유전체 등 다양한 박막 소재의 기계적 성질을 이해하기 위해 다양한 실험 방법이 개발되어 왔다.

알루미늄포일이 지금보다 얇아져도 음식을 포장할 수 있을까?

누구나 알루미늄포일로 음식물을 포장해 본 경험이 있을 것이다. 우리가 시중에서 사용하는 알루미늄포일은 두께가 약 수십 마이크로미터로 우리 머리카락보다 조금 얇다. 만약 이 포일을 지금보다 천 분의 1 두께, 즉 수십 나노미터로 얇게 만든다면, 그렇게까지 얇아진 포일로 음식물을 포장할 수 있을까?

이 질문에 답하기 위해선 재료의 응력-변형률 관계라는 개념을 이해할 필요가 있다. 아래 그래프를 살펴보자. 여기서 응력應力(외력에 저항하는 단위 면적당 내력)은 재료에 걸리는 힘을 재료의 단면적으로 나눠서 얻으며, 변형률은 재료의 변형 후 길이를 변형 전의 길이로 나눠서 얻는다. 쉽게 말해, 크기가 다른 다양한 재료들이 힘에 저항하는 능력을 직접적으로 비교하기 위해 재료의 크기로 나눠주는 것이라 할

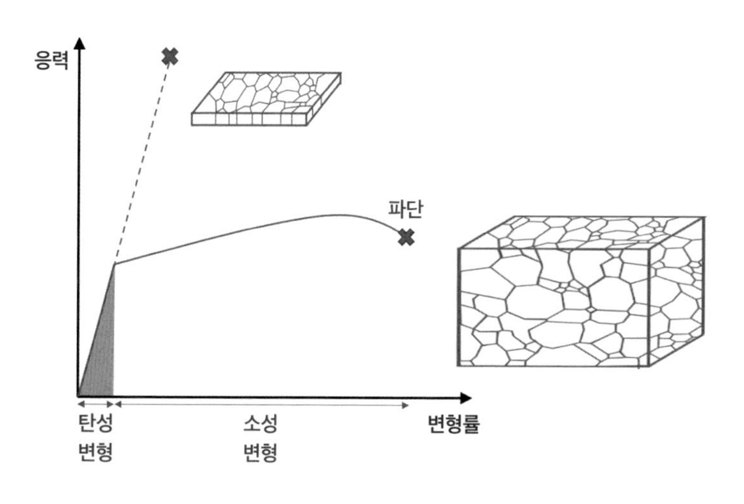

재료의 응력-변형률 곡선 및 미세구조 개략도

수 있다. 그림에서 빨간 실선은 일반적인 알루미늄포일의 기계적 거동을 개략적으로 보여준다. 초기의 선형 구간을 재료의 탄성elastic 구간이라고 한다. 용수철이 늘어났다가 제자리로 돌아가는 상황을 상상하면 쉽게 이해가 될 것이다. 그리고 탄성 구간을 지나서 기울기가 꺾이는 순간부터 재료에 소성plastic 변형이 발생했다고 한다. 즉 영구히 변형된 것이다. 용수철을 많이 잡아당길 경우 제자리로 돌아가지 못하는 것도 소성 변형이 발생했기 때문이다. 우리가 고구마, 옥수수, 피자 등 각각의 모양에 맞춰서 알루미늄포일로 음식물을 싸는 것은 알루미늄의 소성 변형을 활용하는 것이다. 이때 변형이 과하게 발생해서 포일이 찢어지면서 완전히 분리되는 경우, 이것을 재료의 파단이라고 한다.

파란 점선은 알루미늄포일을 지금보다 천 분의 1 두께로 얇게 제작할 경우의 기계적 거동을 개략적으로 보여준다. 여기에서 알 수 있는 점은 재료의 크기가 작아졌을 때 응력, 즉 외부 힘에 저항하는 능력은 커지는데 변형할 수 있는 정도가 크게 감소하여 소성 변형을 활용할 수 없게 된다는 점이다. 따라서 알루미늄포일의 두께가 지금보다 현저히 얇아질 경우 소성 변형이 안 되어 음식물을 포장하는 게 불가능해진다.

이러한 현상이 발생하는 물리적 원인은 박막의 두께와 박막을 구성하는 결정립grain 크기와 관련 있다. 앞의 그래프 속에 있는 빨간 직육면체와 파란 직육면체는 각각 일반 포일과 얇아진 포일의 결정립을 나타낸 것이다. 포일의 두께가 얇아지면서 두께 방향으로 결정립의 숫자가 감소하는 것을 볼 수 있고, 실제로는 면 내 결정립 크기도 감소하게 된다. 이러한 변화로 인해 결정립 내부에서 소성 변형을 일으키는 전위dislocation의 생성 및 이동이 저해되고 결정립계grain boundary에서 변형이 발생하면서 재료의 변형 메커니즘이 바뀌게 되는 것이다.

머리카락 굵기가 100분의 1로 얇아져도 새치를 뽑을 수 있을까?

필자는 20대부터 새치가 생겨 종종 뽑아줘야만 했다. 그런데 새치가 얼마 없으면 이를 뽑는 게 쉽지 않다. 우선, 수많은 검은 머리카락 중에서 새치를 찾아내고 손가락을 써서 딱 그 한 가닥만 집어내야 한다. 행여나 검은 머리카락이 같이 잡히면 손가락을 비벼서 검은 머리카락만 다시 빼줘야 한다. 머리카락이 짧으면 얇은 손톱을 써서 더 정교한 재주를 부려야 한다(슬프게도 이제는 흰 머리카락의 비율이 높아져 차마 뽑지 못한다). 새치를 잡았다고 끝이 아니다. 새치를 단단히 잡고 당겨야 놓치지 않고 제대로 뽑아낼 수 있다. 충분한 힘을 가하지 않아 아프기만 하고 막상 새치는 뽑지 못하는 경우도 많다.

그렇다면 머리카락 굵기가 100분의 1로 얇아지면 새치를 뽑는 일이 얼마나 더 어려워질까? 한발 더 나아가 새치를 뽑는 데 필요한 힘과 그 과정에서 머리카락에 발생하는 변형까지 측정할 수 있을까? 사실 필자의 연구실에서는 새치만 쓰지 않을 뿐 불가능해 보이는 이러한 실험들을 수행하고 있다.

다음 그림은 우리 연구실에서 수행하고 있는 미소 단축 인장(새치를 뽑듯이 한 방향으로 잡아당기는) 실험에 대한 소개이다. 그림 속 시험용 조각(시편)의 경우 두께, 폭, 너비에 현저한 차이가 존재하지 않기 때문에 박막이 아니라 '미소 시편'이라 지칭하였다.

왼쪽 그림은 미소 인장 실험을 도식적으로 보여주고 있다. 미소 재료에 초록색 화살표 방향으로 힘을 가하여 재료의 응력-변형률 곡선을 구하는 것이다. 미소 인장 실험에는 나노인덴터nanoindenter라는 장비가 활용된다. 인형 뽑기의 그립 형태를 한 나노인덴터 팁을 제작한

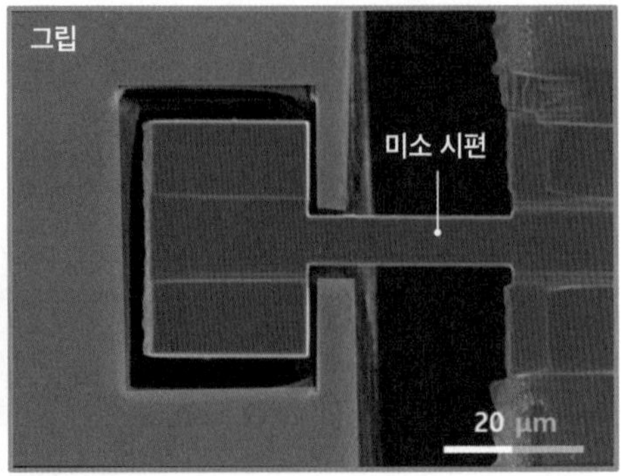

나노인덴터를 이용한 미소 인장 실험 개략도(왼쪽)와 실제 실험을 보여주는 전자현미경 사진(오른쪽)

후 이 팁을 미소 재료(보통 '시편'이라고 부른다)가 있는 곳으로 이동시킨다. 그리고 정확하게 재료에 힘을 가하기 위해 세부적인 정렬을 한다.

오른쪽 그림은 나노인덴터 팁이 수 마이크로미터 두께의 미소 재료에 힘을 가하기(미소 재료를 집기) 위해 위치 정렬을 마친 상태를 전자현미경으로 관찰한 것이다. 이때 재료에 힘을 가하기 좋게 미소 재료의 끝단을 토르의 망치 모양으로 크게 제작한다. 나노인덴터 팁이 힘을 줘서 미소 재료를 잡아당기면 우리는 재료의 가운데 가늘고 긴 줄기 부분에서 일어나는 변형을 측정함과 동시에 변형의 양상과 과정을 관찰한다.

마이크로·나노 세계에서는 어떻게 원하는 형상을 만들까?

한편 '어떻게 저렇게 작은 시편을 제작하지?'라는 의문이 드는 독자들이 있을 것이다. 필자의 연구실에서는 주로 두 가지 제작 공정을 통해서 미소 시편을 제작하고 있는데, 첫째는 흔히 반도체 공정이라고 알고 있는 증착, 포토리소그래피, 식각 등의 공정을 활용하여 제작하는 방법이다. 미소 공정을 이해하기 위해 아래 그림과 같이 'KAIST ME'라는 패턴의 금속 박막을 제작하는 경우를 생각해 보자.

먼저 스퍼터링sputtering, 열 증착법thermal evaporation 등의 방법을 활용하여 실리콘 웨이퍼 위에 금속 박막을 쌓게(증착하게) 된다(a). 금속 박막을 쌓은 후에는, 그 위에 포토레지스트photoresist라는 고분자를 도포하고(b) 포토리소그래피 공정을 수행하게 된다. 포토리소그래피는 마이크로·나노 규모에서 행해지는 고무 판화라고 이해하자. 차이라면, 고무 판화에서 사용하는 잉크 대신 자외선을 활용하고, 종이 대신 포토레지스트에 패턴을 내게 된다는 점이다(c). 웨이퍼 위에 포토레지스트 패턴을 제작한 후에는, 금속을 부식시켜 용해하는 식각액wet etchant에 웨이퍼를 노출시켜서 포토레지스트로 덮힌 영역 외에는 금속 박막이 모두 제거되도록 한다. 마지막으로, 포토레지스트를 제거해 주면 웨이퍼 위에 원하는 금속 패턴만 남게 된다(d).

둘째는 거시 규모 재료의 표면을 국부적으로 깎아서 미소 시편을 제

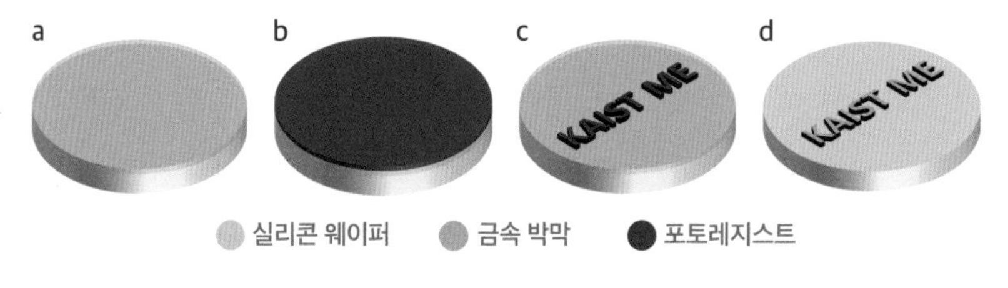

반도체 공정을 활용한 마이크로·나노 패턴 제작

작하는 방법이다. 이 방법은 집속 이온 빔Focused Ion Beam이라는 장비를 활용하게 되며, 흔히 갈륨Ga 이온을 재료 표면에 충돌시키며 깎아서 원하는 형상으로 가공하게 된다. 쉽게 생각하여 마이크로·나노 세계에서 행해지는 조각이라 할 수 있다. 앞선 미소 시편이 이 방법을 활용하여 제작되었다.

大를 이루기 위한 小의 역학

그렇다면 우리 연구실은 왜 미소 재료의 기계적 성질을 연구하고 있을까?

첫째로는, 미소 재료의 기계적 성질에는 거시 규모의 재료와 현저히 다른, 이른바 '크기 효과size effect'가 나타나기 때문이다. 그뿐만 아니라, 동일한 미소 재료에서도 제작에 활용된 증착 방법, 두께, 미세구조, 표면 조건 등에 따라 기계적 성질이 다르게 나타난다. 미소 재료의 기계적 성질은 마이크로·나노 소자의 제작 및 구동 단계에서의 신뢰성에 큰 영향을 미치기 때문에, 크기에 따른 재료의 기계적 성질을 정밀히 측정하고 이해하는 것은 매우 중요하다.

둘째로는, 미소 규모에서 행해지는 연구가 거시 규모에 비해서 많은 노력과 비용을 아낄 수 있다는 장점 때문이다. 예를 들어, 필자는 초음속 비행체의 전방부에서 고온을 견디는 소재로 활용되는 지르코늄 붕소화물ZrB_2의 내산화성과 고온 기계적 성질에 대한 연구에 참여한 경험이 있다. 연구의 목적은 지르코늄 붕소화물에 다른 원소들을 첨가하였을 때 고온 특성을 개선할 수 있는지를 밝혀내는 것이었다. 이 연구를 거시 규모에서 수행하려면 시간과 비용이 많이 든다. 원소 첨가로 화학 조성에 변화가 생긴 다량의 거시 규모 시편을 일일이 제작해야 하기 때문이다. 반면, 박막 증착 공정을 활용하면 여러 원소들이 하나의 웨이퍼 내에서 위치에 따라 다양한 조성을 지니도록 제작할 수 있다. 따라서 한 번의 증착만으로 원소 첨가에 따른 기계적 특성 변화를 연구할 수 있게 된다. 즉, 거시 규모에서의 현실적인 어려움을 미소 규모 실험을 통해 해결할 수 있는 것이다.

핵융합 발전, 항공우주 개발, 액화가스 수송, 극지방 선박 등의 산업에서 극한 환경을 극복하는 재료를 개발하는 기술은 구조물의 신뢰성을 보장하고 인명을 보호하는 데 필수적이다. 이러한 이유로 필자의 은사님께서는 우리 연구의 목적이 궁극적으로 'To Save Human Life', 즉 인간의 생명을 구하는 데 있음을 항상 강조하였다.

최근에는 초고온, 극저온, 방사선 환경과 같은 극한 조건에서 소성 변형에 저항하기 위한 목적으로 미세구조가 복잡한 다원소 합금이 개발되고 있고, 합금의 화학적 조성이 극한 환경에서 기계적 성질에 미치는 영향에 대한 연구도 활발히 진행되고 있다. 뿐만 아니라, 마이크로·나노 소자로 활용될 수 있는 차세대 소재의 개발에도 많은 관심을 기울이고 있다. 이러한 소재는 미소 규모에서 안정적인 성능을 발휘하며 극한의 운영 환경에서도 소자의 신뢰성을 높여줄 것으로 기대된다.

인내와 끈기로 전진하는 청년 연구자들을 응원하며

2009년 가을의 일이다. 필자는 박막의 고온 기계적 성질을 측정하는 방법을 개발하겠다며 호기롭게 연구를 시작했으나, 시간이 지나고서야 이것이 엄청나게 어려운 연구임을 깨달았다. 이 연구를 진행하기 위해선 미소 시험 장비를 새로 제작하고, 마이크로 히터와 미소 시편도 설계 및 제작해야 했다. 게다가 재료의 고온 기계적 성질까지 측정하고 분석해야 했던 것이다. 몇 년 동안 실험에 실패하며 미소 공정 청정실에서 흘린 눈물, 박막 고온 실험을 시작한 후 기도하는 심정으로 실험 결과를 지켜보던 날들이 지금의 필자를 만들었다 해도 과언이 아니다. 막막한 시간을 버티는 과정은 물론 힘들었지만, 새로운 것을 배우며 하나하나 해결해 가는 것에 성취감을 느꼈다. 무엇보다 필자가 수행하는 연구 자체가 즐거웠기 때문에 기쁨과 감사함 역시 느꼈다. 그리고 2012년 12월 말, 3년의 인고 끝에 처음으로 고온 실험에 성공했던 겨울밤의 열기는 아직도 생생하게 떠오른다.

필자의 경우만 보더라도 미소 재료의 기계적 성질에 대한 연구는 많은 인내심을 요구하는 분야라고 생각한다. 그래서 필자의 연구실에서는 '방망이 깎던 노인'의 장인 정신을 갖춘 연구자를 배출하고자 노력하고 있다. 오늘도 우리 연구실에서는 대학원생들이 청춘을 바쳐 극한 환경에서 미소 재료의 기계적 물성을 평가하고, 우수한 물성을 보유한 소재를 개발하는 일에 도전하고 있다. 꿈을 향해 정진하는 학생들을 응원하며 이 글을 마친다.

스타트업을 꿈꾸는 기계공학자

_ 기계공학이 창업에 유리한 이유

윤용진

적층제조, 반도체 융합 공정 연구

"교수님은 꿈이 뭐예요?"

몇 년 전 연구실 제자들이 불쑥 이렇게 물었다. 순간 나는 말문이 막혔다. 어릴 적에는 꿈도 참 많았는데, 지금의 나는 교수가 되어 하루하루 바쁘게 지내는 동안 앞으로 뭘 하고 싶은지 깊게 생각해 보지 않았던 탓이리라. 잠깐 뜸을 들인 후 나는 대답했다.

"예전부터 내 꿈은 창업이었어. 한 명의 기계공학도로서, 좋은 회사를 세워 세상에 도움이 되는 무언가를 만드는 게 나의 꿈이야."

창업이란 무엇일까? 일반적으로 창업은 새로운 비즈니스나 기업을 시작하는 것을 의미한다. 창업의 목표는 새로운 아이디어나 제품, 서비스 등을 개발하고 시장에 출시하여 수익을 창출하는 것이다. 더불어 나는 창업이란 국가의 창건과 마찬가지로 '설립자founder'의 차별화된 기술과 경험, 비전을 바탕으로 '새로운 세상을 열어젖힐' 서비스와 제품을 만들어 세상에 내어놓는 행위라고 생각한다. 그래서 모든 창업은 크건 작건 나라를 세우는 것처럼 위대하다. 설립자들이 뜻을 모아 험난하지만 위대한 일業을 열어創 함께한다는 점에서 창업創業은 실로 설레는 일이 아닐 수 없다.

하지만 이런 창업의 여정에는 수많은 위험이 도사리고 있다. 호기롭게 사업을 시작했다가 창업자의 경험 부족이나 실수, 또는 시장 상황의 변화 등으로 인해 창업자 본인뿐 아니라 가족과 주변 사람들 모두 경제적으로 어려워지고 관계마저 틀어지는 경우가 비일비재하다. 그렇기에 창업은 설레는 마음과 동시에 두려움도 큰 일이라, 선뜻 시작하기 어려운 것도 사실이다.

"갈 수 있는 회사가 없으면 내가 만들자!"

사실 나에게 창업은 꿈이라기보다는 숙명일지도 모르겠다. 계속 도전해 왔고, 성공과 실패를 반복했으나 다시 또 도전하게 될 것 같기 때문이다.

기억을 더듬어보면 내가 기계공학과에 진학한 이유는 '무언가를 만들고 싶어서'였다. 특히 로봇이나 우주선을 만들고 싶었다. 그래서 이론 수업보다는 무언가를 직접 만드는 수업이 더 재미있었고, 그중 최고는 '창의 공학 설계'였다. 이 수업에서 우리 팀은 한 학기 동안 '계단을 올라갈 수 있는 휠체어'를 만들어야 했다(운명의 장난인지 이제는 내가 카이스트 기계공학과에서 그 '공학 설계'를 가르친다).

대학을 졸업하고 일하게 된 병역 특례 스타트업에서 나의 창업 여정은 시작됐다. 팀원들과 밤샘 작업 끝에 국내 최초의 온라인 단어장과 사용자가 원하는 시간에 원하는 영어 방송을 듣게 해주는 온라인 사이트를 만들었다. 당시만 해도 영어 방송은 라디오를 통해 시간에 맞춰 들어야 했기 때문에 이것은 굉장히 획기적인 서비스였다. 하지만 그 시절에는 '인터넷 서비스는 무조건 무료'라는 인식이 팽배했던지라, 우리의 서비스는 수익을 내지 못하고 시장에서 퇴출당했다.

나는 이때 사업 실패의 이유를 되돌아보며 처음으로 '고객의 니즈'에 대해 깊이 생각해 볼 수 있었다. 세상에 없던 새로운 제품과 서비스가 대체 왜 시장에서 외면받은 것일까? 새롭기만 하면 고객이 지갑을 열어줄 거라 생각한 것이 잘못이었다. 고객은 자신이 진정으로 원하는 것을 제대로 반영한 물건과 서비스에 대해서만 '유료'를 허락한다. 사업의 경험과 인적 네트워크가 부족했던 나는 더 많은 준비와 경험을 쌓고 싶었다. 그래서 정말 제대로 된 제품을 만들어보고 싶었다. 이 목표를 이루기 위해 창업의 성지로 알려진 실리콘밸리에 위치한 스탠퍼드대학교로 유학을 가리라 결심했다.

피나는 노력 끝에 꿈에 그리던 스탠퍼드대학교에 들어가 글로벌 창업의 꿈을 이어갔다. 뜻이 맞는 대학원 동료들과 함께 창업 아이템에 맞는 시제품을 만들어 투자를 받기 위해 실리콘밸리의 몇몇 벤처캐피털을 찾아갔다. 당시 창업 아이템은 '어르신을 위한 마우스와 키보드'였는데, 투자 유치가 되지 않아 사업은 시작도 못하고 중단됐다. 박사과정 중에도 창업에 두어 번 도전했지만, 학업과 병행하면서 사업을 성공시키기에는 나의 역량과 경험이 부족했다. 어렵게 시작한 박사과정은 꼭 마치고 싶었기에 결국 창업에 대한 열정은 잠시 묻어둘 수밖에 없었다.

2009년 봄, 박사과정이 끝나갈 무렵, 미국의 여러 회사에 지원하고 면접을 봤지만 마음에 드는 회사에 입사하지 못했다. 선택의 갈림길에서 나는 이렇게 외쳤다.

"갈 수 있는 회사가 없으면 내가 만들자!"

독한 마음으로 사업 아이템을 발굴하고, 함께할 동료를 찾아다닌 지 몇 달 만에, 스탠퍼드대학교 동료들과 G사를 창업했다. 사업 아이템은 빌딩 에너지 관리BEMS, Building Energy Management System였다. 대만에서 이미 성공했던 사업 모델을 한국에 도입하여 빠르게 사업화했는데, 다행스럽게도 회사는 몇 년에 걸쳐서 꾸준히 성장했다. 그리고 창업 5년 후에는 다수의 개인 및 기관 투자까지 유치하여 코넥스KONEX, Korea New Exchange 주식시장 상장을 목전에 두게 됐다.

그러나 또 실패했다. 이번에는 회사 내부 사정 때문이었다. 상장을 꿈꾸기 직전 폐업으로 몰리게 되자 나는 몇 달 동안 잠도 제대로 잘 수 없었다. 자책과 한탄 속에서 '왜 실패했을까?'라는 질문을 되뇌었다. 결국엔 나의 욕심과 맹목적인 투자 유치 때문이었다. 설상가상으로 내부 회계 감사까지 소홀한 바람에 폐업이라는 참담한 결과를 맞을 수밖에 없었던 것이다.

G사의 실패로부터 1년여 지난 2015년, 나는 싱가포르에서 새로운 회사를 시작했다. 한국의 기술 기반 스타트업과 중소기업의 해외 진출을 지원해 주는 회사였는데, 큰 투자 유치 없이도 계속해서 꾸준한 성장을 이어가고 있다. 2018년 카이스트로 소속을 옮긴 이후에도 나는 과거의 경험을 바탕으로 여전히 기술창업에 매진하고 있다. 나에게 창업은 여전히 불확실하고 위험하지만 내가 살아 있음을 느끼게 하는 일이다.

'기계공학자가 창업에 딱!'인 이유

내가 기계공학자로 살아와서인지도 모르겠지만, 나는 기계공학도야말로 창업에 가장 적합한 사람이라고 생각한다. 그 이유는 여러 가지이지만 일단 기계공학 자체가 '제품 또는 시스템을 만드는 데 필요한 기반 기술을 공부하고 연구하는 학문'이기 때문이다. 조금 더 자세히 이유를 들어보자면 아래와 같다.

뛰어난 문제 해결 능력

기계공학자는 역학과 수학 등 여러 기초 학문도 공부하지만, 다른 공학자들보다 전체 시스템의 복잡한 문제를 해석이 가능한 부분으로 나눈 다음, 구조적이고 유기적으로 해결하도록 교육받는다. 특히 복잡

우리나라 최초의 인간형 이족보행 로봇 '휴보'를 개발한 카이스트 기계공학과 오준호 명예교수. 그는 2011년 레인보우로보틱스를 창업하여 성공적으로 이끌고 있다.(©시사IN)

한 문제를 해결해야 하는 스타트업 운영에서는 '창업자가 문제 해결을 위한 방법론을 배우고 적용해 본 경험이 있는가'가 매우 중요하다. 기계공학과는 이러한 구조적이고 과학적인 문제 해결 방법론을 실제 프로젝트를 통해서 배울 수 있는 몇 안 되는 학과 중 하나이다.

제품 설계 및 제작을 위한 전문 지식

기계공학자는 실제 고객들이 사용할 제품을 설계하고 구축하는 데 탁월한 기술을 지니고 있다. 이러한 능력은 새로운 제품이나 기술 개발에 중점을 두고 있는 스타트업에 필수적이다.

팀 프로젝트 관리 능력

기계공학자는 팀 프로젝트를 수행하거나 관리하는 능력이 뛰어나다. 이는 기계공학과의 많은 수업이 프로젝트 기반의 실습으로 이루어지기 때문이다. 이러한 관리 능력은 초기 창업 멤버들과 제품 및 서비스를 함께 개발해야 하는 스타트업 창업자가 갖춰야 할 필수적인 능력이기도 하다.

혁신적인 솔루션을 만들어내는 능력

기계공학자는 제품 설계 프로젝트를 통해 혁신적인 아이디어를 발굴하고 이를 구현하도록 훈련받는다. 이를 위해 재료역학, 시스템 제어, 제조 공정, 열공학, 유체역학, 고체역학, 생산 관리 등 다양한 분야를 공부하며, 이러한 폭넓은 전문 지식을 기반으로 혁신적인 솔루션을 만들어낼 수 있다.

4차 산업혁명 시대에 기계공학자가 창업하기 적합한 분야는?

그렇다고 기계공학자가 모든 산업 분야에서 성공적으로 창업할 수 있는 것은 아니다. 오늘날 4차 산업혁명 시대에 기계공학자들이 창업하기 유리한 분야를 소개해 보고자 한다.

우선, '스마트 제조 분야'의 창업이 유망하다. 기계공학자는 제품 설계와 제조 방법을 공부하고 생산 공정 등에 대한 전문 지식을 익힌다. 이를 바탕으로 기계공학자는 생산 공정에 4차 산업혁명의 핵심 기술인 로봇과, 사물인터넷을 활용한 빅데이터 분석, 인공지능 기술을 접목할 수 있다. 따라서 제조 과정을 자동화하고 생산성을 향상하는 스마트 제조 분야와 관련된 기술창업에 매우 유리하다.

또한 '로봇' 관련 분야의 창업도 빼놓을 수 없다. 기계공학자는 로봇을 연구하고 개발하기 위한 제반 기술을 학부 과정에서 배우게 된다. 기계공학과에는 동역학, 고체역학 및 시스템 제어 과목과 로봇 설계 및 제조를 위한 생산 공학과 공학 설계 과목 등이 있어서 로봇 관련 창업을 위한 최적의 기초 지식을 제공한다. 실제로 인공지능 기술을 결합하여 인간을 대체하거나 보조하는 로봇 분야가 빠르게 성장하고 있으며, 기계공학과의 많은 교수가 학생들과 함께 로봇 관련 회사를 창업하여 성공을 거두고 있다.

요즘 들어 중요성과 관심이 커지고 있는 것은 '친환경 신재생에너지' 관련 분야이다. 인류의 생존을 위해 지구온난화를 극복하고 지구와 함께 살아갈 방법을 모색해야 하는 시대가 도래했다. 이러한 전 지구적 변화는 우리 사회를 탄소 중립이나 수소 경제와 같은 새로운 에너지 패러다임이 지배하는 시대로 이끌고 있다. 특히 탈화석연료를 기반으로 하는 친환경 신재생에너지 생태계로의 전환에는 다양한 초고도 기술이 필요하다. 또한 태양광, 풍력, 수력발전을 통한 그린에너지 생산, 생산된 그린에너지를 저장하고 수송하는 시스템, 연료전지를 통해 전기를 생산하는 시스템 등 에너지 관련 분야의 연구와 기술 개발이 기계공학과에서 활발히 이루어지고 있다. 그만큼 친환경 신재생에너지 분야는 기계공학자가 창업하여 성공할 수 있는 유망한 분야라고 할 수 있다.

'첨단 의료기기' 또한 기계공학자가 창업하기 유망한 분야이다. 한국의 인구 고령화는 이미 급속하게 진행되고 있다. 한국뿐만 아니라 많은 국가에서 겪는 문제이기에 의료 산업의 중요성은 더욱 커지고 있다. 특히 고령자를 위한 원격의료 시스템, 보행 보조 기구, 로봇을 활용한 정밀 수술기기 등 첨단 의료기기 개발 및 생산 분야가 앞으로 크게 성장해 갈 것으로 예상된다.

'3D프린팅' 분야에서의 창업도 활발하다. 3D프린팅은 기존의 생산 방식을 혁명적으로 바꾸고 있다. 특히 다품종 소량 생산에 적합한 첨단 항공기 및 우주선의 초경량·초고강도 정밀 부품 제작, 그리고 첨단 의료기기 및 임플란트 제품 생산에 이미 3D프린팅 기술이 널리 사용되고 있다. 3D프린팅은 전 세계적으로 이미 연간 성장률이 25%를 넘어갈 정도로 각광받는 미래 기술 분야이다. 기계공학자는 재료 가공 및 생산 공정을 연구하기에 이러한 3D프린팅 분야에 진출하기 매우 적합하다. 필자의 연구실 박사과정 학생들도 새로운 금속 3D프린팅 제조 공법을 적용한 보급형 금속 3D프린터를 생산하는 '유니테크 3DP'라는 스타트업을 창업하여 세계적인 회사로 성장시키기 위해 오늘도 열정을 쏟고 있다.

마지막으로 '드론 및 첨단 무인 모빌리티' 분야이다. 자동차, 항공기 등 모빌리티 산업을 이야기할 때, 기계공학과는 빼놓을 수 없는 전공이다. 여전히 많은 기계공학과 졸업생들이 자동차와 항공기 회사에 취업하고 있다. 이런 전통적인 자동차나 항공기 산업 외에도 새로운 모빌리티 산업이 떠오르고 있는데, 그 중심에는 드론이나 무인 비행기 UAV, Unmanned Aerial Vehicle, 도심항공모빌리티, 무인 선박 등이 있다. 최근 이러한 첨단 모빌리티 분야에 많은 스타트업이 등장하여 크나큰 성장을 보이고 있으며 많은 기계공학자들이 이 분야의 창업을 선도하고 있다.

지금까지 기계공학자인 동시에 창업자인 필자의 경험을 토대로 '왜 기계공학과가 창업하기에 가장 적합한 전공 가운데 하나인가?'라는 물음에 대한 답을 제시해 보았다. 교수가 무슨 사업이냐는 이야기도 종종 들었다. 그러나 최근에는 카이스트도 '1 실험실 1 창업'이 목표일

기계공학자가 창업하기 유리한 분야로는 스마트 제조와 유니버설 로봇, 신재생에너지, 3D프린터(왼쪽), 드론 및 무인 모빌리티(오른쪽) 분야 등이 있다.(©셔터스톡)

정도로 학생이나 교수들이 연구한 기술의 사업화가 점점 보편화하고 있다. 스탠퍼드대학교 유학 시절, 내가 그토록 부러워했던 미국의 학내 창업 문화가 드디어 한국의 상아탑에도 자리잡기 시작한 것이다. 기술창업 열풍의 중심에는 수많은 기계공학과 선배 창업자들의 성공과 실패의 역사가 쌓여 있다. 이러한 창업의 바람과 도전 정신이 여러분들에게 전해지기를 바라며 글을 마친다.

5장

새로운 의료 패러다임을 이끄는 공학

청진기에서 현미경, 혈관 스텐트까지, 기계공학은 의료 기술의 수준을 향상시키고 그 패러다임을 바꿔왔습니다. 정교하면서도 신뢰성 높은 첨단 의료기기가 있기에 의료진은 보다 쉽고 정확하게 질병을 찾아내고 더 많은 환자에게 새로운 삶의 기회를 찾아줄 수 있습니다. 이제 기계공학은 더 안전하고 효과적인 진단과 치료를 위해 내 몸 밖에 나의 장기를 구현하는 기술에도 도전하고 있습니다. 더 건강한 삶을 위한 기계공학의 도전에 대해 알아봅시다.

기계공학과에도 의대가 있다

_ 생명을 구하는 의료공학의 발전과 기여

김현진

전산역학, 생체역학 및 의료기기 연구

의학 드라마나 영화에서 그려지는 의사들의 삶은 치열하다 못해 숭고하기까지 하다. 복잡한 질병을 진단하고 고난도의 수술을 해내며 생명을 살리고자 고군분투하는 그들의 모습에 감사한 마음이 든다. 생명을 다루는 직업인 만큼 그 안에서 일어나는 어려운 결정, 안타까운 이야기들은 시청자들의 공감을 불러일으키는데, 이를 보며 나도 저렇게 사람을 살리는 보람된 일을 해보고 싶다는 생각이 들 때도 있다.

그런데 이렇게 분투하는 의사들 곁에는 의료공학이라는 조력자가 함께하고 있다. 오랫동안 의학의 역사와 맞물려서 우리 몸을 역학적으로 이해하려는 움직임이 있어왔고, 그 중심에는 기계공학자들의 노력이 존재한다. 이러한 노력은 의학 발달에 크게 기여했을 뿐만 아니라, 생체역학 또는 바이오공학이라는 이름의 새로운 학문 분야를 창조하는 계기가 되었다.

오늘날에도 다양한 학문과 기술을 이용해 우리 몸을 보다 더 정확하게 이해하고 질병의 원인과 과정을 밝혀 진단 및 치료에 도움을 주는 연구가 활발하게 진행되고 있다. 생리학, 병리학 등의 의학과 공학을 접목하여 새로운 기술 발전을 이루는 것이다. 이 글에서는 한국인의 주요 사망 원인이기도 한 심장혈관계 질환에 초점을 맞추어 기계공학이 질환의 진단, 치료, 모니터링, 예후 예측 등에 어떻게 기여하고 있는지 이야기하고자 한다.

인류는 피의 움직임을 어떻게 이해했을까?

의학의 역사는 고대 그리스까지 거슬러 올라간다. 물론 그 이전 시대에도 우리 몸을 진단하고 치료하는 방법에 대해 연구했을 것으로 보이지만, 남아 있는 문헌이 거의 존재하지 않는다. 고대 그리스인들은 죽은 동물을 해부하여 여러 기관과 혈액 등을 관찰한 후, 혈액은 정맥에만 있고 동맥에는 공기가 있다고 생각했다. 물이 높은 데서 낮은 데로 흐르듯, 사람이 죽어서 심장의 펌프질이 멈추면 혈액 역시 혈압이 높은 동맥에서 혈압이 낮은 정맥으로 모여들기 때문이다. 또한 인간의 심장에 좌심방, 좌심실, 우심방, 우심실의 네 구역이 있는 것은 알았지만, 각 구역의 기능과 혈액의 이동 방향에 대해서는 감을 잡지 못하였다.

로마제국 시대에는 갈레노스Claudios Galenos가 검투사들과 로마 황제의 전담 의사로 일한 경험을 바탕으로 당대의 의학 지식을 집대성했다. 갈레노스는 심장, 폐, 뇌, 간 등을 연결하는 혈액의 통로를 제시하고, 동맥과 정맥을 구별했으며, 혈액의 이동으로 우리 몸의 주요 기관에 영양분이 공급된다고 주장하였다. 당시 그가 그린 혈액의 이동 경로는 지금 우리가 알고 있는 것과 매우 다르지만 17세기까지도 그의 주장이 통용됐다.

혈액이 간에서 만들어져 우심실과 좌심실의 막을 통해 좌심실로 이동한다는 갈레노스의 오류는 17세기 초반에 등장한 혈액 순환설을 통해 반박됐다. 영국의 생리학자 윌리엄 하비William Harvey는 동맥과 정맥이 눈이 보이지 않는 미소혈관과 모세혈관을 통해 연결되어 있으며, 심장혈관계는 닫힌 시스템으로 혈액은 심장에서 나와서 동맥과 정맥을 거쳐 다시 심장으로 들어간다고 주장했다. 이후 의학과 과학의 발전과 현미경의 발명으로 눈에 보이지 않던 미세한 혈관을 관찰하게 되면서 하비의 주장이 증명되었다.

의학과 공학, 심장혈관계에서 만나다

18세기에서 19세기는 과학의 부흥기였다. 수학, 역학, 생리학 등을 이용해서 심장혈관계의 작동 원리를 이해하려는 노력도 활발하게 전개되었다. 프랑스의 수학자이자 물리학자 다니엘 베르누이Daniel Bernoulli는 베르누이 방정식을 이용해 혈압이 혈관의 속도와 위치에 따라 어떻게 변하는지 알아보았다. 오래 서 있으면 다리 쪽으로 혈액이 몰리면서 피로를 느끼는 것, 앉아 있다가 일어서면 뇌 쪽으로 혈액이 원활하게 공급되지 못해 갑자기 어지럼증을 느끼는 것 등은 다 베르누이 방정식으로 설명할 수 있다.

프랑스의 물리학자 장 레오나드 마리 푸아죄유Jean Leonard Marie Poiseuille는 간단한 실린더로 혈관을 모사한 다음, 혈액의 운동으로 인해 발생하는 혈압 차를 계산하였다. 이를 이용해 심장이 온몸 구석구석에 혈액을 보내려면 심장의 혈압이 얼마나 높아야 하는지 그리고 혈관의 직경에 따라서 필요한 혈압이 어떻게 변하는지 수학적으로 설명해 주었다.

영국의 신학자이자 과학자였던 스테판 헤일스Stephen Hales는 동물실험으로 혈압을 측정했다. 또한 심장이 혈액을 온몸에 전달할 때 발생하는 혈관의 변형과 혈압 간의 관계를 펌프와 윈드케셀이라 불리는 관을 이용해 설명하였다. 독일 생리학자 오토 프랑크Otto Frank는 스테판 헤일스가 이야기한 심장과 혈관의 상호작용을 수학적으로 설명하였는데, 이는 복잡한 심장혈관계를 간단한 전기회로로 단순화해서 생각할 수 있는 계기가 되었다. 전압을 혈압으로, 전류를 혈액의 유동량으로 치환하면 전기회로도를 이용해 심장혈관계의 기능을 설명할 수 있는 것이다.

2차 세계대전 후에는 컴퓨터 개발에 공헌한 영국의 수학자 존 로널드 워머슬리John Ronald Womersley가 저명한 의사였던 도널드 맥도널드Donald McDonald의 연구팀과 일하면서 심장의 수축, 이완 운동으로 인해 발생하는 맥박 혈액 유동이 어떻게 일어나는지를 초기 컴퓨터를 이용해 계산하였다.

다양한 지식을 활용해 심장혈관계를 더 깊이 이해하려는 노력은 20세기 후반에 들어 더 복잡해지고 치열해졌다. 그만큼 심장혈관계는 의사나 수학자, 공학자들의 공통된 관심사였다. 1980년대에는 심장혈관계 질환이 혈압이나 혈액 유동량 등의 역학과 관련이 깊다는 사실이 밝혀졌다. 이 점에 흥미를 느낀 기계공학자들은 1990년대부터 의료 영상, 컴퓨터, 기계학습 등을 활용하여 심장혈관계 생체역학을 활발하게 연구했다. 의료 영상 기술의 발달로 사람의 큰 혈관 및 심장을 눈으로 직접 관찰할 수 있게 되면서, 해당 부위 질병의 진단 수준과 정확도도 크게 향상했다.

기계공학자들은 여기서 멈추지 않고 심장 및 혈관을 컴퓨터 모델로 만들어서 혈액이 어떻게 움직이는지를 직접 계산했다. 이전에는 의사가 사람의 혈관에 구멍을 뚫고 관측 장비를 투입해야 측정할 수 있었던 혈압과 혈액 유동량 값도 이제 공학자의 계산으로 알 수 있게 된 것이다.

물론 공학자들은 계산 값의 신뢰도를 높이기 위해 다양한 기술 개발을 진행했다. 첫째로 의료 영상 데이터를 이용해 혈관을 정확하게 추출하는 기술을 개발했다. 현재는 인공지능까지 활용해 추출의 정확도를 더욱 높이는 연구를 진행하고 있다. 두 번째로 수많은 혈관 사이의 연결 관계를 구현해 주는 기술이 개발되고 있다. 의료 영상 데이터로 만든 혈관은 실제 심장혈관계의 극히 일부만을 모사한다. 하지만 우리 몸에는 10억 개 단위의 혈관이 존재하고 혈관과 혈액은 복잡한 기능을 수행하고 있다. 이에 기계공학은 의료 영상 데이터로 추출한 혈관 너머의 나머지 심장혈관계까지 고려하는 해석 방법을 개발하여 보다 더 정확하게 심장혈관계를 모사할 수 있게 되었다.

심장혈관계는 매우 복잡하고 시시각각 다양하게 변하는 시스템이다. 그래서 의료 영상 데이터로 추출한 혈관 모델도 계속 리모델링이 이루어지고, 혈압과 혈액 유동량은 개인의 활동에 맞게 시시각각 변화한다. 이것을 고려해야 개개인의 심장혈관계를 보다 더 현실적으로 모사할 수 있으므로 이를 위한 다양한 연구가 진행되고 있다.

스텐트, 심장혈관계 치료에 활용된 기계공학 기술의 총체

공학자들은 복잡한 심장혈관계 중에서도 특히 심장근육을 감싸고 있는 관상동맥 질환들을 진단하기 위해 다양한 노력을 해왔다. 심장은 혈액을 통해 우리 몸 곳곳에 산소와 영양분을 공급하는 펌프 기능을 하는데, 대동맥에서 분기한 관상동맥은 심장근육이 일을 하는 데 필요한 산소와 에너지를 공급하는 매우 중요한 기능을 맡고 있다.

따라서 이 부위에 질환이 생기면 심장이 에너지원을 제대로 공급받지 못해 심장혈관계 전체에 영향을 줄 수 있다. 실제로 관상동맥에서 생기는 질환은 세계적으로 사망 원인 1위, 우리나라 사망 원인 2위에 해당한다.

통상적으로 의사들은 관상동맥 질환을 겪는 환자가 가슴 통증을 호소하는 경우, 조영제를 투입해 X선를 찍으면서 정확한 발병 위치와 심각성을 판단한다. 건강한 혈관에 비해 질병이 생긴 혈관의 직경이 얼

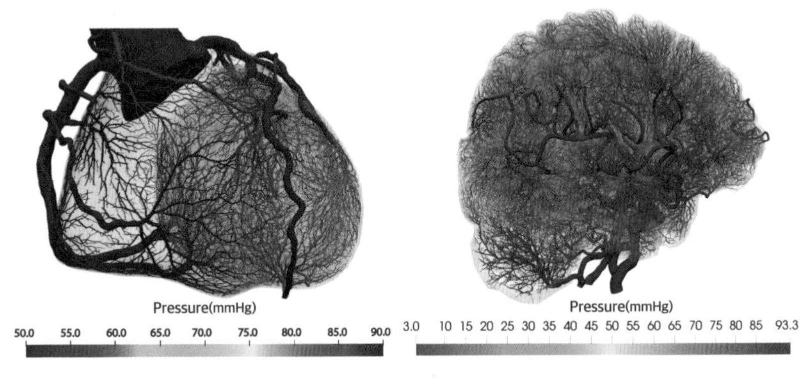

심장에 혈액을 공급하는 관상동맥(왼쪽)과 뇌에 혈액을 공급하는 뇌동맥(오른쪽). 심장에서 나온 혈액이 관상동맥 또는 뇌동맥을 통해 이동하면서 압력이 감소한다.

마나 줄어들었는지 관찰하고, 그 정도가 심각하면 스텐트를 집어넣어 질병 부위의 직경을 늘려주는 시술을 진행한다. 때론 조금 더 신중하게 접근하기 위해 혈관 내부에 혈압 측정 장비를 집어넣어 혈압 감소량을 측정하고, 손실량이 많을 경우 스텐트를 이식하기도 한다.

공학자들은 이런 과정을 거치지 않고 의료 영상 데이터를 이용해 환자의 관상동맥을 추출하고 관상동맥의 위치에 따라 혈압과 혈액 유동량이 어떻게 변하는지 계산하였다. 이 기술을 이용해 의사와 환자들은 의료 영상을 찍은 후 계산 결과를 바탕으로 스텐트 시술의 필요 여부를 결정한다.

이 기술은 시간과 비용, 무엇보다 환자의 신체에 대한 잠재적 위험을 줄여준다. 이 기술은 실제로 상용화되어 미국, 유럽, 영국, 일본 등에서 사용되고 있다. 그리고 이런 성과를 바탕으로 다른 심장혈관계 질환에 대한 진단 기술 개발과 임상시험이 진행되고 있다.

기계공학 기술을 이용한 의료기기 개발도 활발하게 진행되고 있다. 가령 앞서 언급한 스텐트는 심장혈관계 질환 시술 중 가장 대중적인 시술로서 기계공학 기술의 총체라고 할 수 있다.

스텐트는 작은 풍선 위에 매달려 있다가, 의사들이 공기를 주입해 풍선을 팽창시키면 그에 따라서 변형되어 혈관의 직경을 넓히는 방식으로 작동한다. 여기에서 중요한 것은, 풍선은 공기를 빼면 수축해서 혈관 밖으로 꺼내게 되지만 스텐트는 변형 상태를 유지해야 한다는 것이다. 그래야 혈관의 직경이 다시 줄어들지 않게 된다. 이를 위해 스텐트는 스테인리스 스틸이나 니켈-타이타늄, 코발트-크롬, 형상기억합금 등으로 만들어진다.

이러한 1세대 스텐트의 경우 스텐트 안에 다시 질환이 생기는 경우

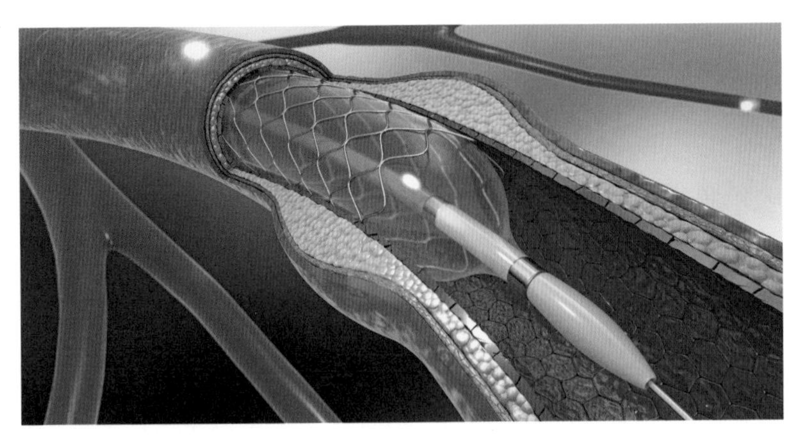

심장혈관계 질환이 혈액 유동량을 감소시켜 통증이나 허혈을 유발할 정도로 심각해지면 스텐트를 질병 위치에 이식하여 막힌 혈관의 직경을 복원시키는 시술을 한다.(©셔터스톡)

가 많아 2세대 스텐트로는 약을 코팅한 기기가 많이 사용되고 있다. 최근에는 우리 몸 안에서 천천히 녹는 생분해성 스텐트 개발 연구도 활발히 이루어지고 있다.

이와 같이 스텐트 재료의 선정 및 설계, 제작에서부터 스텐트가 혈관 내에서 부서지지 않고 모양을 유지하면서 오랫동안 혈관을 지탱하는 데 필요한 강도, 스텐트에 걸리는 힘의 계산까지 기계공학의 지식과 기술이 활용되지 않는 곳이 없다.

기계공학 기술을 접목하면 의료기기의 개발에 들어가는 비용과 시간을 대폭 줄일 수 있다. 가령 심장혈관계에 사용되는 의료기기는 매우 가격이 비싸고, 동물실험, 임상시험 등을 포함해 철저한 사용 승인 과정을 거쳐야 의사들이 실제 시술에 사용하게 된다. 최근 계산을 접목한 심장혈관계 의료기기 개발은 승인 과정을 간소화하고 동물의 희생을 최소화할 수 있는 방안으로 떠오르고 있다.

개인 맞춤형 의료 서비스를 위하여

최근에는 웨어러블 디바이스 개발이 활발해지면서 개개인의 다양한 건강 정보를 웨어러블 디바이스를 통해 실시간으로 측정하고 모니터링하는 것이 가능해졌다. 심장혈관계와 관련해서도 웨어러블 디바이스를 이용해 심장 박동 수, 혈압, 혈액 유동량, 산소 포화도 등을 측정하는 기술이 발전하고 있다. 기계공학과에서는 다양한 웨어러블 디바이스를 개발하는 것부터 시작해서 디바이스 신호 처리 기술을 비롯해 디바이스 신호를 분석하기 위한 생체역학과 데이터 기반의 해석 모델을 개발하고 있다.

이 기술들을 개발하면 우리가 드라마에서 보는 것처럼 의료 영상 및 웨어러블 디바이스 등을 이용하여 진단을 내리는 것부터 시작해 적합한 치료 방법을 자동으로 결정하고 치료하는 것까지 가능해질 수 있다. 일례로 당뇨병의 경우 실시간 모니터링 기술이 실제 쓰이고 있다. 당뇨병 환자들의 혈당값을 웨어러블 디바이스를 통해 실시간으로 측정하고 측정 값에 따라 환자들이 식단 및 운동량 등을 바꿀 수 있다. 물론 의료 기술은 환자의 생명을 다루는 분야이기 때문에 무엇보다 정확도와 신뢰도를 확보하는 것이 반드시 우선되어야 한다.

이처럼 기계공학 기반의 다양한 의료 기술이 등장하며 의사들은 이를 효과적으로 활용하여 환자 개개인에게 가장 적합한 의료 서비스를 제공할 수 있게 되었다. 물론 현재의 기계공학 기술 기반의 의료 기술은 의사를 대체하는 것이 아니라 의사와 환자가 최적의 선택을 하도록 돕는 역할을 한다. 병의 진단, 치료 결과 예측, 건강 증진 및 모니터링 등에 도움이 되기를 기대하는 것이다.

인간의 수명이 연장되면서 예전에는 크게 문제가 되지 않았던 질환이 이제 큰 문제로 대두되기도 한다. 반면 사람들은 병원에서 노년을 보내는 것이 아니라 늙어서도 내가 하고 싶은 활동을 마음껏 하면서 행복한 인생을 누리기를 원한다. 그러자면 실시간 모니터링을 통한 예방과 신속한 치료가 무엇보다 중요하다. 이를 위해 기계공학과에서는 실시간 모니터링부터 시작해서 개인 맞춤형 진단 기술, 치료 기술 및 치료 결과 예측 기술, 그리고 더 나아가 가까운 미래에 개개인에게 발병 확률이 있는 질병까지 예상하는 기술을 개발하고 있다.

물론 위에서 제시한 기술이 꼭 기계공학과 내에서만 이루어지는 것은 아니다. 최근 많은 연구가 여러 학문을 융합한 형태로 이루어지고 있고, 여기에서 설명한 기술 역시 기계공학의 역학 분야가 의학, 생리학, 병리학, 의료 영상, 인공지능 등과 결합한 융합 기술이다.

그럼에도 기계공학에서 이 연구를 해야 하는 이유를 한 가지 제시하자면 우리 몸에서 발생하는 생리학, 병리학적 현상들을 인과관계를 이용해 설명하는 역학 기반의 모델이 데이터 기반의 모델과 결합한다면 보다 신뢰할 수 있는 기술로 거듭날 수 있기 때문이다. 특히 침습적 데이터가 절대적으로 부족한 심장혈관계 질환의 경우에 역학 기반의 모델을 바탕으로 의료 기술을 개발하는 것이 매우 중요할 것이다. 환자를 직접 치료하면서 그들의 생명을 연장시키는 의사라는 직업도 훌륭하지만, 내가 개발한 다양한 기술을 이용해 많은 환자들의 생명을 연장시키고 그들이 인생을 최대로 누릴 수 있도록 돕는 일 역시 매우 보람 있고 매력적인 일이다.

다만 인간의 몸을 분석의 대상으로 바라보는 시선에는 늘 경각심을 가질 필요가 있다. 기계공학은 의학과는 다른 관점으로 인간의 몸을 바라봄으로써 질병에 대한 혁신적인 돌파구를 만들어왔지만, 만약 그 바탕에 생명 존중과 책임감 있는 윤리 의식이 깔려 있지 않다면 누군가의 생명과 건강에 크나큰 위협이 될 수도 있음을 잊지 말아야 한다.

빛이 있으라!

_ 생명 현상을 탐구하고 질병을 진단하는 광학 기술

유홍기

광학 측정 기술, 의료기기 연구

『성경』의 「창세기」에는 "빛이 있으라"는 구절이 나온다. 세상의 시작은 곧 사방이 밝아지는 것이다. 인간은 오감을 통해, 즉 보고, 듣고, 냄새 맡고, 맛을 보고, 만져봄으로써 주변 상황을 정확하게 인지한다. 이 다섯 감각 중에서 어느 하나 소중하지 않은 것이 없지만, 시각의 비중은 독보적이다.

'몸이 1천 냥이면 눈이 9백 냥'이라거나 '백문이 불여일견' 또는 '보는 것이 믿는 것이다('Seeing is believing.')' 등의 말이 있을 만큼, 동서양을 막론하고 시각은 매우 중요하게 여겨졌다. 미지의 세상을 탐구하는 과학 영역과 유용한 기술을 개발하는 공학 영역, 정밀한 진단을 바탕으로 질병을 치료하는 의학 영역에서도 대상물을 정확하게 바라보는 것은 필수적인 요소이다.

무엇보다 인류는 빛을 다루고 유용하게 이용하는 광학 기술 덕분에 더 멀리, 더 자세히 세상을 관찰할 수 있게 됐다. 인간의 시각에 해당한다고 볼 수 있는 광학 기술은 그 응용 분야가 매우 광범위하다. 시력 교정을 위한 안경에서부터 TV나 휴대전화 화면의 디스플레이, 사진과 동영상을 찍어주는 카메라, 천체 망원경, 현미경, 인체 장기를 진단하는 내시경, 자율주행 자동차의 라이다 기술, 반도체 제작 장비 및 검사기기 등 광학 기술이 안 쓰이는 곳을 찾기 어려울 정도이다.

인간의 눈은 가시광선을 포착하는 고성능 광학기기

그런데 빛은 무엇인가? 너무 쉽고 당연한 질문이라 언뜻 적당한 대답이 생각나지 않을 수 있다. 빛이란 전자기파 스펙트럼 중에서 사람이 맨눈으로 볼 수 있는 영역을 말한다. 전자기파는 전자기파의 파장 혹은 진동수를 기준으로 감마선, X선X-ray, 자외선, 가시광선, 적외선, 마이크로파, 라디오파 등으로 구분된다. 이 중 우리가 흔히 빛이라 부르는 가시광선 영역의 전자기파는 대개 그 파장이 약 400~700nm이며, 주파수는 600THz테라헤르츠 정도이다.

우리 인간의 눈은 가시광선 대역의 전자기파를 검출할 수 있는 대단히 정교한 광학 시스템이다. 눈에 장착된 각막과 수정체는 대상물에서 반사된 빛을 모은 다음 망막에 상을 맺는다. 홍채는 빛의 밝기에 따라 정교하게 크기가 조절되어 우리 눈에 들어오는 빛의 양을 적절히 조절해 준다. 망막에는 색깔을 감지할 수 있는 원추세포와 어두운 빛에도 반응하여 흑백을 인식할 수 있는 간상세포가 있다. 특히 원추세포는

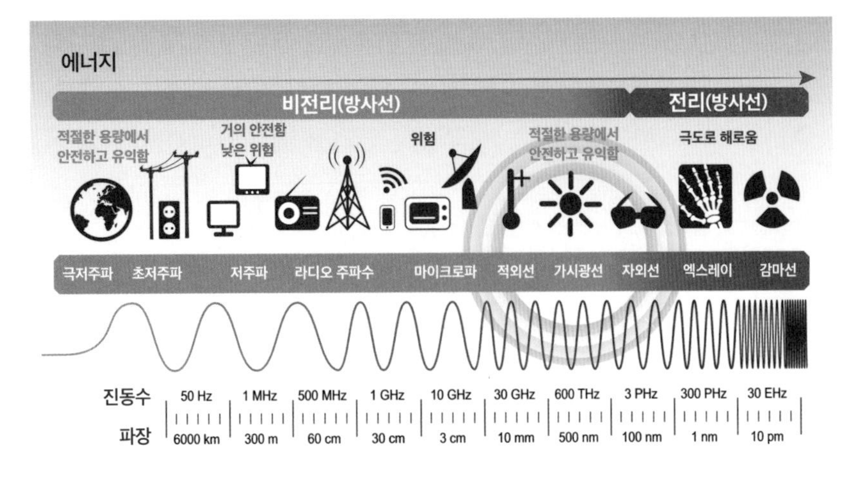

전자기파 스펙트럼. 빛은 이러한 전자기파 스펙트럼 중 인간이 맨눈으로 볼 수 있는 영역을 가리킨다.(©셔터스톡)

각각 붉은빛, 녹색, 푸른빛에 민감하게 반응하는 세 종류가 있고, 우리 눈은 이들이 수집한 정보를 종합하여 세상의 다양한 색상을 효과적으로 인식할 수 있다.

대표적 광학기기로 우리의 눈을 모방해 개발된 카메라를 떠올릴 수 있다. 카메라는 빛을 모아 상을 만들어주는 렌즈, 상을 감지하여 영상을 만들어주는 이미지 센서로 구성되는데, 이들은 각각 우리 눈의 수정체와 망막에 대응된다. 조리개는 주로 렌즈 사이에 위치하여 주변 밝기에 따라 크기를 조절함으로써 상의 밝기를 적절히 조절해 주는데, 눈의 홍채 역할에 해당한다. 우리 눈의 망막에 세 가지 원추세포가 있는 것처럼, 카메라의 이미지 센서는 색상 필터를 이용하여 붉은빛, 녹색, 푸른빛에 각각 반응하여 컬러 영상을 만들어준다. 카메라는 우리의 일상과 추억을 기록하는 도구일 뿐만 아니라, 각종 과학 기술 및 산업 영역, 의료 영역에서도 많이 활용되고 있다.

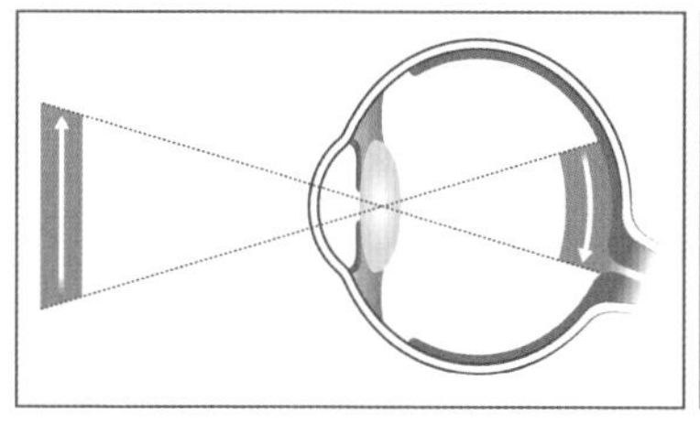
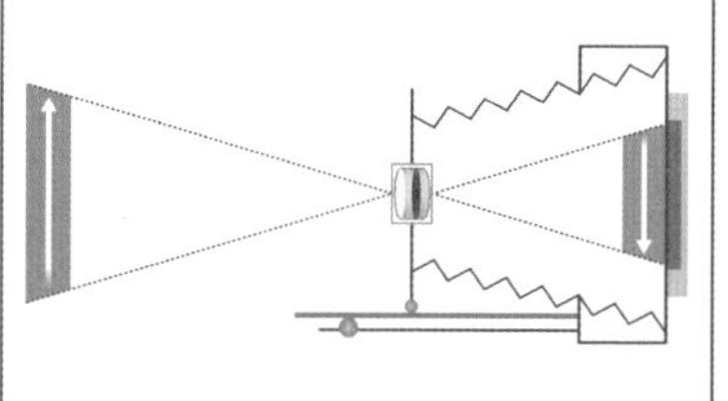

눈(왼쪽)과 카메라(오른쪽)의 구조. 카메라는 눈을 모방해 개발된 만큼 구조의 유사성이 드러난다.

우리 눈으로 볼 수 없는 것들을 보게 해주는 현미경

우리 눈은 가시광선에 민감하지만, 가시광선 영역의 빛이라고 해서 모두 다 볼 수 있는 것은 아니다. 예를 들어 약병에 깨알 같은 글씨로 쓰여진 주의 사항을 읽고 싶을 때 어떻게 하는가? 아마 약병을 코앞까지 가까이 가져와서 작은 글자들을 겨우 읽어나갈 것이다. 안타깝게도 연세가 지긋하신 어르신들은 이마저도 힘든데, 노안으로 인해 너무 가까운 물체에는 초점을 맞출 수 없기 때문이다. 그렇다면 대상물이 너무 작아서 맨눈으로는 도저히 관찰할 수 없을 때는 어떻게 해야 할까? 바로 현미경을 이용할 수 있다.

우리 눈이 각막과 수정체를 이용하여 망막에 물체의 상을 맺는 것과 마찬가지로 현미경도 렌즈를 이용하면 물체의 상을 형성할 수 있다. 이때 렌즈의 초점거리와 물체까지의 거리를 조절하여 상을 확대할 수 있는데 여러 장의 렌즈를 이용하여 현미경의 대물렌즈를 설계할 경우 100~200배까지 물체의 크기를 확대할 수 있다. 이를 접안렌즈를 이용하여 우리 눈으로 관찰하게 된다. 접안렌즈의 표준 배율이 10배이니 최대 2천 배까지 물체를 확대하여 관찰할 수 있다. 예를 들어보자.

100μm, 즉 0.1mm는 머리카락의 지름이나 종이 한 장의 두께 정도인데, 이 정도 크기의 대상물이 2천 배 확대될 경우 200mm, 즉 20cm 크기로 보이는 것이다. 크기가 대략 10μm인 우리 인체의 세포 정도는 현미경을 통해 자세히 관찰할 수 있는 셈이다.

몸속을 들여다보고 질병을 진단하는 광학기술

현미경

현미경은 생물학 연구에 많이 쓰이지만, 의료 진단에도 필수적으로 활용되고 있다. 피부에 발진이 생겨 병원에 간 상황을 상상해 보자. 의사는 발진의 모양이나 패턴, 색상을 바탕으로 발진의 종류와 원인을 파악하고 그에 맞는 약이나 연고 등을 처방한다.

그런데 피부 암은 어떨까? 기저세포암이나 흑색종은 일반 점과는 다르게 생겼다. 의사는 이를 우선 눈으로 확인하겠지만 암이 의심된다면 정밀한 진단을 위해 조직검사를 하게 된다. 바로 이 조직검사에 현미경이 이용된다. 암이 의심되는 병변이 있다면 의심 부위에서 쌀알만큼 작은 조직 검체를 채취하고 이 조직을 얇게 잘라 세포질과 핵이 잘 보이도록 염색을 한다. 세포는 꽤나 투명하기 때문에 염색을 하지 않으면 아무리 현미경으로 들여다본다 하더라도 잘 보이지 않기 때문이다. 염색 이후 병리학과 의사가 현미경으로 조직을 살펴보면서 최종 진단을 내리게 된다. 이와 같이 시각적인 정보는 의사에게 환부에 대한 풍부한 정보를 빠르게 제공해 주어 적절한 치료를 할 수 있는 귀중한 단초를 마련해 준다.

내시경

우리 몸속을 들여다보는 또다른 방법은 내시경을 이용하는 것이다. 밖에서는 몸속이 보이지 않으니 빛과 카메라를 몸속으로 집어넣어 직접 관찰하는 것이다. 위나 대장뿐만 아니라, 귀, 코, 요도, 혈관에도 내시경을 넣어 검사할 수 있다. 내시경에 흔히 쓰이는 광섬유는 빛의 전반사를 이용하여 한쪽 끝에서 반대쪽 끝으로 빛을 효과적으로 전달할 수 있다. 광섬유를 통해 빛을 전달하여 몸속을 비추기도 하고, 또다른 광섬유를 이용해 몸속의 영상 정보를 내시경으로 전달할 수도 있다. 최근에는 초소형 카메라를 내시경에 직접 장착할 수 있을 만큼 렌즈와 센서가 작아져서 광섬유를 이용하지 않고도 고해상도 내시경 영상을 촬영할 수 있다.

한 발 더 나아가 내시경의 불편함을 없애기 위해 초고해상도의 캡슐형 내시경도 개발되었다. 알약 크기의 캡슐형 내시경을 삼키기만 하면 알아서 소화기를 따라 움직이며 몸속의 영상을 전송해 준다.

혈관 내시경

심장마비, 뇌졸중을 포함한 혈관 질환은 세계적으로 사망 원인 1위에 해당하는 무서운 질환이다. 별다른 전조증상 없이 건강하던 사람이 심장마비나 뇌경색으로 쓰러져 사망하는 일도 많다. 비록 다양한 진단 기술과 치료기기가 개발되고 약물을 이용한 의학적 관리 방법도 크게 향상되었지만, 혈관 질환은 여전히 위협적인 병이다.

혈관 질환은 사전에 정밀하게 진단하고 추적하는 것이 중요하다. 그런데 암을 진단할 때처럼 조직검사를 하는 것은 불가능하다. 혈관에서는 작은 조직만 떼어내도 엄청난 출혈이 생길 수 있어 검체를 체취할 수 없기 때문이다. 그래서 나온 것이 혈관 내시경이다. 광섬유와 마이크로 렌즈로 구성된 직경 1mm의 혈관 내시경은 광단층촬영 기법을 통해 혈관 내벽의 단층 영상을 얻을 수 있다. 이 단층 영상을 이용해 동맥경화로 인한 플라크를 정밀하게 관찰할 수 있고 치료 가이드로 활용할 수도 있다.

카이스트 기계공학과의 의광학 및 광측정 연구실에서는 다기능 혈관 내시경 개발을 연구한다. 이를 통해 혈관 내부를 세계에서 가장 포괄적이고 정밀하게 영상화할 수 있는 의료기기를 개발하여 혈관 질환의 극복에 기여하고 있다.

가시광선을 넘어, 다양한 전자기파를 이용한 의료 영상기기

우리 눈으로 직접 관찰할 수는 없더라도 의료기기의 도움으로 환자의 몸속에서 일어나고 있는 일들을 정확하게 파악할 수 있는 경우가 많다. 이때 전자기파 스펙트럼 중 가시광선 이외의 에너지를 활용할 수 있다. 그 대표적인 예가 X선이다.

X선

골절이 있는 경우 X선 영상을 통해 뼈의 정확한 형태를 확인할 수 있다. 흉부 X선 영상은 흉부 장기를 검사하는 기본적인 방법으로 주로 결핵, 폐렴, 각종 폐 질환 등을 진단할 수 있다. X선도 우리가 보는 빛, 즉 가시광선과 같은 전자기파의 일종이지만, 가시광선보다 파장은 대략 1만 배 정도 짧고 진동수는 1만 배나 더 높다.

X선은 인체 조직을 투과하는 정도가 높고 뼈에서는 상당 부분이 흡수되기 때문에 인체 골격을 영상화하는 데 유용하다. 또한, 정상 조직과 암조직, 건강한 폐와 병변 부위에서의 흡수율이 다르기 때문에 X선 영상에 나타난 음영을 바탕으로 폐 질환 및 다양한 질환의 진단이 가능하다. 또 성장기 어린이의 손을 X선 영상으로 찍으면 성장판이 닫혀가는 모습을 확인할 수 있어서 성인 시점의 키를 예측할 수 있어 성장 치료에 활용하기도 한다. X선을 흡수하는 조영제를 혈관에 주입하고 X선 영상을 찍으면 혈관의 모양도 정확하게 확인할 수 있어서 동맥경화를 진단할 수도 있다. 컴퓨터단층촬영CT은 우리 몸속을 3차원 영상으로 재구성해서 보여주어 더욱 정밀한 진단을 가능하게 해준다.

감마선

X선보다 파장이 100배 정도 짧은 감마선도 의료 진단에 활용되고 있다. PET라 불리는 양전자 단층 촬영은 방사성 의약품인 F-18-불화디옥시포도당이 방출하는 양전자에 의해 생성되는 감마선을 검출하여 몸속의 단층 영상을 얻는다. F-18-불화디옥시포도당은 포도당 유사 물질이어서 몸 안에 주사하면 포도당 대사가 활발한 부위에 모이게 된다. 암이 퍼진 부위에서는 포도당 대사가 활발하게 일어나기 때문에 PET 영상에서 해당 부분이 밝은 신호로 나타난다. 이러한 특징은 암 검진에 유용하게 활용되고 있다.

자기공명영상(MRI)

반대로 가시광선보다 훨씬 진동수가 낮은 라디오파를 통해 몸속을 들여다보는 영상 기술도 있는데, 뇌 영상이나 관절, 척추 질환을 진단하는 데 쓰이는 자기공명영상MRI이 바로 그것이다. MRI는 물분자에 포함되어 있는 수소 원자와 자기장의 상호작용으로 인해 발생한 전자파를 측정함으로써 인체 기관의 영상을 재구성한다. 특히 MRI는 연부 조직에 대한 정보를 풍부하게 얻을 수 있다는 장점이 있어, 뇌 영상, 근육 및 인대 파열, 종양 검출 등에 유용하게 활용되고 있다.

첨단 의료기기 분야는 노벨상의 보고

대부분의 사람들은 앞서 언급한 현미경이나 의료 영상 기술에 이미 익숙해진 터라, 이 기술들이 인류의 삶을 얼마나 크게 변화시켰는지 인식하지 못할 때가 많다. 그러나 의료 영상기기는 상당히 많은 노벨상 수상자를 배출한 분야로 그만큼 인류에게 큰 영향을 끼쳐왔다.

최초의 노벨 물리학상도 의료 영상기기와 관련이 있다. 독일의 물리학자인 빌헬름 뢴트겐Wilhelm Conrad Röntgen은 진공관에 전하를 흘리는 실험을 하던 중, 새로운 종류의 광선을 발견했다. 그 원인을 규명할 수 없다는 뜻에서 임시로 이름을 붙인 'X선'을 발견한 공로로, 뢴트겐은 1901년 최초의 노벨 물리학상 수상이라는 영예를 거머쥐다. 일반적인 빛과 달리 X선은 물체를 투과하는 특성이 있고 직진성이 높으며 사진건판을 감광시킨다는 특징이 있는데, 이에 대한 발견은 학계에 큰 반향을 불러일으켰을 뿐만 아니라 의료 진단에도 혁명을 일으켰다.

이는 시작에 불과했다. X선을 이용하여 3차원 영상을 만들어주는 CT를 개발한 공로로 영국의 고드프리 하운스필드Sir Godfrey Newbold Hounsfield와 미국의 앨런 코맥Allan MacLeod Cormack은 1979년 노벨생리의학상을 공동 수상했다. 또한 MRI의 원리를 밝혀낸 펠릭스 블로흐Felix Bloch와 에드워드 퍼셀Edward Mills Purcell이 1952년에 노벨물리학상을, MRI 장치 개발에 기여한 폴 라우터버Paul Christian Lauterbur와 피터 맨스필드Sir Peter Mansfield가 2003년에 노벨생리의학상을 공동 수상했다.

현미경 기술은 어떨까? 네덜란드의 물리학자 프리츠 제르니커Frits Zernike는 세포를 염색하지 않고도 선명하게 관찰할 수 있는 위상차 현미경을 발명하여 1953년 노벨 물리학상을 받았다. 이 위상차 현미경은 지금도 생물학 연구에 기본적으로 활용될 만큼 그 파급 효과가 매우 크다. 2014년에는 초고해상도 현미경 개발의 공로를 인정받아 에릭 베치그Eric Betzig, 윌리엄 머너William Moerner, 슈테판 헬Stefan W. Hell이 노벨화학상을 공동 수상하였다. 현미경은 회절 현상(빛과 같은 파동이 장애물이나 틈을 만나 그 주위로 퍼져나가는 현상)이라는 물리적 한계로 인해 0.2μm 이하의 해상도를 얻는 것이 불가능하다고 알려져 있었는데, 이들은 첨단 광학 기술을 이용하여 기존보다 10배 이상 해상도를 향상한 초고해상도 현미경을 개발하였다. 이를 통해 기존에는 관찰할 수 없었던 초미세 영역의 자연 현상을 살아 있는 세포에서 관찰할 수 있게 되어 생물학 및 의학의 발전에 크게 기여하였다.

생명 연장의 꿈을 현실로 만들어가는 사람들

1929년, 독일의 의사 베르너 포르스만Werner Theodor Otto Forssmann은 목숨을 건 도박을 감행한다. 자기 팔을 부분 마취한 뒤에 정맥을 통해 얇은 의료용 튜브인 카테터catheter를 삽입한 것이다. 포르스만은 흉부 엑스레이를 찍어 카테터가 심장에 안전하게 도달한 것을 확인하였다. 개복 수술 없이도 혈관 및 심장 질환을 효과적으로 진단, 치료할 수 있는 중재술이 탄생하는 순간이었다. 포르스만은 심장병 진단과 치료에 획기적인 발전을 가져온 공로로 1956년에 노벨생리의학상을 받았다.

그로부터 35년이 흐른 뒤, 1964년에는 미국의 의사 찰스 도터Dr. Charles Theodore Dotter가 환자의 다리에 카테터를 삽입해 막힌 혈관을 뚫어주는 혈관 성형술을 개발하였다. 그 후로도 혈관을 통하는 중재술을 활용한 다양한 치료 기법들이 개발되어 활용되고 있다.

이처럼 공학과 의학의 결합은 의학의 발전을 놀라운 수준으로 견인하고 있다. 특히 현대 의학에서는 첨단 의료기기를 개발하기 위해 기계공학, 전자공학, 재료공학 등 다양한 공학 기술의 협력이 필수적이며, 이렇게 개발된 의료기기들은 건강한 삶을 유지하고 생명을 구하는 데 유용하게 활용되고 있다. 한 예로 심장 박동을 보조하는 페이스메이커로 유명한 의료 기업 메드트로닉Medtronic은 자사의 제품이 1초에 2명의 삶과 건강을 개선한다고 힘주어 말하곤 한다. 의료기기는 단순한 기계가 아닌 것이다.

우리나라에서는 노벨상 수상자 배출을 위한 '노벨생리의학상 프로젝트'를 추진할 정도로 의료기기의 개발에 관심이 많다. 우수한 의료진도 많고, 의료기기 연구를 위한 자연과학과 공학 분야의 노력도 지속되고 있는 만큼 멀지 않은 미래에 수상 가능성이 있으리라 예상해 본다. 무엇보다 치열한 도전 정신과 인간에 대한 애정을 바탕으로 인류의 건강을 책임지는 의료기기 강국으로 자리매김하기를 기대한다.

내 몸 밖에 내 장기를 만들 수 있을까?

__ 미세생체 시스템의 발전

전성윤

미세유체 시스템, 장기 칩 연구

환자가 병실 침대 위에 누워 있다. 병을 치료하려면 약을 투여해야 한다. 담당 의사는 머릿속으로 몇 가지 질문을 던져볼 것이다. 투약이 가능한 여러 약 중에서 이 환자에게 가장 잘 듣는 것은 무엇일까? 환자들 대다수가 효과를 봤던 특정 약물이 이 환자에게도 가장 효과적일까? 더 좋은 효과를 얻기 위해 새로운 약물을 시도하거나 두 가지 이상의 약물을 조합해 투여해 보면 어떨까?

머지않은 미래에 의사는 이러한 질문에 대한 새로운 해법을 칩chip을 통해 찾게 될 것이다. 환자에게 직접 약을 투여하기 전, 환자의 세포들로 환자의 장기와 유사하게 만든 칩에 미리 약물을 처리해 반응이 제일 좋은 약물을 확인하는 방법을 사용하는 것이다. 이것은 현재 상상 속의 시나리오지만 미세생체 시스템microphysiological system 또는 장기 칩organ-on-a-chip이라 불리는 작은 시스템을 활용한다면 아주 불가능하지만은 않다.

장기 칩이라는 단어를 처음 들으면 대부분 반도체 부품이 올라간 전자 칩부터 떠올릴 테지만, 여기서 말하는 칩은 전자부품과는 전혀 다르다. 장기 칩이란 장기의 특정 기능이나 일부 구조를 재현하는 작은 조각 모양의 시스템을 뜻한다. 제조 기술의 발달로 머리카락 굵기보다 얇은 시스템도 만들 수 있게 되면서 실험 공간 또한 작게 만들 수 있게 되었다. 미세생체 시스템이나 장기 칩이라고 불리는 이 새로운 실험 플랫폼은 인간의 장기나 질병을 연구할 수 있도록 도와주는 미니 실험실과 같다. 동전만큼 작은 공간 안에 심장세포나 혹은 폐세포로 장기의 환경을 일부 재구현하는 데도 성공했다.

동전보다 작아진 실험 공간: 미세유체 시스템

실험실의 소형화는 왜 필요할까. 우리는 실험실이라는 단어를 들으면 하얀 실험복과 고글을 착용한 채 큰 플라스크에 액체를 넣으며 실험하는 과학자의 모습을 떠올리곤 한다. 이러한 환경에서는 사람이 다룰 수 있는 크기의 실험 기구 및 장비를 사용해 실험을 진행하며, 상당한 양의 시약을 소모하고, 실험에 걸리는 시간 또한 길다. 그러다 보니 연구자들은 좀더 신속하고 효율적으로 실험을 수행할 수 있는 방법을 찾게 되었는데, 20세기 후반 반도체 산업과 함께 급격히 발전한 미세 제조 기술이 이를 위한 돌파구가 되었다.

반도체 기술의 발달로 작은 사이즈의 구조 틀을 만들 수 있게 되었

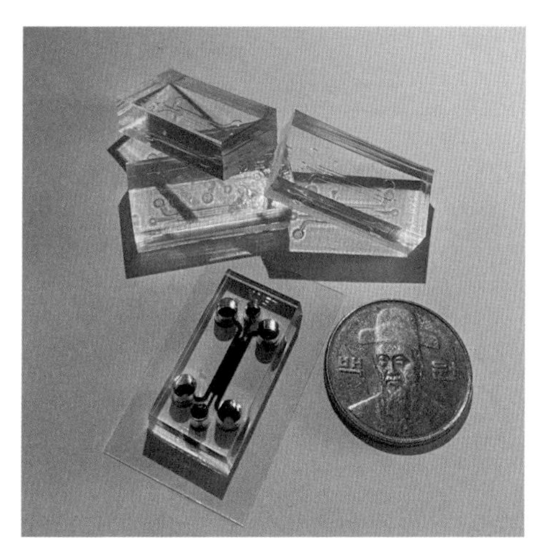

미세유체 시스템과 동전의 크기 비교

고, 이를 이용해 도장을 찍듯 같은 디자인을 다른 물체에 여러 번 복제할 수 있었다. 특히 머리카락보다 가는 마이크로미터 수준의 통로 구조를 가진 각종 시스템을 손쉽게 만들 수 있게 되었다.

이러한 기술을 통해 작은 통로들을 연결한 미세유체 시스템microfluidic system을 개발하였다. 이 시스템 안에서는 기존 실험에서보다 훨씬 적은 양의 시약 및 샘플이 소모되었다. 여기에 소량의 유체의 움직임과 제어를 다루는 미세유체역학의 지식들을 조합하자 작은 통로 안에서 실험을 효율적으로 진행할 수 있는 길이 열렸다. 이 시스템 안에서는 정밀하게 유체를 제어할 수 있을 뿐 아니라 투명한 재질의 재료를 사용해 실험 분석에 필요한 고해상도 영상까지 찍을 수 있다.

미세유체 시스템은 동시에 여러 가지 실험을 수행할 수 있게 해주었고, 시약과 샘플의 소비를 획기적으로 줄였으며, 실험 단계를 통합하여 시간을 절약하게 해주었다. 이에 점차 여러 분야의 연구자들이 소형 실험실의 장점에 흥미를 갖게 되었고 다른 과학 분야로 확장되었다. 미세유체 시스템은 새로운 연구 방법들과의 융합과 지속적인 발전으로 앞으로도 큰 잠재력을 갖고 있다고 할 수 있다.

미세유체 시스템과 바이오의 만남: 내 몸 밖에 축소 재현된 나의 장기

미세유체 시스템 안에서 유체를 제어하고 혼합하여 반응시키는 실험은 그저 시작에 불과했다. 다양한 분야의 연구자들이 열정적으로 노력한 덕분에 응용 분야는 빠르게 확장되었고, 그중 생명공학은 이 작은 시스템의 장점이 특히 두드러진 분야라 할 수 있다.

과학자들은 우리 장기가 어떻게 작동하고, 질병이 장기에 어떤 영향을 미치는지 더 잘 이해할 수 있기를 원했다. 하지만 시험관 안에 담긴 세포나, 살아 있는 동물로 하는 실험은 실제 인체의 환경과 다른 점이 많아 인간의 질병과 장기에 대해 파악하는 데 한계가 있었다. 이때 미세유체 시스템은 기존 실험의 한계를 보완해 줄 수 있는 훌륭한 도구가 되었다. 물론 장기의 모든 구조와 기능을 실제와 똑같이 구현할 수는 없지만, 사람의 세포를 키워서 어느 정도 비슷하게 구현할 수 있었다.

예를 들어 혈관을 모사하는 시스템을 만든다고 가정해 보자. 먼저 실험 시스템의 작은 유체 통로를 장기의 혈관과 조직을 모방한 살아 있는 세포로 채운다. 그런 다음 세포의 성장을 도울 수 있는 액체를 흘려 넣어 세포에 영양분과 산소를 공급한다. 그러면 혈관세포들이 서로 자라고 연결되며 실제 혈관과 유사한 모양의 조직이 완성된다. 이후에는 혈관 내부의 액체 흐름을 제어하거나 시스템에 힘을 가하여 몸속에서 장기가 경험하는 여러 상황을 비슷하게 재현할 수 있다. 이처럼 각종 장기나 조직을 모사하는 시스템을 만들면 특정 장기세포가 실제 환경에서 경험하는 물리적 요소뿐 아니라 화학적 요소들을 다양하게 추가하여 최대한 실제 장기의 미세 환경을 모방할 수 있다. 예를 들어 유체 통로 안에 콜라겐 같은 세포외기질extracellular matrix까지 함께 넣으면, 세포외기질은 주변 세포들에게 구조적인 지지대 역할을 하여 시스템 안 세포들이 실제 세포들과 비슷하게 3차원적 환경에서 자랄 수 있도록 도와준다.

미세유체 시스템 내에 구현된 심장, 폐, 뇌, 안구, 근육, 혈관 등 다양한 장기 시스템을 미세생체 시스템 혹은 장기 칩이라고 한다. 폐 시스템의 경우 사람이 숨을 들이쉴 때 폐포가 늘어나는 현상을 미세생체 시스템 안에 구현하였다. 실험 시스템 안에 소량의 폐세포를 키우고 시스템을 전체적으로 늘려 폐세포가 실제 장기에서와 비슷한 수준

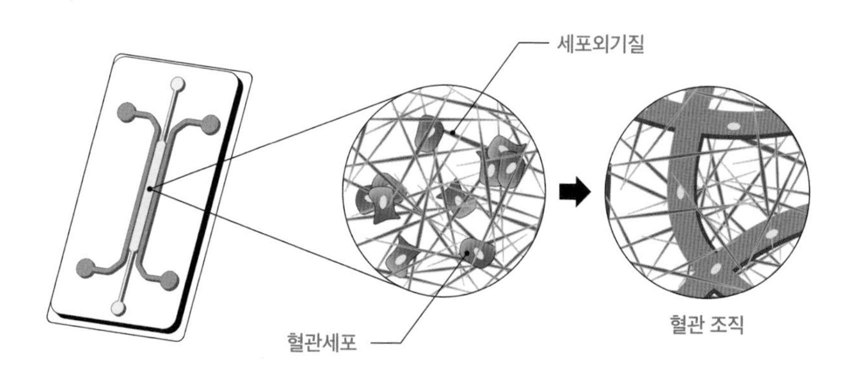

미세생체 시스템 모식도. 미세생체 시스템 안 작은 통로에 세포들을 3차원적 환경에서 키워 장기를 모사한다.

으로 늘어나도록 하였을 때, 폐세포의 면역학적 기능이 실제 인체와 비슷하게 작동하는 것이 관찰됐다. 뇌 시스템의 경우 소량이지만 뇌를 이루는 뉴런세포, 성상세포, 뇌혈관세포를 시스템 안에서 함께 키우자, 시스템 내에 구성된 혈관세포들이 인체 뇌혈관과 유사한 혈관 장벽 기능을 발휘하기 시작했다.

미세생체 시스템은 장기의 모방뿐 아니라 암이나 당뇨병, 근육 질환 같은 질병의 이해와 치료를 위한 모델 구축에도 활용할 수 있다. 가령 여러 가지 방법으로 미세생체 시스템 안에 암 환경을 구현할 수 있는데, 그 가운데 세포외기질을 암세포와 함께 넣어 3차원 환경을 만드는 방법이 널리 쓰인다. 암세포의 생존과 전이에 중요한 역할을 하는 암 혈관과, 면역 치료에 중요한 역할을 하는 면역세포도 함께 키워서 암세포의 거동이나 전이 과정, 면역세포와의 상호작용 등을 연구할 수도 있다.

물론 아직도 해결해야 할 부분은 많다. 무엇보다 시스템 내에 인간 장기의 일부를 유사하게 구현하는 만큼 그 유사도의 척도를 표준화하는 것이 중요하다. 현재는 개별 연구자가 그 척도를 결정하고 있어서 플랫폼마다 차이가 크고 중요하게 여기는 지점이 다를 수도 있다. 또한 장기마다 장기세포 외에 면역세포나 화학적·물리적 요소 등 다양한 필수 구성 요소들이 있는데 이들을 더 정교하게 통합할 필요가 있다. 그리고 현재 기술은 장기 내의 환경을 복잡하게 구현하려 할수록 재현이 어렵다는 한계도 갖고 있다. 같은 사람의 같은 장기가 매번 조금씩 다르게 구현된다면 실험 결과의 신뢰성에 금이 갈 수밖에 없기에, 이 한계는 반드시 극복되어야 한다.

보다 윤리적으로, 보다 개인화된 신약 개발을 가능하게 하다

여러 한계에도 불구하고 미세생체 시스템은 이미 큰 잠재력을 보이고 있다. 인간의 장기와 질병을 연구하고 이해하는 방식에 혁신을 가져왔으며, 장기의 기능과 생리학적 복잡성의 일부를 작은 사이즈로 재현하게 했다. 무엇보다 미세생체 시스템 실험이 연구자들의 큰 관심을 받는 까닭은, 보다 윤리적인 실험을 할 수 있고 개인별로 맞춤화된 치료법을 개발할 수 있기 때문이다.

동물실험은 어떻게 줄일 수 있을까?

약물 하나가 개발되기까지 얼마나 많은 자원이 필요할까? 현재 신약 개발은 보통 다음과 같은 순서로 이루어진다. 먼저 실험실 내에서 세포를 배양한 후 이 세포에 약을 뿌려 효과가 있는지 테스트한다. 세포 수준에서 약의 효능이 확인되면, 쥐나 토끼 등에 주입하여 동물실험을 수행한다. 이 단계에서도 효능이 나타나면, 그 이후에야 사람을 대상으로 임상시험을 진행한다. 아무리 사람의 생명을 위해서라지만 많은 동물이 희생되는 것은 윤리적으로 바람직하지 않다. 게다가 이러한 희생에도 불구하고 동물과 사람은 매우 다르기에 동물실험을 통과한 약물이 사람에게는 전혀 효능이 없는 경우도 다반사다.

미세생체 시스템을 사용하면 동물의 희생을 최소화할 뿐 아니라 기존 실험 방법과 인체 환경의 간극을 줄이면서 질병과 약물의 효능에 대해 연구할 수 있다.

2022년 12월, 미국에서는 동물실험을 최소화하는 새로운 법안이 통과되었다. 이전에는 신약을 개발하려면 미국식품의약국FDA에 동물실험 결과를 의무적으로 제출해야 했다. 그러나 새로운 식품의약국 현대화법 2.0이 통과되면서 FDA의 의약품 허가를 신청할 때 미세생체 시스템 등의 실험으로 동물실험을 대체할 수 있게 된 것이다. 이미 세계적으로 화장품 개발 과정에서는 동물실험이 금지되는 추세이다. 국내에서도 2016년에 화장품법이 개정되면서 동물실험이 금지됐다. 이때 피부에 대한 효능 개선 확인 등을 위해 활용할 수 있는 것 역시 피부 미세생체 시스템이다.

개인 맞춤화 약물

글을 시작하며 상상해 본 병상의 환자를 다시 떠올려보자. 환자에게 어떤 약물을 투여했는데 그 반응이 좋지 않으면 시간만 허비한 채 약해진 몸으로 또 다른 시도를 기다릴 수밖에 없다. 환자의 몸에 맞는 가장 효과적인 약물을 바로 찾아서 치료할 수 있다면 얼마나 좋을까? 하지만 사람마다 가지고 있는 유전자가 다르고 살아온 환경이 다르기에 특정 환자에게 가장 효과적인 약물을 단번에 찾아내기란 쉽지 않다. 많은 환자들에게 효과가 있던 항암제도 어떤 환자에게는 전혀 반응하지 않을 수도 있다.

한 가지 약물도 이런데, 몇 가지 약물을 조합해야 하는 경우라면 판단은 더욱 어려워진다. 그렇다고 모든 약물을 시도하려 들었다가는 환자의 시간, 체력, 돈이 금세 고갈될 것이다.

이런 상황에서 떠올릴 수 있는 방법 중 하나가 미세생체 시스템이다. 개개인마다 본인의 세포를 가지고 장기나 질병 환경의 일부를 재현할 수 있기 때문이다. 이렇게 개인화된 접근 방식은 의사가 각 개인의 고유한 특성을 바탕으로 그에게 가장 적합한 치료법을 찾을 수 있게 도와준다.

미세생체 시스템의 개발은 새로운 바람을 일으키고 있다. 특히 신약과 개인 맞춤형 치료법 개발에 무한한 가능성을 가진 분야이다. 위에서도 언급했듯이 미국은 신약 개발 시에도 동물실험 대신 미세생체 시스템을 활용할 수 있게 법이 개정됐지만, 우리나라는 아직 시작 단계에 머물러 있다. 현재 국내에서도 식품의약품안전처를 중심으로 미세생체 시스템 등에 대한 개발과 검증 움직임이 일어나고 있기에, 앞으로 더 다양하고 안전한 미세생체 시스템들이 개발되고 적용 분야도 확대되리라 기대해 본다.

30년 뒤, 암 진단을 받자마자 내 세포의 일부를 채취해서 장기 칩을 만들고, 가장 효과적인 치료법을 빠르게 찾아내는 모습을 상상해 보라. 작은 아파트만 한 중입자 가속기가 아니라 동전 크기의 칩을 통해 얻은 데이터로 내 몸속에 자라는 암의 특징을 집어내고 확실한 치료약으로 암세포를 정밀 타격하여 효과적으로 치료에 집중할 수 있게 될 것이다. 이러한 대담한 상상이 우리의 미래를 바꿀 것이다.

기계와 함께 진화하는 인간

기계는 이제 인간 삶에 깊숙이 들어와 있습니다. 생명체의 작동 방식을 모방하거나 재현하여 효과적으로 임무를 수행하는 로봇이 속속 등장하는 중입니다. 또한 섬세한 동작을 구현하는 로봇 팔다리가 사람을 보조하는 수준을 넘어, 로봇이 생명체를 닮아가고 뇌와 연결된 기계가 인간의 생각에 따라 명령을 수행하는 시대도 다가오고 있습니다. 사람이 단순히 기계를 사용하는 것이 아니라, 기계와의 융합을 통해 진화하는 것입니다. 그만큼 기술의 양면성과 윤리적 문제에 대한 고민도 더 깊어지게 되었습니다. 인간과 기계의 장벽을 허무는, 낯설지만 경이로운 변화의 실체에 대해 알아봅시다.

생명체를 닮아가는 로봇

_ 인공근육과 생체 모사 로봇

경기욱

햅틱스, 소프트 로봇 연구

사람들은 로봇을 만들 때 무엇을 먼저 상상했을까? 아마도 사람과 닮은 모습의 기계였을 것이다. 로봇과 관련된 최초의 소설로 유명한 아이작 아시모프Isaac Asimov의 『아이, 로봇』에도 로봇은 사람처럼 묘사된다. 작품 속 로봇들은 사람의 친구이자 공동체의 일원으로, 사람처럼 팔다리를 가지고 사람처럼 생각하고 말하기를 바란다. 특히 사람과 똑같은 모습이 되어 시민들을 속이고 시장에 당선되는 로봇은 로봇과 사람의 경계를 허물기까지 한다.

그뿐만 아니다. SF영화 시리즈 〈스타워즈〉에도 사람과 닮은 C-3PO나, 불완전하지만 팔다리를 가진 R2-D2 같은 로봇이 등장한다. 수십 년 간 사랑을 받아온 아톰, 마징가Z, 태권브이, 건담 같은 상상 속의 로봇들도 사람과 같은 모습을 하고 있다. 카이스트의 로봇 알버트 휴보

Albert HUBO가 많은 주목을 받은 이유도 사람과 비슷한 몸체와 함께 아인슈타인을 닮은 얼굴을 지녔기 때문이다.

로봇이 오직 인간만을 닮은 것은 아니다. 네 다리로 걷는 로봇, 날개로 나는 로봇 등도 있다. 하지만 그런 로봇 역시 사람이 살아가며 흔히 볼 수 있는 생명체인 동물의 외형을 모방한 것이다. 로봇은 기계이지만 사람이 살아가는 세계에 어울리는 존재로 창조된 셈이다.

그렇다면 이러한 로봇들이 움직이는 방법이나 원리도 사람이나 생명체와 비슷할까? 만약 로봇의 움직이는 방법이 사람과 다르다면, 그 방식을 사람에 가깝도록 개선해서 얻을 수 있는 이익이 있을까? 본 글에서는 로봇을 사람 혹은 자연계의 생명체와 더욱더 비슷하게 만들어 가는 방법으로서, 인공근육artificial muscle에 대해 그리고 관련 기술이 갖는 의미와 미래의 전망에 대해 이야기해 보고자 한다.

로봇의 모터와 사람의 근육은 움직임이 다르다

잘 만들어진 인간형 로봇과 진짜 사람은 움직이는 모습도 매우 비슷하다. 로봇은 사람과 똑같이 뼈대 구조를 가졌을 뿐 아니라 뼈대와 뼈대 사이를 연결하는 관절 구조를 가졌고, 이 관절의 각도 변화를 통해 사람과 비슷한 동작을 취할 수 있게 된다. 그러나 관절 부위의 움직임을 잘 살펴보면 로봇과 사람의 움직임 사이에는 큰 차이가 있다.

로봇이 움직이기 위해서는 힘을 발생시켜 물리적인 위치를 변화시키는 장치 즉, '구동기'가 필요하다. 로봇에 대표적으로 활용되는 구동기는 전기모터이다. 모터는 전기에너지를 회전 운동으로 변환시키는

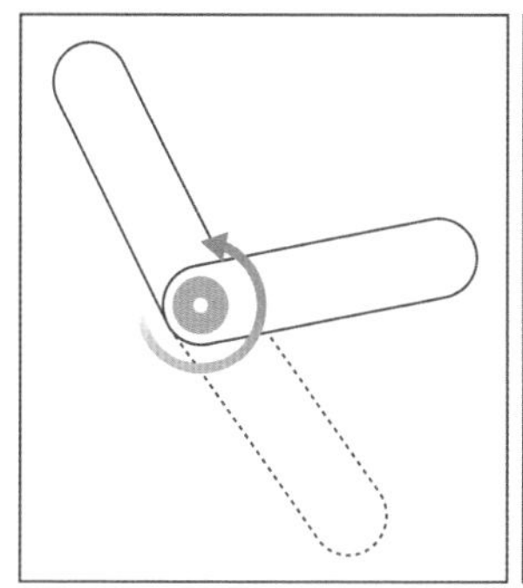
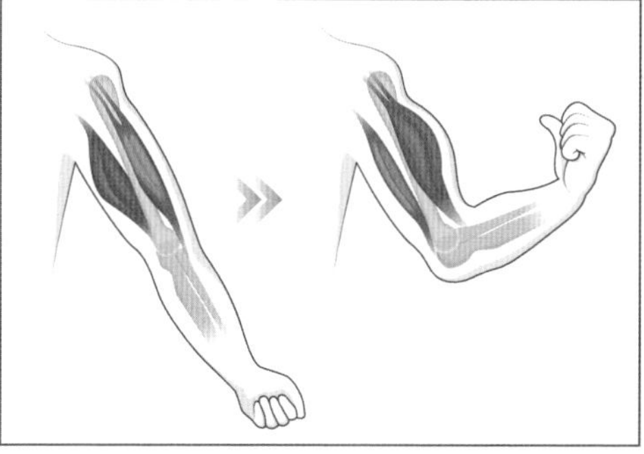

모터를 이용한 관절의 움직임(왼쪽)과 근육을 이용한 관절의 움직임(오른쪽)의 비교

장치다. 로봇에는 두 개의 뼈대를 관통하는 관절이 있는데, 해당 관절 부위에 모터를 장착하거나 연결한다. 이 모터의 회전 운동을 이용해 두 뼈대 사이의 각도를 변화시키는 것이다. 만약 굽혔던 관절을 다시 펴고 싶다면 모터의 회전 방향을 바꾸면 되니 하나의 모터만으로도 간단하고 유용하게 작동시킬 수 있다.

그러나 사람이나 동물의 관절은 로봇과 다르다. 우선 로봇처럼 두 뼈대를 관통하여 연결하는 방식이 아니라 두 개의 뼈대가 맞닿은 구름 관절 구조로 되어 있으며, 관절을 굽히기 위해 한 쌍의 근육이 대칭을 이루고 있는 구조이다. 그리고 대부분 금속으로 구성된 모터는 겉모양의 변화가 없는 반면, 근육은 스스로 늘어나고 줄어들면서 힘을 발생시키고 모양 변화를 일으킨다는 점에 큰 차이가 있다.

두 뼈대가 맞닿아 있는 사람의 관절은 두 뼈대를 관통하여 연결한 로봇의 관절보다 더 불안해 보일 수 있다. 하지만 사람과 동물의 경우 관절에 약간의 여유 움직임을 부여함으로써 오히려 외부 충격으로부터 관절의 부상 위험을 줄일 수 있는 이점이 있다. 반면 모터와 연결된 로봇의 관절은 가벼운 외부 충격에도 회전축이 뒤틀리거나 관절의 영구 손실이 일어나는 경우를 종종 볼 수 있다.

또한 하나의 모터를 이용하여 양방향으로 움직이는 로봇과 달리, 사람은 한 쌍의 근육 다발을 이용하여 굽히는 동작과 펴는 동작을 각각 다른 근육이 맡게 함으로써 근육의 느린 속도를 보완한다. 실제로 근육은 한 가지 운동을 위해 하나의 근육 다발만을 활용하는 것이 아니라 여러 개의 근육 다발을 조합하여 사용함으로써 다양하고 정밀한 움직임이 가능하다.

아울러 근육은 강화재이자 완충재의 역할을 동시에 수행할 수 있다. 우리는 근육에 힘을 주어 우리의 몸을 더욱 단단하게 만들기도 하며, 때로는 힘을 풀어 누군가의 폭신한 팔베개가 되어줄 수 있다. 근육은 동물의 몸의 형태를 만드는 몸체 역할을 할 뿐 아니라, 동물의 뼈대와 신경, 혈관 등을 보호하는 역할을 하기도 한다. 이처럼 근육은 단순한 구동체가 아니라 다양한 기능을 동시에 수행하는 고기능성 생체 조직이다.

그렇다고 모터가 근육에 비해 나쁘기만 한 것은 아니다. 모터 기술은 오랫동안 혁신을 거듭하며 발전해 왔다. 무엇보다 모터는 기어 같은 부품과 결합하면 활용 범위가 크게 늘어난다. 목적에 따라 엄청난 힘을 내게 만들거나, 매우 빠른 속도로 움직이게 하는 것 혹은 마이크로미터 수준으로 정밀하게 움직이도록 성능을 변환시키는 것도 가능하다.

인공근육이 있으면 뭐가 좋을까?

인공근육이란 사람이나 동물의 근육과 같은 변화와 운동이 가능한 구동기를 일컫는다. 즉 앞서 언급한 근육의 장점을 살리는 것을 목적으로 개발된 결과물이라고 할 수 있다. 실제 근육처럼 수축하고 이완되는 변형을 할 수 있으며, 자체가 몸체인 동시에 구동기로 활용될 수 있다.

로봇 잠자리의 예를 살펴보자. 만약 모터를 이용해서 로봇 잠자리를 만든다고 하면, 가장 먼저 로봇 잠자리에 장착할 수 있는 초소형 모터를 찾아야 할 것이다. 그리고 초소형 모터의 속도나 힘을 보완할 수 있는 기어도 필요하다. 또한 잠자리 날개의 복잡한 움직임을 모방하기 위해서는 여러 개의 모터와 복잡한 관절 구조를 활용해야 할지도 모른다. 아직 날개와 몸체는 부착하지도 않았는데 이미 무겁고 복잡해진 것이다.

반면 인공근육을 이용한 잠자리는 진짜 잠자리처럼 몸체에 다양한 근육을 배열하여 날개의 복잡한 움직임을 모방할 수 있을 것이다. 게다가 잠자리의 날개 또한 얇은 인공근육으로 만들 수 있다면 더 다양하고 정교한 날개짓을 만들어낼 수 있지 않을까? 이처럼 인공근육은 생명체의 움직임을 모방할 뿐 아니라 새로운 가능성도 열어줄 수 있다.

이번엔 온몸을 S자로 움직이며 물속을 유영하는 로봇 물고기를 상상해 보자. 여러 뼈대와 이러한 관절, 그것들을 구동하는 모터가 필요할 것이다. 이러한 관절을 구성하고 모터를 안정적으로 작동시키려면 상당히 크고 무거운 뼈대가 필요할 텐데, 여기에 물고기처럼 보이게 하기 위해 몸체까지 덧대야 한다. 이때 몸체는 그야말로 장식이고 방해꾼일 뿐이다. 그러나 인공근육을 이용한 로봇 물고기는 실제 물고기와 같이 몸체가 근육이므로 물속을 유영하는 모습도 자연스러울 수 있으며, 불필요한 구조가 최소화되므로 훨씬 작고 날렵한 로봇이 될 수 있을 것이다. 실제로 이러한 장점을 이용한 인공근육 기반 물고기 로봇이 연구된 사례가 다수 있다.

둔탁한 재료의 덩어리로 이루어진 기존 구동기와 달리 인공근육은 그 자체로 부드러운 몸체나 피부가 될 수 있다. 유연성과 신축성도 갖췄으니 다양한 모양으로 변형이 가능하고, 자연계의 동물이 갖는 운동 구조의 장점을 모방할 수 있다는 점에서 많은 관심과 기대를 받고 있다.

생체를 모사하는 인공근육은 어떻게 만들어질까?

인공근육과 관련된 연구는 세계적인 우주기술 연구 기관인 NASA에서도 오랫동안 관심을 보여왔다. 2005년부터는 인공근육 기술의 발전 수준을 가늠하고자 인공근육 로봇과 사람 사이의 팔씨름 경기를 개최하기도 하였다.

흥미롭게도 1999년에 고분자 소재를 이용한 인공근육 연구를 시작하면서 이 대회를 제안한 요셉 바-코헨Yoseph Bar-Cohen 박사는 인공근육 기술이 아무리 발전해도 인공근육 로봇과 인간의 팔씨름 경기가 20년 내에는 개최될 리 없다고 생각했다. 그는 기대보다 너무 빨리 팔씨름 경기가 열린 데 놀란 나머지 "공상과학이 기술을 이끄는지, 기술이 공상과학을 이끄는지 묻고 싶을 정도"라고 말했다.

그렇다면 인공근육은 어떤 방법으로 만들까? 인공근육을 제작하는 방법을 설명하기 전에, 근육의 특성을 이해하면 제작 방법에 사용되는 재료들의 특수한 성질을 유추해 볼 수 있다. 근육의 주요한 특성은 부드러운 유연성과 늘어나고 줄어드는 신축성이다. 그러므로 인공근육을 구성하는 소재 역시 유연성과 신축성을 갖추어야 함을 짐작할 수 있다.

인공근육을 만드는 가장 전통적인 방법은 공기와 같은 유체의 압력을 이용하는 것이다. 예를 들어 풍선은 외부에서 공기를 불어 넣으면 부풀어 오르고, 반대로 공기를 빼내면 부피가 줄어든다. 이때 풍선처럼 쉽게 터지는 소재가 아니라 조금 더 질긴 소재를 사용하면, 내부의 공기 압력에 따라 줄어들거나 늘어나는 인공근육을 만들 수 있다. 특히 최근의 연구들은 내부의 공기 압력이 올라가면 오히려 길이가 줄어들고, 낮아지면 길이가 늘어나는 구조를 제안하기도 한다. 또한 근육처럼 힘을 주면 단단해지는 형태로 작동시키기 위해, 작은 알갱이를 채운 베개 같은 구조를 만들어 공기를 빼내면 단단해지고 불어 넣으면 부드러워지는 방식을 이용하기도 한다.

인공근육을 만드는 또 하나의 인기 있는 방법은 기능성 고분자, 즉 말랑말랑한 플라스틱이나 고무 같은 소재를 이용하는 것이다. 1990년대 말 NASA나 SRI Stanford Research Institute 같은 대표적 연구 기관에서는 특정한 고분자 소재에 전기장을 가하면 근육처럼 늘어나고 줄어드는 성질이 있다는 것을 발견하였다. 이런 소재를 전기활성고분자 EAP, Electro-Active Polymer 라고 부른다.

고분자 소재의 장점은 얇고 가벼울 뿐 아니라 원하는 모양을 쉽게 만들 수 있으며 비용도 매우 저렴하다는 점이다. 이후 고분자 기술, 유연전극 기술 등이 비약적으로 발전하면서 다양한 기능성 고분자들이 개발되었고, 그 성능도 점점 개량되어 최근에는 사람의 근육과 유사한 수준에까지 이르렀다. 물론 단점도 있다. 고분자를 이용한 인공근육은 수 kV킬로볼트에 이르는 높은 전압을 필요로 하고 작동 조건이 매우 제한적이다. 하지만 과학자들은 이런 문제들을 하나하나 해결하면서 다양한 고분자 인공근육의 활용을 기대하고 있다.

이 외에도 다양한 소재가 인공근육 연구에 사용되고 있다. 대표적으로 온도에 따라 물성이 달라지는 형상기억합금, 이온의 이동을 이용하는 전도성 고분자, 온도에 따라 결정 상태의 변화를 일으키는 액정탄성체, 젤리 같은 특성을 보이는 폴리머젤, 때로는 유전성을 갖는 유체의 변화를 이용하는 구동기, 산염기 변화를 이용하는 구동기, 식물처럼 삼투 현상을 이용하는 구동기 등이 있다.

소프트 로봇, 인공근육을 이용하여 로봇을 만들다

인공근육을 이용하여 만든 생체 모사 로봇은 대체로 근육 또는 몸체 부분에서 유연성을 띤다. 그래서 이러한 로봇 연구 분야를 '소프트 로봇'이라는 별칭으로 부르기도 한다. 소프트 로봇은 유연하고 가벼운 구동기 또는 구동 구조를 이용한다는 점에서 그만큼 응용 범위가 넓다. 기존 로봇 분야뿐만 아니라 곤충형 로봇, 소형 경량 로봇, 착용형 로봇, 의료용 로봇 등에서 활용될 것으로 기대된다.

영국 브리스틀대학교는 인공근육을 이용한 날개로 실제로 공중을 날 수 있는 로봇을 개발하였다. 전기장에 따라 모양이 변하는 유전성 유체를 이용하여 빠르게 날갯짓을 할 수 있는 메커니즘을 구현하였다.

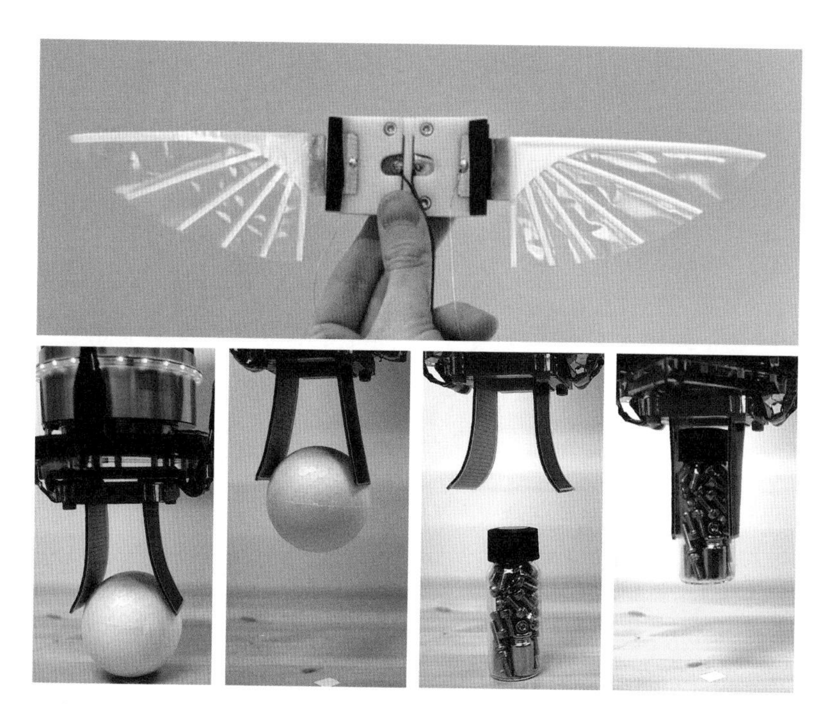

브리스틀대학교에서 개발한 고분자 근육 기반 비행 로봇(위쪽, ©브리스틀대학교)과 카이스트에서 개발한 전기접착 로봇(아래쪽). 인공근육을 이용한 생체 모사 로봇의 다양한 형태와 기능을 확인할 수 있다.

모터와 구동기 없이 아주 작은 전기-기계적 구조만으로도 10cm 크기의 날개를 제어할 수 있다. 스위스의 로잔연방공과대학교, 우리나라의 카이스트 등에서는 기존의 딱딱하고 굵은 로봇 손가락 대신, 얇고 말랑말랑한 폴리머 구동기와 전기접착력 제어를 이용해 다양한 모양의, 다소 무거운 물체까지 들어올릴 수 있음을 입증하였다.

인공근육을 이용한 인간형 로봇 연구도 매우 활발하다. 소프트 로봇 기업인 독일의 훼스토Festo에서는 공압형 근육을 이용하여 인간의 상체, 팔, 손 등을 모사한 로봇을 계속 제안하고 있으며, 일본의 도쿄공업대학교는 사람처럼 걷는 휴머노이드 로봇을 구현하기도 하였다. 미국의 하버드대학교도 이 분야를 매우 오랫동안 연구해 왔다. 그 결과 공압을 이용해서 다양한 동작을 구현할 수 있고, 목적에 따라 매우 크거나 정교한 제어가 가능하며, 손이나 팔 등을 편하게 움직이지 못하는 이들을 보조하는 다양한 웨어러블 로봇을 내놓았다. 이 외에도 걷거나 달리는 동작을 돕는 로봇, 아주 좁은 공간 안에서 움직이는 로봇, 인체 내부를 이동하는 로봇, 내시경 로봇, 재난 구조 로봇, 물속을 헤엄치는 로봇, 협동 로봇, 사용자에게 촉감을 전달하는 로봇, 드론용 로봇 팔, 개미와 같은 집단형 로봇 등 매우 다양한 분야에서 소프트 로봇을 활용하는 연구가 활발히 진행 중이다.

인공근육은 오늘날 소재 및 제어 기술의 발달과 더불어 기존의 로봇 설계 방법을 바꾸어가는 최신의 혁신적인 기술이며, 기계공학에서도 매우 중요하게 다루고 있는 미래 기술 중 하나이다. 아직은 기존의 구동기와 비교하여 안정성, 출력, 내구성 등에서 많은 보완이 요구되지만, 기존 구동기의 단점을 해결할 수 있다는 점에서 중요한 연구 가치를 지닌다. 관련 연구는 미국, 유럽 등 서방 선진국에서 먼저 시작하였지만, 현재는 우리나라의 대학과 연구 기관에서도 세계적인 수준의 연구를 수행하고 있다.

인간이 지닌 좋은 점을 더욱 발전시키기 위하여

인공근육에 관한 연구는, 단순히 새로운 형태의 구동기 개발의 필요성 때문이라기보다는 자신을 닮은 새로운 존재를 창조하고자 하는 인간의 욕구에서 출발하였다. 이는 인간의 입장에서 가장 친근하고 믿을 수 있는 존재는 인간이라는 잠재의식에서 비롯되었을 가능성이 높다. 인공지능의 최종 목표가 인간처럼 생각할 수 있는 지능을 개발하는 데 있는 이유도, 단순히 계산력이나 암기력이 뛰어날 뿐 아니라 인간처럼 상황에 공감할 줄 알고, 윤리적인 기준이 있으며, 여러 조건의 경중을 따져 이득은 최대화하면서도 인간에 대한 피해나 위험은 최소화하는 믿을 수 있는 지능을 기대하기 때문이다.

도입부에서 소개한 아이작 아시모프의 소설 『아이, 로봇』의 내용 중 가장 유명한 부분은 로봇이 지켜야 할 "로봇의 3원칙(로봇은 인간에게 해를 입혀서는 안 되며, 위험에 처한 인간을 모른 척해서도 안 된다. 앞선 원칙에 위배되지 않는 한, 로봇은 인간의 명령에 복종해야 한다. 앞선 원칙에 위배되지 않는 한, 로봇은 로봇 자신을 지켜야 한다)"을 서술한 대목이다. 그런데 이 소설에는 이에 못지않게 인상적인 부분이 있다. 시장에 당선된 뒤 너무나도 훌륭하게 임기를 마친 로봇에 대한 이야기이다. "로봇과 매우 훌륭한 사람의 행동은 구별할 수 없다." 우리가 지향하는 로봇은 단순히 사람을 닮은 로봇이 아니라 '매우 존경할 만한 훌륭한 사람' 같은 로봇인 것이다.

인공근육을 연구하는 이유도 단순히 인간의 근육을 닮은 새로운 구동기를 개발하겠다는 데에 있지 않다. 그보다는 때로는 부드럽게, 때로는 강하게 변하면서 우리의 뼈나 장기를 보호해 주고, 다른 사람과 쉽게 힘을 합칠 수 있도록 돕는 인간 근육의 훌륭한 모습을 재현하고 싶기 때문일 것이다. 이처럼 생명체를 닮은 창조물을 지향하는 우리의 연구는 단순한 모방이 아니라, 우리 인간이 가지고 있는 '좋은 점'을 더 발전시키고자 함이다.

육백만 불의 사나이는 현실에서 가능한가?

_ 로봇 의수족 기술의 오늘과 내일

박형순

뇌 신경 재활 로봇공학 연구

육백만 불의 사나이, 루크 스카이워커, 로보캅…… 인간의 몸과 기계를 결합하는 것은 영화나 만화, 드라마 등의 단골 소재였다. 드라마 〈육백만 불의 사나이〉의 주인공 스티브 오스틴 대령은 사고로 잃은 양쪽 다리와 오른팔, 그리고 왼쪽 눈을 기계로 대치하여 초인적인 신체 능력과 감각 능력을 얻게 된다. 세계적인 SF시리즈 〈스타워즈〉의 주인공 루크 스카이워커는 전투 중 잃은 오른팔을 기계로 대치하여 본래 가졌던 팔의 운동 능력과 감각을 그대로 보존할 수 있었다. 〈로보캅〉의 주인공 머피는 범죄자들의 무자비한 공격을 받아 머리를 뺀 신체 전체를 기계로 대체하여 로봇 경찰로 부활한다. 필자도 어린 시절부터 수많은 SF 만화영화, 드라마 등을 보며 팔다리가 내 마음대로 잘 움직이지 않거나 신체 능력이 떨어졌을 때, 내가 가진 팔다리보다 더 좋은 로봇 팔다리로 바꿀 수 있지 않을까 상상해 보곤 했다.

이러한 막연한 상상은 인체가 움직이는 원리를 이해하면서 보다 구체화됐다. 인체를 움직이는 구동기관인 근육은 뇌의 명령으로 활성화되어 인체의 각 관절을 움직이게 된다. 이때 뇌의 명령은 인체 내 전기화학 작용의 결과로 나타나는 활동전위action potential(동물의 근육이나 신경과 같은 흥분성 세포가 활성화될 때 일어나는 세포막 전위의 일시적인 변화)의 형태로 신경을 따라 전달된다. 즉, 요즘 우리 주변에서 볼 수 있는 로봇이 전기신호로 구동되듯이 우리 몸도 전기신호로 구동되는 것이다. 따라서 손상된 신체 부위를 로봇으로 대치했을 때 호환성이 있으므로, 인간과 기계 사이의 연결이 가능할 수도 있으리라 직관적으로 생각할 수 있다.

SF 드라마와 영화에서나 볼 수 있었던 인간의 팔다리 모양을 한 로봇 팔다리가 최근 현실에 등장하고 있다. 바로 팔다리가 절단된 환자들을 위한 로봇 의수와 로봇 의족이다. 그렇다면 이런 로봇 의수족은 어떤 원리로 착용자가 생각하는 대로 움직이고 외부와의 접촉 감각을 착용자가 느낄 수 있게 만드는 걸까? 이를 설명하기 위해 필자는 먼저 인간이 어떻게 움직이고 감각을 느끼는지 자세히 소개하고, 현대 과학기술에서 로봇 의수족의 발전 수준과 로봇 의수족을 인간의 뇌와 연결하는 뇌-기계 인터페이스에 대해 설명하고자 한다.

우리의 팔과 다리는 어떻게 움직이는가?

인간은 세상에 존재하는 그 어떤 로봇보다 복잡하고 정교하게 잘 만들어진 놀라운 시스템이라고 할 수 있다. 500개 이상의 근육을 통해 여러 동작을 만들어낼 수 있으며, 온몸을 덮고 있는 피부를 통해서는 다양한 외부 감각을 느낄 수 있다. 대체 우리 인간은 어떻게 이토록 정교하게 움직이고 섬세하게 감각할 수 있는 것일까? 그 비밀은 바로 뇌에 있다. 인간의 뇌는 생명을 유지할 뿐만 아니라 신체를 움직이는 제어 명령을 생성하는 역할, 감각기관으로 느낀 감각신호를 전달받아 인지하는 역할도 담당한다.

수백 년 전부터 뇌과학자들은 다양한 실험을 통해 뇌의 영역별 담당 기능을 규명했고 지금까지 많은 사실들이 밝혀졌다. 뇌의 가장 바깥 부분을 구성하는 대뇌피질은 140억 개의 신경세포들로 구성되어 있으며 그중 운동과 감각을 담당하는 영역은 가운데 부분에 위치한다. 외부 환경 조건을 인지한 뇌가 운동 의지를 생성하면 대뇌피질의 운동 영역motor cortex에서 활동전위라 불리는 미세한 전기신호가 생성되고, 이 신호는 척수신경을 통해 근육으로 전달되어 적절한 운동을 생성해낸다. 또한 인체의 피부에는 다양한 감각수용기sensory receptor가 분포되어 있어서 여러 감각(온도, 통증, 압력 등)을 느낄 수 있다. 각각의 감각수용기는 해당하는 외부 자극이 있을 경우 감각신호를 발생시켜 척수신경을 통해 뇌로 전달하며, 이는 대뇌피질의 감각영역으로 전달되어 최종적으로 뇌는 감각을 인지하게 된다.

이처럼 뇌의 운동 명령, 팔다리에서 감지된 감각신호 모두 척수라는 통로를 통해 뇌로 전달된다. 결국 우리의 척수는 뇌와 팔다리를 연결하는 매개체인 셈이다. 이렇게 중요한 척수가 손상된다면 큰 장애를 얻게 될 것이다. 손상의 정도와 위치에 따라 다르겠지만, 심할 경우 팔다리를 움직일 수 없게 되고 감각도 느낄 수 없게 된다.

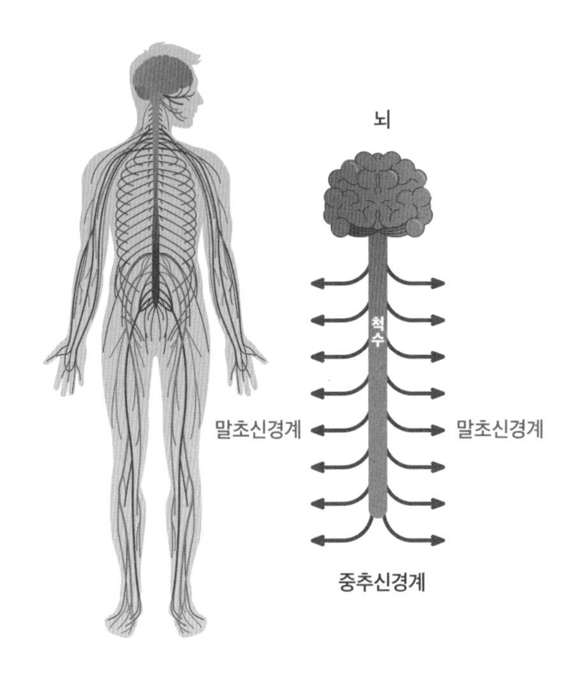

인체의 신경계는 중추신경계(뇌+척수)와 우리 몸 전체에 분포하고 있는 말초신경계로 구성된다. 이때 척수는 뇌와 팔다리를 연결하는 통로 역할을 한다.(©셔터스톡)

신경의 분포를 조금 더 자세히 살펴보자. 뇌부터 목, 등, 골반까지 뻗어 나온 척수신경은 인체의 중심에 있기에 중추신경계라고 불린다. 뇌에서 생성된 신호를 전달하거나 신체 말단에서 감지된 감각신호를 뇌로 전달할 때 이 통로를 거친다. 팔다리의 근육과 감각세포들은 말초신경계를 통해서 척수와 연결된다. 목뼈부터 허리뼈까지, 총 33개의 척추뼈의 중심을 통과하는 척수신경은 말초신경계의 다발로 연결되어 온몸의 근육에 도달하게 된다. 즉, 뇌, 척수신경, 말초신경을 통해 온몸을 움직이는 뇌의 명령 신호가 전달되고, 동시에 온몸의 감각신호가 뇌로 전달되는 것이다. 이처럼 신경에는 방향성이 존재하는데, 뇌의 운동 명령을 전달하는 신경들은 신호가 뇌로부터 멀어진다고 하여 원심성 신경efferent nerve이라고 부른다. 반대로 감각 정보를 뇌로 전달하는 신경은 신호가 뇌에 가까이 간다고 하여 구심성 신경afferent nerve이라고 부른다.

완벽한 인조인간을 만들기 위해서는 손실된 신체를 대체할, 인간의 팔다리와 똑같은 로봇 팔다리를 만들어야 하고 동시에 이 새로운 팔다리를 남아 있는 신경계와 연결할 방법을 제시해야 한다.

뇌의 복잡한 명령을 로봇 의수족에게 이해시킬 수 있을까?

로봇 의수족과 관련된 재미있는 사례가 있다. 로봇 의족 기술을 선도하는 MIT의 세계적인 로봇 공학자 휴 허Hugh Herr 교수는 양다리가 절단된 환자로, 일상에서 로봇 의족을 착용한다. 학회에서 그를 만날 때마다 뭔가 특이한 점이 있었는데, 매번 그의 키가 달라 보였던 것이다. 심지어 다리가 상체보다 훨씬 길어 보일 때도 있었다. 알아보니 그는 매일 아침 로봇 의족의 길이를 조절하여 자신의 키를 '결정'한다고 하였다.

이처럼 로봇 팔다리를 이제 현실에서도 어렵지 않게 볼 수 있게 되었다. 이들은 운동 능력만 갖춘 게 아니라 어느 정도의 감각도 감지할 수 있는 센서 기술도 갖췄다. 그렇다면 남은 것은 인간의 뇌와 기계를 연결하는 기술일 것이다. 즉 로봇 팔과 다리에 인간 뇌의 운동 의도를 정확히 전달하고 센서로 감지된 외부 환경과의 접촉 정보를 시간 지연

없이 인간 뇌로 정확히 전달하는 기술이 필요하다.

지금까지의 연구 결과에 의하면 중추신경계의 신경세포가 손상됐을 때는 재생이 어렵지만, 말초신경계의 신경세포는 재생이 가능하다고 한다. 이는 인간과 기계를 연결하는 데 있어 매우 중요한 지점이다. 팔이나 다리가 절단된 환자들의 경우 즉, 중추신경계에는 손상이 없고 말초신경계의 일부만이 사라지고 나머지는 살아 있는 경우, 무언가 개선해 볼 여지가 남아 있다는 의미이기 때문이다.

앞서 언급했듯이 인체의 신경세포를 통해 활동전위의 형태로 전달되는 운동 명령 신호는 수십 밀리볼트 수준의 전위와 미세한 양의 전류를 갖는다. 보통 하나의 근육에는 여러 개의 신경다발이 연결되어 있어 뇌로부터 발생한 전기적 신호가 전달되므로, 일반 전극을 이용해 미세한 전기신호를 측정하고 증폭함으로써 이를 실시간으로 수집할 수 있다.

이러한 전기적 신호는 목표 근육의 활성도에 대한 정보를 담고 있어 소형 단일보드를 이용해 실시간으로 처리하는 것도 가능하다. 즉, 뇌에서 근육 수축 의도가 발생하면 활성전위가 높아지고 그 전위는 근육까지 전달되는데, 설사 팔이나 다리가 절단되어 근육이 존재하지 않더라도 그 절단면에 뇌와 이어진 신경이 아직 살아 있기 때문에 뇌의 근육 수축 의도를 읽어낼 수 있는 것이다.

뿐만 아니라 감각신경도 살아 있기 때문에 현존하는 센서와 연결해 줄 수만 있다면 로봇 팔과 다리도 감각을 느낄 수 있을 것이다. 실제로 절단 환자들이 존재하지 않는 팔과 다리 등에서 통증을 느끼는 헛통증 phantom pain 사례 또한 감각신경이 아직 살아 있다는 증거이다. 공기 중의 미세한 전기신호가 절단면에 남아 있는 감각신경에 전달되어 뇌가 마치 존재하지 않는 팔다리의 통증처럼 인지하는 것이다.

로봇 의수족 기술,
발보다 손이 어렵고, 운동보다 감각이 까다롭다

로봇 의수족은 인체의 근육과 같은 역할을 하는 구동기로 움직인다. 가장 많이 활용되는 구동기는 전기에너지를 가했을 때 운동을 발생시키는 전기모터이다. 하지만 그 외에도 유체의 압력으로 구동되는 유압모터hydraulic motor, 공기의 압력으로 구동되는 공압모터pneumatic motor 등이 있다. 최근 들어서는 전기신호를 받으면 인간의 근육처럼 수축하는 물질로 구성된 인공근육도 활용되고 있다.

로봇 의수나 의족 중 가장 설계가 어려운 부위는 손이다. 우리는 손으로 다양한 잡기 동작을 할 수 있는데, 로봇 의수가 인간의 섬세한 손 동작을 모방하려면 모터가 20개 이상 필요하다. 그런데 손은 다른 팔다리의 부위에 비해 부피가 작고 가벼운 만큼, 많은 수의 구동기를 포함하면서도 작고 가볍게 만들어져야 한다. 현존하는 가장 정교한 로봇 의수 중 하나인 루크 암Luke Arm은 영화 〈스타워즈〉에서 인간의 손과 전혀 구별되지 않는 루크의 의수를 현실화해 보겠다는 의도로 만들어졌다. 미국 국방고등연구계획국의 지원으로 개발된 이 제품은 인간 팔의 구동 자유도보다는 다소 작지만 10개의 자유도로 구동되며 다양한 동작이 가능하다.

로봇 의족은 여러 제품들이 이미 출시되어 있을 정도로 로봇 의수에 비해 기술 완성도가 높다. 이는 인체의 다리가 주로 담당하는 기능이

'걷기'로 잘 정의돼 있어, 팔에 비해 기능적 목표가 보다 명확하기 때문일 것이다. 독일의 오토복Ottobock에서는 다양한 형태의 능동·수동형 로봇 의족을 출시했으며 MIT에서 창업한 바이온엑스BionX도 여러 걷기 상황에 대응할 수 있는 로봇 의족을 판매하고 있다. 국내에서도 한국기계연구원에서 개발한 로봇 의족이 판매되고 있다.

로봇 의수와 의족에는 운동 능력뿐 아니라 감각 능력 역시 필요하다. 하지만 로봇 의수나 의족이 다양한 종류와 많은 수의 감각수용기, 즉 센서를 갖추고 더 나아가 센서 신호를 뇌에서 인지하도록 연결시켜 주는 일은 쉽지 않다. 물리적 접촉에 따른 힘을 측정하는 압력 센서, 온도를 측정하는 온도 센서, 표면의 질감을 측정하는 촉각 센서 등의 기술은 개발되어 있지만 이를 로봇 의족이나 의수 내부에 탑재하는 것은 아직은 어렵다.

현실에 나타난 육백만 불의 사나이

2006년 미국 노스웨스턴대학교의 토드 쿠이켄Todd Kuiken 교수는 표적 근육 재신경화술Targeted Muscle Reinnervation이라는 고난이도의 수술을 성공시켰다. 환자는 전기 사고로 양팔을 잃은 설리번이라는 남성이었다. 쿠이켄 교수는 이 수술을 통해 환자의 어깨 끝부분에 남아 있던 말초신경 다발을 가슴 근육에 다시 심었고, 그 신경다발에 연결한 센서를 통해 복잡한 상지 동작 의도까지 읽어낼 수 있게 했다.

수술 과정을 좀더 자세히 살펴보자. 설리번 씨의 절단된 팔과 연결된 말초신경계 다발은 어깨 부분에서 잘려 있었는데, 어깨, 팔꿈치, 손

현실 속 육백만 불의 사나이가 된 설리번 씨. 그의 왼쪽 가슴에 근전도 전극이 배열되어 있다.

목, 손가락을 움직이는 근육으로 연결되어 있던 다발들이 목적지를 잃은 채 아직 살아 있었다. 수술진은 먼저 그 신경다발 가닥들을 분리했다. 그 뒤 테스트를 통해 어깨, 팔꿈치, 손목, 손가락을 움직이는 원심성 신경계 신경다발들을 구분해 가슴 영역 근육에 다시 접합했다. 그러자 그 말초신경세포들은 스스로 재생하여 가슴의 각 부분에 자리를 잡았다.

몇 달이 지나 말초신경의 재생이 완료되자 수술진은 설리번 씨에게 어깨를 들고 내리고, 팔꿈치를 굽히고 펴고, 손목을 움직이고, 손을 쥐고 펴는 동작을 해보라고 요청했다. 신기하게도 가슴 근육의 서로 다른 부분이 꿈틀거리며 수축하는 것을 볼 수 있었다. 목적지를 잃은 채 살아남아 있던 말초신경세포 중에서 어깨, 팔꿈치, 손목, 손을 움직이는 명령을 전달하던 신경세포들은 각각 가슴 근육에 자리 잡아 원래 전달하던 신호를 그대로 전달할 수 있었다. 그 결과 가슴 근육의 각 부분이 움찔거렸던 것이다.

근육이 수축할 때 발생하는 미세한 전기신호를 측정하는 근전도 EMG, electromyography 센서 기술은 이미 널리 보급돼 있다. 그래서 우리는 설리번 씨의 가슴에 붙여놓은 여러 개의 근전도 전극들이 보내는 신호를 분석하여 어깨, 팔꿈치, 손목, 손의 동작 의도를 실시간으로 쉽게 읽을 수 있다. 실제로 쿠이켄 교수팀은 어깨, 팔꿈치, 손목, 손을 포함하는 로봇 팔을 설리번 씨에게 장착하고, 가슴에 근전도 전극들을 배치하여 설리번 씨가 직관적으로 로봇 팔을 움직이도록 하는 것을 시연했다. 설리번 씨는 이 수술 덕분에 세계 최초의 '육백만 불의 사나이'로 알려지게 됐다.

감각과 운동의 복잡성을 '더 간단하게' 구현할 수는 없을까?

그렇다면 팔에서 뇌로 정보를 보낼 수도 있을까. 다시 말해 로봇 팔의 피부에 인간의 감각수용기 역할을 하는 센서를 심고, 센서에서 감지되는 전기신호를 설리번 씨의 살아 있는 말초신경계의 구심성 신경다발에 전달해 그가 감각을 느끼도록 하는 것도 가능할까. 이러한 기술은 뇌의 동작 의도를 파악하여 로봇 팔에 전달하는 기술보다 훨씬 난이도가 높다. 감각 정보는 미세한 전기신호에 실려 신경을 통해 뇌로 전달되는데 기계인 로봇 팔의 센서는 화학 반응을 이용하는 인체의 감각수용기처럼 미세한 전기신호를 가공해 내기 어렵고, 뇌와 연결되는 수많은 신경세포 하나하나를 모사하는 것은 더더욱 어렵기 때문이다.

설리번 씨는 현재 제한된 수준의 감각만 느낄 수 있다. 로봇 손에 설치된 압력 센서를 통해 잡는 힘의 세기를 측정하고, 가슴에 설치된 진동자극기를 통해 잡는 힘의 크기에 비례하는 진동을 가해줌으로써 물건을 집는 힘의 세기를 느낄 수 있게 하는 것이다. 드라마 속 육백만 불의 사나이나 루크 스카이워커의 초감각은커녕 인체의 평균적인 수준에도 도달하지 못한 셈이다.

현재의 기술로는 루크 스카이워커의 팔처럼 손가락 관절 하나하나를 의도한 대로 움직이도록 미세하게 제어하기란 아주 힘들다. 각각의 손가락을 따로 제어하려면 수십 개 이상의 근육에 대한 전극을 따로 배치해야 하는데, 전극 배치의 물리적 한계 때문에 구현할 수 있는 근육의 개수가 제한되기 때문이다. 카이스트는 최근 이러한 문제에 대한 보완책으로 로봇 손 자체에 근접 센서를 추가하여 접지기능을 구현하는 등 다양한 자세의 손을 사용자의 의도에 맞게 로봇이 제어해 주는 방법을 선보였다. 또한 로봇이 가지는 자유도보다 적은 수의 구동기로 높은 자유도를 구현하고, 모터 감속기의 무게, 크기, 효율을 높여 더 가볍고 힘이 센 로봇을 만들기 위해 도전하고 있다.

과학 기술이 개발 의도와 달리 악용되지 않도록 하기 위하여

인간의 팔다리보다 우월한 성능의 로봇 팔다리를 구현하는 기술은 인류가 오래전부터 꿈꾸어 오던 기술이다. 무엇보다 장애인에게 건강한 삶을 되돌려줄 수 있기에 로봇 의수족에 관한 연구개발은 오늘도 치열하게 진행되고 있다. 그러나 이러한 긍정적인 면의 반대편에서 로봇 기술이 원래 개발된 의도와는 다른 방향으로 사용될 수도 있다는 점을 생각해 보아야 한다. 과학 기술의 오랜 역사를 들여다보면 비료를 대량생산하여 인류를 굶주림에서 해방한 질소 고정 기술이 독가스 생산에 활용된 것처럼, 선의로 개발된 기술이 윤리적으로 그릇된 방향으로 악용된 사례는 적지 않다. 현재 로봇 의수족 기술은 악용될 만큼 고성능이거나 영향력이 큰 것은 아니기에 먼 미래의 일 같겠지만, 연구자들은 기술의 윤리적 문제를 항상 염두에 두어야 한다.

과학 기술은 본래 개발된 의도와 다르게 활용될 가능성이 언제나 존재한다. 휴머노이드 로봇이 인간 대신 전쟁에 투입되어 인간을 살상하는 영화의 한 장면을 떠올린다면, 로봇 팔다리의 성능이 인간의 것보다 월등해질 미래에, 우월한 인조인간의 신체 능력이 비윤리적으로 악용될 가능성이 없다고 누가 단언할 수 있을까. 과학자들이 기술 발전만을 바라보고 나아갈 때, 사회의 다른 영역에서는 그 기술이 악용되지 않을 수 있는 제도와 규제 등을 함께 고민해야 할 것이다. 물론 상상과 도전을 거듭하며 새로운 기술을 개발하고 현실화하는 과학자들도 그 기술의 사회적 영향력과 활용의 방향성에 대해 늘 깊이 성찰해야 한다.

내 몸 안에 기계역학이 숨쉰다

_ 근골격 생체역학의 원리

구승범

근골격 인체 운동 시뮬레이션, 관절 질환 연구

올림픽에서는 다양한 스포츠 경기를 통해 전 세계인들이 모여 인간의 운동 능력을 겨룬다. 올림픽 표어인 "보다 빠르게DITIUS, 보다 높게AITIUS, 보다 힘차게FORTIUS"는 어떠한 방향으로 운동 능력을 겨루는지 보여준다. 올림픽에는 대인 경기도 있지만, 많은 경기는 자기 자신과, 다시 말해 자신의 운동 능력과 경쟁하는 것이다.

운동 능력은 이러한 스포츠뿐만 아니라 일상생활, 아니 최소한의 삶을 유지하기 위해서 기본적으로 필요한 능력이다. 생체역학biomechanics은 역학적 원리를 이용하여 생체 시스템을 연구하는 학문 분야로서 동역학, 고체역학, 유체역학과 같은 기계공학의 원리와 방법이 주로 활용된다. 특히 그중에서도 근골격 생체역학은 우리 몸이 움직이는 원리를 연구하는 학문이다. 인체의 운동 분석은 역학 연구 역사의 초기부터 시작되었다. 관절 및 인체 운동 연구의 많은 내용이 현재 로봇 역학 연구에도 활용되고 있으며, 운동 생체역학은 스포츠, 재활, 산업공학 및 의학에서도 중요한 역할을 하고 있다.

인체의 운동은 뇌에서 시작한다. 손을 들어야겠다고 생각하는 순간 뇌는 전기 형태의 신호를 척수를 통해 근육으로 보낸다. 근육세포는 긴 섬유 형태로 되어 있고, 이 섬유 다발 주위에 척수에서 내려오는 '전선'들이 연결되어 있다. 이 전기신호는 근육 섬유 사이사이에 있는 작은 관을 통해 화학 물질의 형태로 근섬유의 분절인 수 마이크로미터 길이의 근절까지 전달되어 드디어 힘이 생성된다. 모든 근절들이 동시에 수축하면 상당히 큰 힘이 전체 근육에서 생성된다.

뼈와 근육이 움직이는 과정을 좀더 자세히 들여다보자. 골격이 움직일 때 사용되는 근육을 골격근이라고 하는데, 골격근은 윗단과 아랫단이 이웃한 두 뼈에 각각 붙어 있다. 골격근이 수축하는 힘을 생성하면 두 뼈 사이에 돌림힘이 만들어져 관절이 움직인다. 즉, 뉴턴의 운동 제2법칙(힘=질량×가속도)에 의해 근육힘은 관절을 움직이는 가속도로 변환된다.

건설 장비와 인간의 몸은 놀랍도록 닮았다

건설 현장에서 삽으로 땅 등을 파내는 굴착기는 붐boom, 암arm, 버킷bucket이라는 무겁고 단단단 구조물들이 기계적인 관절로 묶여서 서로 회전 운동을 할 수 있게 되어 있다. 붐과 암에 연결된 유압 실린더는 큰 힘으로 암의 일부를 밀거나 당겨서 암이 붐 주위로 회전하게 만

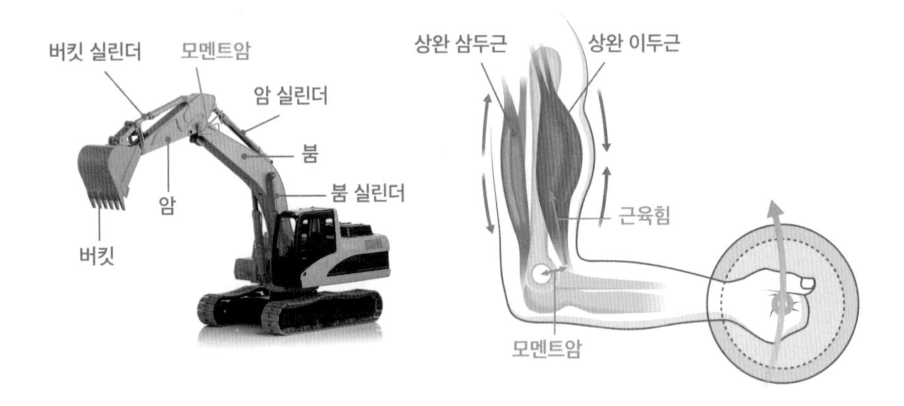

굴착기는 유압 실린더의 밀고 당기는 힘으로 버킷을 들어올리지만 인체의 근육은 당기는 힘만 낼 수 있어 팔을 펴고 구부리기 위해 관절 양쪽에 근육이 존재한다.

든다. 여러 유압 실린더의 힘을 조절하여 버킷을 움직이고 위치를 조절할 수도 있다.

우리 몸에는 200개 이상의 뼈와 약 350개의 관절, 약 600개의 근육이 있으며, 이들이 움직여 일상적인 몸의 움직임을 가능하게 한다. 뼈는 근육이 당겨질 수 있는 구조를 제공하고, 근육들은 조화를 이루어 이 뼈들을 움직인다. 근육은 수축하며 힘을 낸다. 우리는 아령을 들어올릴 때 상완 이두근을 수축하여 팔꿈치에 돌림힘을 생성하고, 이를 이용하여 손에 든 아령을 들어올린다. 근육은 직선 방향으로 수축력을 형성하지만 다양한 형태와 구조를 가진 인체 관절들은 이 힘을 여러 종류의 회전 운동을 만드는 데 사용한다.

직선 힘을 돌림힘으로 변환할 때 중요한 것이 회전축과 힘의 작용점 사이의 길이다. 이 길이를 지렛대의 길이 또는 모멘트암이라 하는데, 모멘트암이 길어야 효율적으로 돌림힘을 생성할 수 있다. 쉽게 예를 들면 시소를 탈 때 가운데 받침점과 앉은 위치 사이의 길이가 모멘트암이다.

근육의 최대 힘은 근섬유의 양, 길이, 배열 각도에 영향을 받는다. 근육 운동을 열심히 하면 근섬유의 양을 늘려 최대 힘을 높일 수 있다. 일반인의 경우 상완 이두근은 최대 600N60kg중의 힘을 생성할 수 있다. 돌림힘은 힘에 모멘트암을 곱한 값인데, 팔꿈치 축과 상완 이두근 사이의 거리인 모멘트암은 보통 0.025m 즉 2.5cm 정도이니, 이를 곱하면 약 15Nm뉴턴미터의 돌림힘을 만들 수 있다.

굴착기의 긴 유압 실린더는 밀고 당기는 힘을 내어 버킷을 올리고 내릴 수 있지만 인체의 근육은 당기는 힘만 낼 수 있기 때문에, 인체 관절을 펴고 구부리기 위해 관절 양쪽에 근육이 붙어 있다. 어깨, 팔꿈치, 무릎, 손가락 등 모든 관절 주위에 있는 근육은 이렇게 쌍으로 작용을 한다. 그런데 근육으로만 힘을 내어 관절을 움직이게 되면, 관절이 움직일 때 불안정하게 되고, 힘을 준 만큼 움직이게 되어 관절을 다칠 수도 있다. 그래서 관절에는 힘을 생성하지는 않지만 관절에 작용하는 과다한 근육의 힘이나 외력을 막고 관절을 보호하는 인대가 있다. 일종의 끈 구조물이다. 여러 형태와 강성을 지닌 인대가 관절을 특정 범위 안에서 안정적으로 움직이게 잡아준다.

관절을 움직이려는 근육과 그 반대 근육 그리고, 인대가 서로 밀고 당기면, 뼈와 뼈가 닫는 관절면에서도 상당히 큰 힘이 발생한다. 따라서 뼈는 높은 강도를 갖고 있어야 이러한 관절 운동을 버틸 수 있다. 인체 운동을 연구하는 생체역학에서는 인체 내 근골격계에 작용하는 근육힘, 인대힘, 뼈 사이 접촉힘을 연구하여 인체의 운동 능력과 부상 치료에 활용한다.

선수들의 운동 능력을 유지하고 향상시키는 스포츠 생체역학

글로벌 스포츠 마켓 통계를 보면 야구는 스포츠 산업에서 상당히 큰 비중을 차지한다. 그러므로 야구 선수의 운동 능력은 상당히 중요한 상품이다. 미국의 대표적인 야구 생체역학 측정 및 훈련 회사인 드라이브라인Driveline은, 많은 프로 야구 선수들이 자신의 생체역학적 운동 능력을 측정하고, 훈련을 받기 위해 이용하고 있다.

야구를 좋아하는 사람이라면 투수의 구속을 잘 알고 있을 것이다. 오타니 쇼헤이의 최대 구속은 160km/h가 넘는다. 투수가 142g의 공을 0.05초 이내에 던져 이 속도까지 가속하기 위해서는 어깨와 팔꿈치에서 엄청난 돌림힘을 만들어내야 한다. 투구 시 어깨는 1200RPM의 각속도를 가지며, 어깨 돌림힘은 최대 약 35Nm, 팔꿈치 돌림힘은 약 30Nm까지 올라가야 한다. 중소형 승용차 엔진이 회전 속도 4500RPM에서 최대 돌림힘이 150Nm 정도이니, 투수의 인체는 엄청난 능력을 가지고 있는 것이다.

스포츠 생체역학에서는 먼저 이러한 수치들을 계산하여 선수들의 운동 능력을 수치화할 수 있다. 드라이브라인과 같은 첨단 훈련소에서는 영화 특수 촬영에 사용되는 모션캡처 장비를 이용하여 운동선수의 관절 운동을 정밀 분석한다.

회전 속도와 돌림힘은 결국 근육에서 나오고 뼈, 인대와 같은 구조물들이 이 힘을 견뎌주어야 한다. 그만큼 스포츠 생체역학은 스포츠 의학과도 밀접히 연결되어 있다. 월드컵 축구 중계를 보면 선수가 쓰러졌을 때 의료 스태프가 열심히 뛰어나간다. 주로 스포츠 의학을 전공하는 정형외과 임상의가 팀 닥터를 맡는다. 축구와 같이 상대와 접촉이 많은 스포츠의 경우에는 공을 차면서 다치기보다는 선수끼리 부딪쳐 골절이 일어나거나, 땅에 잘못 착지하면서 관절을 다치게 된다. 내부 근육의 힘보다는 외부에서 가해지는 힘에 의해 인체 관절이 비정상 범위로 움직여 인대가 파열되고, 관절면 뼈가 손상을 입게 되는 것이다.

때문에 선수들은 평상시 부상을 방지하기 위해 트레이닝을 받고, 준비 운동을 한다. 이 과정에서 인체 운동 생체역학 연구는 관절 부상의 원리를 이해하고, 관절 부상을 예방하는 데 도움을 줄 수 있다.

근골격 운동역학 분석

투수가 공을 던질 때의 관절 돌림힘을 비롯하여 각 근육이 내는 힘을 예측하기 위해 컴퓨터 가상 인체 모델을 이용할 수 있다. 이 가상 인체 모델에는 골격도 있고 관절도 있다. 힘을 만드는 근육과 관절을 잡아주는 인대도 붙어 있다. 모션캡처 장비를 이용하여 측정한 인체 운동을 통해 근육의 힘과 관절 돌림힘 등을 예측하는 것이다.

모션캡처 장비는 사람이 움직이는 모습을 여러 위치에서 촬영한 영상을 통해서, 팔다리와 관절의 위치를 계산하는 장비이다. 여러 방향에 고속 카메라를 설치하여 동시에 영상을 얻으면, 운동하는 사람의 관절 회전 속도를 계산할 수 있다. 이러한 정보는 우리가 기존에 알고 있던 정보들, 예를 들어 팔다리의 구조나 뼈와 관절, 근육의 위치 등에 대한 정보들에 더해져 인체에 대해 보다 많은 지식과 경험을 쌓게 해준다.

인체 해부학 지식을 이용하여 뼈, 관절, 근육을 가진 인체 모델을 만들 수도 있다. 이 모델에 모션캡처 장비로 계산한 팔다리와 관절들의 시간에 따른 위치를 입력하여, 인체 모델이 움직이는 애니메이션을 만들고, 느리게 또는 빠르게 재생할 수 있다. 여기까지는 운동역학 즉, 힘과 운동의 관계가 전혀 관련되어 있지 않다. 근골격 운동역학 분석에서는 역동역학 분석법을 이용하여 이러한 운동이 등장하는 매 순간 근육힘의 조합을 계산한다. 팔이 돌아가는 방향과 회전 속도, 회전 가속도를 고려하여 팔에 붙은 근육들의 힘 조합을 예측한다. 물론 이 예측에는 어느 정도 변수가 있다. 사람 몸에는 상당히 많은 근육들이 있고, 같은 운동 동작을 하더라도 근육힘의 조합은 다양할 수 있기 때문이다. 예를 들면 사람이 걷는 모습은 서로 비슷하지만, 사람마다 다리 근육을 사용하는 방법이 조금씩 다르다.

이러한 근골격 운동역학 분석은 다양한 스포츠 과학과 체육 분야에서 활용되고 있다. 이 분석 방법은 선수들의 운동 수행 능력을 극대화

기계공학의 역동역학 분석 방법을 이용하면 운동 선수의 움직임을 측정하여 인체 내부에서 작동하는 근육들의 힘을 예측할 수 있다.

하고 부상 위험을 최소화하는 데 중요한 역할을 한다. 올림픽 종목과 같은 고도로 경쟁적인 스포츠에서는 선수들의 성공이 종종 그들의 신체적 능력과 기술에 달려 있다. 근골격 운동역학 분석을 통해 코치와 트레이너들은 선수가 경기 중에 사용하는 근육의 움직임, 힘의 발생, 그리고 그 움직임이 신체의 다른 부분에 미치는 영향을 정밀하게 파악할 수 있다.

또한 부상을 당한 선수들은 종종 특정한 근육이나 관절에 문제가 있을 때, 그 부위의 기능을 회복하고 다시 최상의 상태로 돌아가기 위한 전문적인 도움을 필요로 한다. 근골격 분석을 통해 얻은 데이터는 특정 부상에 대한 보다 효과적이며 개인화된 재활 방법을 개발하는 데도 도움을 줄 수 있다.

인체 모델을 이용한 장비의 개발

만약 새로운 형태의 자전거를 개발하고 싶다면, 일단 자전거를 만들고 사람이 직접 타보며 개선하는 단계를 거칠 것이다. 하지만 가공과 제작에는 많은 시간과 비용이 든다. 또한 사람이 참여하는 실험에는 위험이 따를 수 있다. 인체 모델 및 기계역학 계산 기술은 인체와 상호작용하는 장비의 개발에 유용하게 사용될 수 있다. 새로운 아이디어가 들어간 자전거를 컴퓨터 모델로 만들고, 인체 모델과 함께 기계역학 시뮬레이션을 하여, 인체에 미치는 영향과 인체의 능력에 따른 자전거의 최대 속도 등을 예측해 보는 것이다. 이를 통해 상대적으로 짧은 시간에 자전거 디자인을 바꾸고 남녀노소 등 여러 조건의 인체 모델을 이용하여 안전하게 새 제품을 개발할 수 있다.

인체와 상호작용하는 장비 중 또다른 예로 작업자 하중 보조 장비와 노인 보행 보조 장비 등을 들 수 있다. 이들 역시 다른 인체 상호 장비와 같이 인체의 안전을 보장하고 높은 보조 성능을 가져야 한다. 그렇다면 인체를 어떻게 보조해야 할까. 우리 인체는 생각보다 까다롭다. 사람마다 키와 몸무게가 다른 것 이외에도, 같은 사람도 오늘과 내일 몸 상태가 다르고 식사 전후가 다르다. 장비를 실제로 만들어 사람에게 착용하고 평가하게 한다고 해도 일관적인 평가를 받기는 쉽지 않을 것이다.

그만큼 개발자는 일정한 기준을 세우기 어려울 것이다. 그런 점에서 작업을 하거나 움직이는 인체와 이를 보조하는 장비를 함께 시뮬레이션할 수 있으면, 장비의 형태를 개선하고 보조 힘의 제어 알고리즘을 설계하는 데 큰 도움이 될 것이다.

최근에는 생성 인공지능 기술을 이용하여 인체 모델을 스스로 걷고 달리게 하는 기술들도 개발되고 있다. 즉, 스스로 사람과 같은 동작을 생성하고 운동할 수 있는 컴퓨터 모델이 개발되는 것이다. 이전에는 주로 측정한 운동 동작을 이용하여 내부 힘을 예측하는 데 인체 모델을 사용했지만, 이제는 인체 모델도 자동차처럼 자율보행이 가능하게 되어 운동 동작을 생성하여 실제 측정하지 않은 동작에 대해서도 분석할 수 있다.

나날이 커지는 몸에 대한 관심,
근골격 생체역학이 중요해지는 이유

로봇과 반도체 등 기술이 계속 발전하더라도 우리는 건강한 인체를 갖기를 원할 것이다. 수명 연장으로 더 오래 살게 될수록 이러한 바람은 더욱 커질 것이다. 그러므로 근골격 생체역학의 중요성을 논하는 것은 단순한 학문적 호기심에서 비롯된 것만은 아니다. 근골격 생체역학은 근본적으로 인간 삶의 질을 높이고, 오랫동안 건강을 유지하기 위한 필수적인 접근법 중 하나이기 때문이다.

인공지능과 공학 기술이 급속도로 발전함에 따라, 우리의 몸과 그 운동 능력에 대한 이해도 더욱 깊어지고 있다. 이러한 이해는 건강한 생활뿐만 아니라 스포츠 및 레저 활동, 그리고 근골격 부상 예방과 치료에 있어서도 중요한 역할을 한다.

삶의 질을 높일 수 있는 근골격 생체역학의 연구와 응용은 여전히 많은 도전 과제를 가지고 있다. 근골격 생체역학은 기계공학, 생물학, 생리학, 컴퓨터과학 등 여러 분야가 융합된 학문이다. 여러 분야 전문가와의 소통과 협업도 중요하고, 타 학문 분야에 대한 포용 능력도 필요하다. 융합 학문인 만큼, 다양한 기술에 항상 관심을 가지고 지식과 기술을 습득하는 것을 게을리하면 안 된다.

최근에는 우주 개발에 대한 관심이 늘면서, 우주에서 인체가 어떤 변화를 겪고 어떻게 적응할 것인가에 대한 생체역학적인 관심도 높아지고 있다. 이 분야는 개척할 분야가 많고, 앞으로도 꾸준한 인력과 개발 수요가 있을 것이다. 많은 청년 인재들의 도전이 필요한 분야이다.

뉴턴의 후예들, 뇌와 기계를 연결하다

__ 뇌-기계 연결 기술의 또다른 가능성

이필승

전산역학, 구조시스템 및 실험생물학 연구

필자는 인류가 존재하는 한 끝없이 탐구해야 할 주제가 3개 있다고 생각한다. 우주, 암 그리고 뇌이다. 1.5kg짜리 인간의 뇌에는 860억 개의 신경세포들이 엄청 복잡하게 연결되어 있다. 뇌는 신경세포를 통해 우리 몸의 모든 세포들과 연결되어 데이터를 주고받으며 명령을 실행시킨다. 인간이 작동 원리를 아직 다 이해하지 못한 '미지의 기계'가 바로 뇌이다.

컴퓨터는 오늘날 우리가 가장 유용하게 사용하는 기계로, 빠른 시간 안에 인류의 생산성과 생활 방식을 완전히 바꾸어놓았다. 집채만 했던 초기의 컴퓨터가 지금은 손바닥 위에 올라와 있다. 현대의 컴퓨터는 엄청나게 큰 데이터를 저장할 수 있고, 엄청나게 빠르게 계산을 한다. 또한 셀 수 없을 정도로 많은 컴퓨터들이 서로 유선 혹은 무선으로 연결되어 있기도 하다. 데이터들은 지구 전체를 가로지르며 수십 조 기가바이트의 데이터가 순식간에 이동한다. 점점 더 많은 사물들이 연결되고 있다.

그런데 인간과 컴퓨터는 아직까지 직접적으로 연결되어 있지 않다. 간접적으로만 연결되어, 눈으로 스마트폰과 컴퓨터의 화면을 보고, 손을 이용해 화면을 터치하거나 마우스와 키보드를 조작함으로써 데이터를 주고받는다. 비효율적이다. 만약 컴퓨터와 컴퓨터를 연결하기 위해 우리가 매일 사용하는 USB 케이블과 와이파이를 이용하여 인간과 컴퓨터를 연결할 수 있다면 어떤 일이 일어날까?

예를 들어보자. 우리는 서로에게 메시지를 보내기 위해 카카오톡을 한다. 친구와의 저녁 약속을 잡기 위해 분주히 눈과 손가락을 움직인다. 뇌와 컴퓨터가 연결되면 생각만으로 친구와 저녁 약속을 잡을 수 있다. 생각만으로 글을 쓰고, 생각만으로 자동차를 운전할 수 있다. 생각만으로 컴퓨터가 할 수 있는 일을 모두 다 할 수 있는 것이다. 물론,

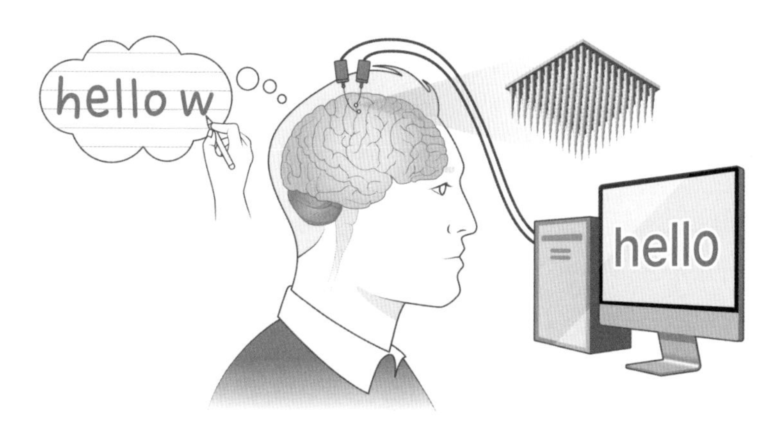

생각만으로 조작하는 컴퓨터를 상상해 본 모습

누군가 나의 생각을 읽을지도 모른다는 위험한 측면도 있다.

뇌와 기계가 연결된다면 어떤 일이 벌어질까?

지금부터 상상의 나래를 한번 펼쳐보자. 우리는 제임스 웹 우주망원경James Webb Space Telescope을 통해 빅뱅 초기의 우주를 관측할 수 있다. 인류가 가장 먼 곳을 볼 수 있는 방법이다. 만약 나의 뇌가 컴퓨터와 연결되면 제임스 웹 우주망원경은 나의 눈이 될 것이다. 나는 내가 원하는 우주의 모든 곳들을 자유롭게 볼 수 있다. 거리가 먼 곳뿐만 아니라 인간의 눈이 볼 수 없는 다양한 파장의 전자기파 역시 볼 수 있다. 엄청난 능력의 여섯 번째 감각이 생기게 되는 셈이다.

여러분들은 매일매일 공부를 한다. 아버지, 할아버지, 선조들이 쌓아놓은 지식을 익히는 과정이다. 우리는 왜 할아버지가 그리고 아버지가 배운 덧셈을 다시 배워야 하는 것일까? 아버지도 나도 덧셈을 잘하는 뇌세포의 연결을 이루어내기 위해서는 눈과 손의 공조를 통해 수많은 덧셈을 연습해야 한다. 뇌가 컴퓨터와 연결될 수 있다면, 컴퓨터가 우리의 뇌를 빠르게 연습시킬 수 있다. 영화 〈매트릭스〉에서 각종 무술을 익히는 장면을 상상해 보라. 인간을 학습의 굴레에서 해방시킬 것이다.

인류가 수만 년간 구축해 놓은 지식은 방대하다. 수백 년 전에는 한 명의 사람이 철학, 수학, 미술, 음악 등 다방면에 업적을 쌓았다. 지금은 모두가 매우 좁은 영역에서 업적을 쌓기도 쉽지 않다. 인간이 기억할 수 있는 데이터의 양과 처리 속도의 한계 때문이다. 뇌와 컴퓨터가 연결된다면 우리는 무한한 양의 데이터를 기억할 수 있고, 이것들을 초고속으로 처리할 수 있다. 인간이 컴퓨터의 능력을 고스란히 자신의 것으로 만들 수 있을지도 모른다.

수억 년 동안 생명체는 진화를 거듭하여 지금의 인류를 탄생시켰다. 세대를 거듭하며 시행착오와 우연과 필연을 거쳐 느리게 변화하다가, 비교적 최근에 들어서야 기하급수적으로 빠르게 발전해 왔다. 아버지가 배운 것을 다시 배워야 하는 비효율성, 기억력과 처리 속도의 한계는 모두 우리가 생명체이기 때문에 수반되는 것이다.

미래의 인간을 예측한 그림들을 보면 머리가 지금보다 두세 배는 크게 그려져 있다. 뇌를 많이 사용하기 때문에 뇌세포 수가 늘어나는 진화를 한다고 생각한 것이다. 그러나 자연적으로 그렇게 큰 뇌가 형성되려면 족히 수십만 년의 시간을 필요로 할 것이다. 필자는 인간의 뇌가 그렇게 커지기 훨씬 전에 뇌와 컴퓨터의 연결이 이루어질 것으로 생각한다. 과연 그때의 뇌-기계 복합체를 인간이라고 부를 수 있을지는 모르겠다. 지금의 인간을 뛰어넘는, 말 그대로 초인적인 능력을 갖고 있을 것이기 때문이다. 아마도 우리는 그들을 초인류라고 불러야 할 것이다.

기계공학의 미래를 이끌어갈 기술, BMI

앞의 이야기들은 다소 엉뚱한 상상이지만, 이미 오늘날에도 뇌와 기계를 연결하는 기술들이 활발히 연구되고 있다. 그렇다면 뇌와 기계를 연결하기 위해 어떤 기술이 필요할까? 우리는 인간의 뇌와 외부 기계를 연결하는 기술을 BMIBrain Machine Interface라고 부른다. 이 기술의 목표는 인간의 생각이나 의지를 기계의 명령으로 변환하는 것이다.

신경세포는 전기적 신호를 생성하고 전달하는 기능을 가지고 있으며, 이는 뉴런 내외부의 이온 농도 차이에 의해 발생한다. 신경세포가 자극을 받으면, 이온 채널이 열리면서 전기적 신호가 생성되고, 이 신호는 시냅스를 통해 다른 뉴런으로 전달된다. BMI 기술은 신경 전극을 이용하여 이러한 전기적 신호를 감지하고 해석하여 기계적 명령으로 변환하는 원리에 기반한다.

BMI 기술은 두피의 바깥쪽에서 뇌 활동을 기록하거나 자극하는 비침습적인 방법과 뇌 내부에 전극이나 센서를 직접 삽입하는 침습적인 방법으로 나눌 수 있다. 1920년대부터 연구된 비침습적인 방법은 주로 뇌파를 이용하며, 덜 위험하고 쉽게 적용할 수 있지만 신호의 정밀도가 낮다. 뇌파의 패턴을 이용하여 간단한 명령을 내릴 수 있는 정도이다. 반면 1960년대부터 연구된 침습적인 방법은 수술이 필요하며 감염의 위험성을 수반하고 있다. 그러나 높은 정밀도를 가지고 있어 이에 대한 연구들이 더욱 활발해지고 있다.

최근 이 분야에서는 아주 많은 일들이 일어나고 있다. 현재 우리는 뇌세포에 직접 전극 또는 광섬유를 연결하여 신호를 줄 수 있고, 뇌의 반응을 읽을 수 있다. 또한 초음파 또는 전자유도현상을 이용해서 간접적으로 또는 무선으로 뇌를 자극할 수 있다. 그러나 모두 채널이 몇 개 안 되며 제한적인 기능을 갖는 연결이라고 할 수 있다. 단단한 전극을 두부와 같이 연한 뇌에 꼽게 되면 작은 진동에도 뇌세포들이 손상을 받기 때문에 연구자들은 아주 유연한 전극을 개발하고 있다.

최근에는 광섬유를 이용한 광유전학적 방법이 주목받고 있다. 이것

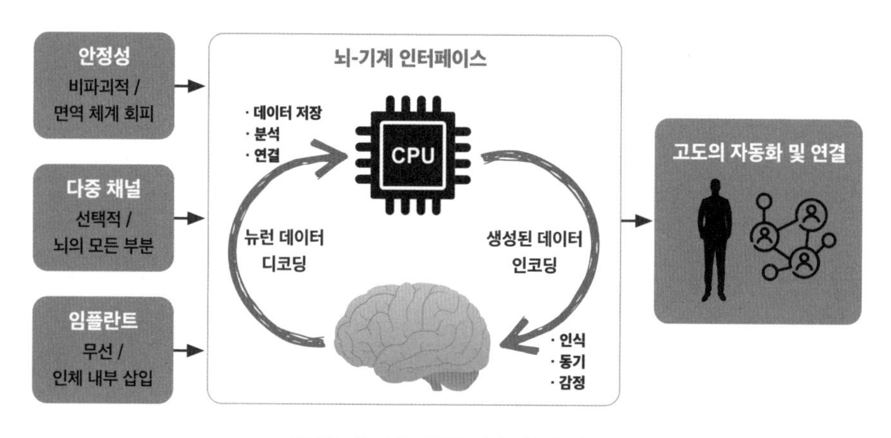

완전한 뇌-기계 연결을 위한 기술과 비전

은 전기를 뇌에 직접 가할 때 발생하는 세포 손상에서 조금 더 자유로운 방법이라 할 수 있다. 초음파로 뇌를 자극하는 기술의 경우 두개골 외부에 작동기를 설치하는 방법이다. 그런데 그 크기가 작지 않고, 원하는 뇌의 부분에 초음파를 집중하는 데 어려움이 있다. 위에서 언급한 기술들은 현재 전세계적으로 수많은 사람들에 의해 연구되고 있다.

기계공학은 BMI 기술의 핵심 구성 요소를 설계하고 구현하는 데 중요한 역할을 한다. 뇌와 기계 사이의 안정적이고 정밀한 정보 전송을 위한 인터페이스 장치, 뇌의 신호를 받아 제어할 수 있는 로봇 팔이나 다리, 미세한 전기신호를 정확히 해석할 수 있는 알고리즘 등이 모두 기계공학의 영역에 속한다. BMI의 실용화 과정에 기계공학은 중추적인 역할을 수행하는 것이다.

최근의 연구 성과를 통해 기술 발전의 수준을 알아보자. 앞에서 말한 대로 뇌-기계 연결 기술을 인간에게 직접 적용하는 것은 어렵기 때문에 주로 원숭이나 쥐를 대상으로 연구가 진행되고 있다. 카이스트에서는 쥐의 뇌를 광유전학을 이용하여 자극해 쥐의 행동을 로봇처럼 조종하는 연구를 성공시킨 바 있다.

뇌-기계 연결 기술은 특히 신체 장애를 가진 이들에게 유용하게 쓰일 수 있다. 국내에서는 맹인의 시신경에 카메라 영상 이미지를 전달하여 앞을 볼 수 있도록 하는 연구가 진행되고 있고, 미국 연구진은 사지 마비 환자가 로봇 팔을 조작하여 단순한 작업이나 음식을 먹게 하였다.

일론 머스크는 뉴럴링크Neuralink라는 회사를 설립하여 다채널 뇌-기계 연결 기술 개발에 전력을 기울이고 있다. 뉴럴링크는 최근 사람의 뇌에 마이크로 칩을 이식하는 데 성공하였고 이제 생각만으로 스마트폰이나 컴퓨터와 소통하고 제어하는 것을 목표로 하고 있다.

지금까지의 연구와 기술의 발전에도 불구하고 뇌와 기계의 완전한 연결을 위해서는 원천적으로 어려운 문제들을 해결해야 한다. 첫째, 현재의 기술로는 뇌의 복잡성과 미세하고 정밀한 신경 전극 구현의 어려움으로 연결 채널의 수가 매우 제한되어 있다. 뉴런들 간 수조 개의 연결로 이루어진 뇌의 여러 부분에 선택적으로 많은 수의 채널을 구현하는 고해상도 연결 기술이 필요하다.

둘째, 인체 내부에 기계를 삽입하더라도 안전해야 하고 실시간으로 안정적인 통신이 가능해야 한다. 정보의 읽고 쓰기 즉, 양방향 통신이 가능해야 한다. 뇌로부터 주고 받은 데이터를 실시간으로 처리하고 의미 있는 명령으로 상호 변환하는 알고리즘이 필요하다. 이런 것들이 가능해지면 궁극의 자동화와 연결성의 시대가 열리게 될 것이다.

BMI가 바꾸어놓을 세상, 기술의 양면성에 현명하게 대처하기

뇌와 기계의 연결이 마냥 바람직한 미래만을 상상케 하지는 않는다. BMI의 발전은 인간의 내밀한 생각과 감정에 접근하고, 심지어 그것을 조작할 수 있는 가능성을 열어줌으로써, 인간을 해킹할 수 있는 길을 열고 있다. 이는 인공지능의 발전이 가져올 기대와 두려움이 공존하는 상황과 마찬가지이다. 기술 발전의 양면성은 언제나 존재하기에, 기술을 어떻게 유용하게 사용해야 하는지에 대한 고민은 인간의 몫이다.

그러기 위해서는 윤리적 문제에 대한 사회적 합의가 필요하다. 기술을 발전시키는 것과 함께, 그 기술이 우리 사회에 미치는 영향을 신중하게 고려하고, 모든 이들의 의견을 듣는 것이 중요하다. 윤리적 기준의 설정, 프라이버시 보호, 접근성 및 공정성의 보장, 그리고 국가 및 국제 차원에서의 규제 및 감독 체계의 마련 등은 BMI 기술을 책임감 있게 발전시키는 데 필수적인 요소이다. 모든 사람이 발전을 원하는 것이 아니고, 발전이 반드시 인류에게 바람직한 것이 아닐 수도 있다. 마치 현재 우리가 인공지능의 발전을 대하는 자세와 비슷한 상황이 올 것이다. 우리 모두의 고민이다.

그럼에도 불구하고 생명체로서의 한계를 극복하는 인류의 도약을 위해 뇌-기계 연결은 피할 수 없는 기술이다. 초인간을 바라지 않더라도 최소한 뇌-기계 연결 기술은 인간의 능력 향상으로 삶의 효율성과 질을 향상시키고, 뇌과학의 새로운 지평을 열어 파킨슨병, 우울증 등 각종 뇌 질환 극복에 큰 진전을 가져올 것이다. 새로운 세대의 기계공학자들이 비전과 책임감을 가지고 뇌와 기계를 연결하는 연구에 도전해 주길 기대한다.

미래를 안내하는 길잡이

배충식
카이스트 기계공학과 교수

'왜 공과대학에 진학했느냐'는 질문에 나는 우리나라를 잘살게 만드는 데 도움이 되고 싶어서라고 대답했다. 당찼던 그 시절로부터 40여 년의 세월이 흘렀다. 기계공학 분야를 공부하고 연구하며 보냈던 지난 순간들을 돌아보면 고맙고 행복한 기억뿐이다.

학창 시절부터 지금까지 기계공학과 함께한 시간을 표현할 말을 꼽는다면 '영광'과 '보람'을 들고 싶다. 대학에서 공부를 시작했을 때, 나는 외국 제품만큼 좋은 공산품을 만들어서 수출하고 산업을 키우겠다는 꿈을 품고 있었다. 여전히 산업 환경은 열악했고 기술력도 선진국의 수준에 못 미치던 무렵이다. 그러나 나는 현명하고 지혜로운 선배들과 산업 현장의 역군들 덕분에 훨씬 더 높은 차원의 꿈을 이루었다. 최초의 국산 유조선과 국산 자동차 생산을 목도했던 게 엊그제 같은 데, 이제 세계 최고의 조선, 자동차, 반도체, 전자 통신 기술을 보유한 나라가 됐다. 패기 넘치고 똑똑한 카이스트 기계공학과 학생들과 지낸 것도 벌써 25년이 넘었다. 학교를 떠난 청년들이 어느새 이 나라 산업계를 이끌며 우리나라의 번영에 기여하고 있으니 보람차고 고마울 따름이다.

카이스트 기계공학과는 대한민국의 기계공학 분야를 선도하고 기계공학의 발전 방향을 제시하는 글로벌 리더 역할을 해왔다. 이러한 상황 속에서 각 분야의 세계적 석학인 교수진들이 기계공학의 현재를 정리하고 미래를 전망하는 도서를 집필한 것은 큰 의미가 있다.

끊임없이 진화하는 기계공학

기계공학은 인류의 문명화 과정과 함께 발전해 왔다. 사람이 자연을 이해하고 극복해 온 역사가 곧 기계공학의 역사라고 해도 과언이 아니다. 인간은 다른 동물과 달리 불의 이용을 시작으로 자기 힘을 훌쩍 뛰어넘는 에너지를 활용하고, 돌과 철 등 다양한 소재로 수많은 도구를 만들어냈다. 그러한 독창력과 응용력을 바탕으로 문명 시대에 들어선 이후로는 다양한 기계들을 통해 문명 발전을 견인했다. 마침내 18세기 초에 이르러 영국인 토머스 뉴커먼이 발명한 증기기관을 제임스 와트가 획기적으로 개선함으로써 산업혁명의 기폭제가 되었다. 인류의 삶은 이전 시대와는 차원이 다르게 풍요롭고 편리해졌는데, 그 중심에는 자동차, 비행기, 선박부터 각종 생산 시설까지 온갖 기계와 도구를 만들어낸 기계공학이 있었다.

기계공학은 자연과학의 원리를 탐구하고 활용하여, 기계를 설계하고 만들어내는 기술에 대한 학문이다. 기계공학의 초창기에는 고전역학에 기반한 정역학, 동역학, 고체역학, 유체역학, 열역학 등이 기초 분야였다. 힘과 물질 변형의 관계를 이용하여 구조를 설계하고, 동역학적인 기구 설계로 온갖 편리한 기계의 동작을 활용하며, 유체의 유동과 열과 에너지 교환을 이용한 에너지 전환 기술로 자동차, 선박, 비행기 등의 수송 기계를 만들어냈다. 나아가 이러한 기술들은 건설, 우주개발을 위한 우주 발사체 기술 등으로 확장되었다. 일반 기계 기술은 산업 동력인 공작기계를 포함해, 가전제품 공정과 설비의 부품 기술로도 널리 쓰이게 되었다. 이를 통해 모든 산업 분야의 공정을 효율화하고 발전시켰다.

21세기에 들어서면서 기계공학의 학문적 영역도 융합형으로 확대되어 전자기학과 전산 기술 분야는 이미 기계공학과의 필수 과목이 되었다. 이러한 융합은 디지털화의 거대한 흐름을 타고 기계의 부가가치를 높이는 양상으로 진화하고 있다.

생산 자동화의 도구로만 사용되던 로봇 기술은 서비스 로봇 분야로, 나아가 의공학(수술, 재활, 진단, 간병 등) 분야로도 진화하였다. 생체역학과 세포역학에서 보듯 생물·의학 분야도 기계공학과의 융합 대상이 되면서 기계공학자가 생명 현상을 연구하고 미세유체 기술을 이용해 의료기기도 개발하게 되었다.

기계공학이 오랜 시간 집중해 온 하드웨어의 기능은 소프트웨어와 결합하면서 더 정밀하고 다양해지고 있다. 기계의 설계, 생산을 효율화하고 원격으로 진단, 운용하는 디지털 트윈digital twin 기술도 새로운 산업 패러다임으로 자리잡아 가고 있다. 자동차도 자율주행과 인포테

인먼트infortainment 역할이 가미되면서, 기능이 강화된 소프트웨어가 하드웨어를 제어하고 관리하는 SDVSoftware-Defined Vehicle로 발전하고 있다. 정밀화 기술은 나노급을 넘어 원자 수준의 정밀도를 지향하며 광학 기반의 미세 측정, 공정, 검사, 제어를 추구하게 되었다.

20세기에 가정마다 자동차를 보급하여 사람과 물자가 자유롭게 이동하는 민주적인 문명 시대를 이뤄낸 것처럼, 21세기에는 인공지능 기술이 보편화되어 모든 사람이 지능화되고 좀더 편리한 생활을 누릴 수 있게 될 것이다. 기계공학은 그 거대한 흐름을 함께하고 있다.

기술 발전의 두 얼굴, 기계공학의 역할과 숙제

기계 기술은 지금까지 인류가 풍요로운 삶으로 나아가는 데 큰 역할을 했지만, 그 부작용도 만만치 않다. 자동차 급증으로 사람이 죽고 다치는 일이 빈발하게 되고, 에너지 산업의 부작용으로 발생한 공해는 기후 위기를 일으키며 오늘날 인류에게 최대 위협으로 다가오고 있다. 그러나 결자해지라고 했던가. 기술 발전과 함께 생겨난 문제들이 기술로만 풀릴 수는 없겠지만 더 나은 기술을 만들어야 해결 가능성이 높아지는 것 또한 사실이다.

이러한 시점에 기계공학은 기술 개발에만 매몰되어서는 안 되며 사회와 공동체의 목소리에도 적극적으로 귀를 열어야 한다. 한국은 1990년대부터 20년 가까이 교통사고 사망률 세계 1위라는 오명에서 벗어나지 못했다. 그런데 자동차 대수가 10배 가까이 늘어난 지금은 교통사고 사망자 수가 4분의 1로 줄었다. 기술의 발달, 도로체계의 개편, 시민 의식과 법의 변화가 함께했기 때문이다. 급속한 산업 발달로 심각한 환경파괴가 일어났지만 강한 규제와 조건을 디딤돌 삼아 더 나은 기술의 개발로 이를 극복해 가야 한다. 이는 앞으로 기계공학이 풀어야 할 중요한 숙제이다. 예를 들어 기계공학이 주도하는 탄소 중립 기술 개발에 공동체의 적극적인 투자가 이루어지면서 탄소 포집과 재활용, 수소의 저장과 운반 기술 등이 개량되고 있다.

지금까지 필자가 다소 길게 서술한 내용은 모두 본 도서에서 언급된 것들이다. 각 분야에 대한 교수님들의 저술은 기계공학도를 꿈꾸는 이들에게 현재의 학문적 발달과 고도화되고 앞서가는 기계공학의 미래 모습을 안내하는 길잡이가 되어줄 것이다. 또한 현대 문명을 이끌어가는 첨단 기술을 이해하고자 하는 일반 독자들에게도 좋은 입문서 역할을 해줄 것으로 믿는다.

기계공학의 오늘과 미래의 과제에 대해 집필하느라 시간과 열정을 쏟아부은 카이스트 기계공학과 교수진의 깊은 고민이 독자분들에게 잘 전달되었으면 하는 바람이다. 한 장, 한 장 심혈을 기울여주신 교수진에게 다시 한 번 감사와 축하의 말씀을 드리며 글을 마친다.

이 책에 사용된 사진들은 저작권자에게 허락을 구하여 사용한 것입니다. 다만 부득이한 사정으로 권리자를 찾지 못했거나 연락을 취했으나 답변을 받지 못한 몇몇 사진의 경우, 추후 연락을 주시면 사용에 대한 허락 및 조치를 취하도록 하겠습니다.

상상하는 공학 진화하는 인간

초판 1쇄 2024년 5월 20일
초판 2쇄 2024년 6월 30일

지은이 | KAIST 기계공학과
펴낸이 | 송영석

주간 | 이혜진
편집장 | 박신애 **기획편집** | 최예은 · 조아혜 · 정엄지 (외부교정 양승요)
디자인 | 박윤정 · 유보람
마케팅 | 김유종 · 한승민
관리 | 송우석 · 전지연 · 채경민

펴낸곳 | (株)해냄출판사
등록번호 | 제10-229호
등록일자 | 1988년 5월 11일(설립일자 | 1983년 6월 24일)

04042 서울시 마포구 잔다리로 30 해냄빌딩 5 · 6층
대표전화 | 326-1600 **팩스** | 326-1624
홈페이지 | www.hainaim.com

ISBN 979-11-6714-081-4